服務管理

Customer-Driven

SERVICES

Management

作者：S. Balachandran

譯者：李茂興＆蔡佩眞

弘智文化事業有限公司

S. Balachandran

SERVICES
MANAGEMENT

Customer-Driven

Printed in Taiwan, Republic of China

前　言

　　在現今的世界經濟中，服務業的地位愈來愈舉足輕重，這種情況在印度亦然，目前服務業所帶來的收益大約佔印度國內生產毛額的45%。許多相關的管理學文獻大多發展於製造業當道之時，在這種情況下，人們注重的多半偏向管理策略及組織結構方面的管理原則和實務，所有的公司與企業都以「將好東西提供給顧客」爲己任。在過去，所謂的「好東西」通常是指產品本身而言，不過，隨著時代的演進，現在的商業環境受到新興科技、高度全球化競爭及多變的市場等因素的塑造。在這樣的新商業環境氛圍中，消費者掏腰包所購買的往往是服務，而不是商品。所謂的服務可以是媒介、也可以是消費的最終目的，舉例來說，銀行業務、保險、運輸及許多其它的商業行爲等，基本上都是屬於間接性的服務項目，而人們上電影院或去剪頭髮時，店家所提供的服務卻是直接、最終的結果。人們經常說在一個運作良好的經濟體系中，顧客永遠是對的，而消費者最在乎的會是服務的速度及品質。因此，在這個服務至上的新興經濟體制中，舊有的管理原則必須再檢討，這正是 Shri S. Balachandran 撰寫本書主要的用意。本書的標題點出了目前亟需人們去完成的重點－－服務必須以客人的需求爲出發點。除了闡釋服務的不同特性之外，書中特別選出一些服務業加以說明，其中包括一般保險、人壽保險、公共服務、醫療及觀光業等。Shri S.

Balachandran 的著作顯然彌補了管理學研究的鴻溝。

C. Rangarajan

原書序

　　服務業已躍為所有國家經濟活動的重要部門，近年來更是如此。過去全球經濟重心由農業轉移到工業，現在則是服務業的天下。在印度，服務業也一向被視為經濟活動的重要關鍵，發展印度經濟的第一步就是將銀行、保險、鐵路及航空之類的服務推展成為全國普遍的經濟活動。

　　在 80 年代初期之前，管理學文獻多半是關於製造與管理方面的理論，服務業並未特別受到重視。不過到了 1980 年代，人們開始了解服務業的管理取向不同於製造與貿易，於是各種關於服務業的文章及書籍開始浮上檯面。本人（指作者）已於 1993 年 5 月出版《卓越的服務業》（Excellence in Services）一書。

　　從我撰寫那本書以來，印度服務業的概況又隨著全球發展的腳步而經歷了許多變化。行動電話、傳呼服務、衛星通訊、電腦軟體、網際網路、信用卡及教育等行業都是成長快速而國際化成分漸趨明顯的領域。1980、90 年代在印度街角處處林立的錄影帶店如今幾乎都已經銷聲匿跡，代之而起的是衛星電視及第四台業者。隨著娛樂業及資訊處理技術的成長，軟體的生產（連續劇、聊天秀、新聞等）、行銷、拍攝的場景、攝影棚及影片剪輯、特效、電腦繪圖、電腦影像等相關事業的發揮空間也相繼拓展。「網際網路」、「虛擬空間」、「電子郵件」、「網站」、「瀏覽」、「人工智慧」、「虛擬實境」、「網路

連線」、「頻寬」等字眼的出現，象徵了我們對全球資訊基礎
建設（Global Information Infrastructure）的重視程度。為了與
最新的潮流並駕齊驅，本書也特別注重服務業的新發展，不過
在本書正式付梓並呈現在讀者眼前之際，服務業或許又有了更
進一步的進展。

　　書中某些過去被視為夢囈的言辭，如今已成為業界習以為
常的觀念，唯有深知經濟策略之複雜性的人，才能體會這些言
辭的意義與其中隱含的深意。然而，我只想藉這些話讓大家了
解一點：服務業的競爭將會愈來愈激烈。同時我也想提醒大
家，印度是個國際化的市場，諸如飯店、觀光、交通、銀行、
保險等服務業所面對的顧客不再僅限於本地人，而是來自全球
各地的人們或公司行號，因此，服務業的市場定位自然也必須
國際化。

　　很顯然的，在任何行業中，要想長期擁有競爭優勢，服務
與技術是不可或缺的重點。這或許就是印度商業期刊
（Business India）1998 年度最佳實業家得獎人在得獎感言中所
說的，他說：「以知識為競爭基礎的年代來臨了。」多了服務
這項附加價值之後，人們也將更能接受高價位的消費。

　　本書中也有許多觀念在於探討製造業中的服務要素，例如
行銷、客戶服務、銷售管理、採購、供應商的培養、辦公室行
政、經銷關係、服務保證及顧客關係的管理等，這些營運觀念
不只適用於印度的市場，也適用於全世界公司之交易。

　　對西方工業界有用的管理觀念及原則，或許也同樣適用於
印度的工業，然而，誰也不能說服務業是否可以依此類推，這
是因為服務業的一切事務都是以「人」為主，因此各地的風俗
民情具有十分重要的影響力。無論身為顧客、雇主或供應商，
印度人民與其他國家的人都有許多不同之處，在印度市場打拼

的外商大多得花上許多時間及金錢，才能學到這些經驗。

　　此外，本書也將探討所謂的「組織再造」（Reengineering）。許多人認為組織再造只不過是「全面品質管理」（TQM, Total Quality Management）的另一種說法罷了，最能支持這種論調的事實就是日本企業對於實施組織再造似乎興趣缺缺。雖然人們對於組織再造的範疇及潛力有些困惑，但是許多企業家及專業經理人則抱持著遐想。在我們開始接觸這個已經在全球各地引起良好迴響的新觀念之餘，也不該忽視服務業這個重要的產業，畢竟它的發展遠比其他產業迅速，而且對於國內生產毛額（GDP, Gross Domestic Product）及創造就業機會的貢獻也大於其他產業。組織再造對於即使是重工業的存貨管理、時間控制、資金及資訊處理及對顧客意見的處理方面也是貢獻良多，而這些都屬於服務的範疇。簡言之，組織再造的目的就是要提昇服務的品質。

　　組織再造所針對的是程序。服務的品質好壞取決於其程序。服務除了指由公司內的人提供給外界的人之外，同時也是指由公司內的人提供給同樣在公司內的人，也就是所謂的「內部顧客」（internal customers）。服務及對服務的滿意度就是與這兩種顧客互動後創造出來的。資訊處理是存在於公司內部的服務，它可以提昇公司整體的管理品質與各階層的績效。資訊的正確性及處理的速度可以大大的提昇服務的品質及顧客的滿意度。業界有許多問題肇始於過時的資訊，而資訊的處理程序正是引起這些問題的罪魁禍首。若能特別注意資訊的處理程序，就能大幅減少這些問題。

　　本書所探討的重點在於「品質」，而品質高低的決定權則操之於顧客。印度的服務業或許是以管理印度人的方式來管理員工，但是他們的顧客未必只有印度人，因此服務業對於品質

的要求必須全球化。服務業的管理必須以顧客的角度為考量重
點，本書的名稱「Customer-Driven Services Management」已
點出「顧客驅動」這個重點。

　　品質是程序的結果，而人們管理這些程序，因此，將管理
的重點放在「人」的身上是必然的結果。此外，行銷亦在本書
的討論範圍內，因為這是管理的重點之一。不過，服務業行銷
與其他產業的行銷是不同的。

　　我在書中亦舉出許多關於服務業的範例來說明，不過，印
度產業界一向喜歡保持神秘，不願意向外界披露過多資訊，因
此我不得不取材自一些報章期刊或相關書籍。

　　服務業由各行各業組成，人們到飯店消費時的態度與到醫
院看病、或與保險公司打交道時是非常不一樣的，在後面這兩
種情況中，顧客的情緒充滿著焦慮、悲傷、沮喪及恐懼，業者
當然不能夠以接待飯店旅客或觀光客的方式來滿足這些顧客。
在快遞、銀行及運輸業當中，顧客的態度通常較理性，他們重
視的多半是划算與否，而不是與業者之間的交情。服務的觀念
及原則必須隨著不同的服務行業而有所調整。本書將有一整章
的篇幅詳細討論一些服務行業，以強調這些行業的顧客與策略
特性明顯不同。

　　印度著名的管理學大師、亦曾為我前一本書作序的阿書瑞
亞博士（Dr. M. B. Athreya）說過：「隨著經濟的開放，愈來
愈多人體認到經濟的成長並不只來自於看得見的產品，也來自
於諸如觀光、銀行、休閒……之類的服務業。」在 1997 年
9~10 月份的哈佛商業評論（Harvard Business Review）中，彼
得・杜拉克（Peter Drucker）亦有感於未來的發展，而寫下在
這個持續發展的世界中，「最重要的職業將會是承包商、專
家、顧問、兼職人員及合夥投資人等」，而且「新的觀念、方

法及實務也將用於社會知識資源，其中教育及保健這兩者都受到過度的行政干預，卻管理不足。」印度商業期刊（India Business）的評論中亦指出，「品牌是無形及有形商品的綜合體，在現代這個正邁向知識經濟的時代中，無形商品開始顯得更重要。」而在全面品質管理世界協會（World Congress on Total Quality Management）裡，保羅爵士（Rt. Hon Lord Swraj Paul）亦在演說中提到：「二十一世紀顯然是個國際化的世紀，人們花更少的時間就可以到更遠的地方去。更重要的是，透過管理，企業能夠將產品、金錢投資、資訊及概念散佈到世界上更多的地方。」資訊的管理會是最大的服務行業之一，事實上，人們通常將現在和未來視為所謂的資訊或知識時代。

　　現今服務業所強調的重點已經十分明確，我撰寫本書是冀望能增進讀者對服務業的了解，同時也希望能促使服務業邁向更好的管理。本書不僅探討一些能夠引發創新性實務的觀念，同時也探討能夠為這些觀念賦予意義的實務，相信無論是對學術研究者或從業人員而言，本書都具有參考價值。

　　在本書的創作程序中，Response Books 出版社的藍堅·高爾先生（Ranjan Kaul）給了我很多寶貴的建議，此外，我也必須向許多曾經提供資訊及想法的人致謝。感謝家人的體諒及支持讓我得以投入大量的時間及精神在寫作上，更感激他們在我將環境弄得一塌糊塗時所表現出來的寬宏大量！

企管系列叢書一主編的話
一 黃雲龍 一

　　弘智文化事業有限公司一直以出版優質的教科書與增長智慧
的軟性書爲其使命，並以心理諮商、企管、調查研究方法、及促
進跨文化瞭解等領域的教科書與工具書爲主，其中較爲人熟知
的，是由中央研究院調查工作室前主任章央華先生與前副主任齊
力先生規劃翻譯的《應用性社會科學調查研究方法》系列叢書，
以及《社會心理學》、《教學心理學》、《健康心理學》、《組
織變格心理學》、《生涯諮商》、《追求未來與過去》等心理
諮商叢書。

　　弘智出版社的出版品以翻譯爲主，文字品質優良，字裡行間
處處爲讀者是否能順暢閱讀、是否能掌握內文眞義而花費極大心
力求其信雅達，相信採用過的老師教授應都有同感。

　　有鑑於此，加上有感於近年來全球企業競爭激烈，科技上進
展迅速，我國又即將加入世界貿易組織，爲了能在當前的環境下
保持競爭優勢與持續繁榮，企業人才的培育與養成，實屬扎根的
重要課題，因此本人與一群教授好友（簡介於下）樂於爲該出版社
規劃翻譯一套企管系列叢書，在知識傳播上略盡棉薄之力。

　　在選書方面，我們廣泛搜尋各國的優良書籍，包括歐洲、加

　拿大、印度，以博採各國的精華觀點，並不以美國書爲主。在範
圍方面，除了傳統的五管之外，爲了加強學子的軟性技能，亦選
了一些與企管極相關的軟性書籍，包括《如何創造影響力》《新
白領階級》《平衡演出》，以及國際企業的相關書籍，都是極值
得精讀的好書。目前已選取的書目如下所示（將陸續擴充，以涵
蓋各校的選修課程）：

企業管理系列叢書

一、生產管理與作業管理類

1.《生產與作業管理》（上）（下）

2.《生產與作業管理》（精簡版）

3.《生產策略》

4.《全球化物流管理》

二、財務管理類

1.《財務管理：理論與實務》

2.《國際財務管理：理論與實務》

3.《新金融工具》

4.《全球金融市場》

5.《金融商品評價的數量方法》

三、行銷管理類

1.《行銷策略》

2.《認識顧客：顧客價值與顧客滿意的新取向》

3.《服務業的行銷與管理》

4.《服務管理：理論與實務》

5.《行銷量表》

四、人力資源管理類

　　1.《策略性人力資源管理》

　　2.《人力資源策略》

　　3.《管理品質與人力資源》

　　4.《新白領階級》

五、一般管理類

　　1.《管理概論：全面品質管理取向》

　　2.《如何創造影響力》

　　3.《平衡演出》

　　4.《國際企業與社會》

　　5.《策略管理》

　　6.《策略管理個案集》

　　7.《全面品質管理》

　　8.《組織行為管理》

　　9.《組織行為精通》

　　10.《品質概論》

　　11.《策略的賽局》

　　12.《新資訊科技的應用》

六、國際企業管理類

　　1.《國際管理》

　　2.《國際企業與社會》

　　3.《全球化與企業實務》

　　我們認為一本好的教科書，不應只是專有名詞的堆積，作者也不應只是紙上談兵、欠缺實務經驗的花拳秀才，因此在選書方面，我們極為重視理論與實務的銜接，務使學子閱讀一章有一章的領悟，對實務現況有更深刻的體認及產生濃厚的興趣。以本系列叢書的《生產與作業管理》一書為例，該書為英國五位頂尖教授精心之作，除了架構完整、邏輯綿密之外，全書並處處穿插圖例說明及140餘篇引人入勝的專欄故事，包括傢俱業巨擘IKEA、推動環保理念不遺力的 BODY SHOP、俄羅斯眼科怪傑的手術奇觀、美國旅館業巨人 Formule1 的經營手法、全球運輸大王TNT、荷蘭阿姆斯特丹花卉拍賣場的作業流程、世界著名的巧克力製造商 Godia、全歐洲最大的零售商 Aldi、德國窗戶製造商 Veka、英國路華汽車 Rover 的振興史，讀來極易使人對於生產與作業管理留下深刻印象及產生濃厚興趣。

　　我們希望教科書能像小說那般緊湊與充滿趣味性，也衷心感謝你(妳)的採用。任何意見，請不吝斧正。

　　我們的審稿委員謹簡介如下(按姓氏筆劃)：

尚榮安　助理教授

主修：國立台灣大學商學研究所 資訊管理博士

專長：資訊管理、策略管理、研究方法、組織理論

現職：東吳大學企業管理系助理教授

經歷：屏東科技大學資訊管理系助理教授、電算中心教學資訊組組長(1997-1999)

吳學良　博士

主修：英國伯明翰大學 商學博士

專長：產業政策、策略管理、科技管理、政府與企業等相關領域

現職：行政院經濟建設委員會，部門計劃處，技正
經歷：英國伯明翰大學，產業策略研究中心兼任研究員
　　　（1995-1996）
　　　行政院經濟建設委員會，薦任技士（ 1989-1994）
　　　工業技術研究院工業材料研究所， 副研究員(1989)

林曾祥　副教授

主修：國立清華大學工業工程與工程管理研究所 資訊與作
　　　業研究博士
專長：統計學、作業研究、管理科學、績效評估、專案管
　　　理、商業自動化
現職：國立中央警察大學資訊管理研究所副教授
經歷：國立屏東商業技術學院企業管理副教授兼科主任
　　　（1994-1997）
　　　國立雲林科技大學工業管理研究所兼任副教授
　　　元智大學會計學系兼任副教授

林家五　助理教授

主修：國立台灣大學商學研究所組 織行為與人力資源管理
　　　博士
專長：組織行為、組織理論、組織變革與發展、人力資源管
　　　理、消費者心理學
現職：國立東華大學企業管理學系助理教授
經歷：國立台灣大學工商心理學研究室研究員(1996-1999)

侯嘉政　副教授

主修：國立台灣大學商學研究所 策略管理博士

現職：國立嘉義大學企業管理系副教授

高俊雄　　副教授

主修：美國印第安那大學　博士
專長：企業管理、運動產業分析、休閒管理、服務業管理
現職：國立體育學院體育管理系副教授、體育管理系主任
經歷：國立體育學院主任秘書

孫　遜　　助理教授

主修：澳洲新南威爾斯大學　作業研究博士（1992-1996）
專長：作業研究、生產/作業管理、行銷管理、物流管理、
　　　工程經濟、統計學
現職：國防管理學院企管系暨後勤管理研究所助理教授
　　　（1998）
經歷：文化大學企管系兼任助理教授（1999）
　　　明新技術學院企管系兼任助理教授（1998）
　　　國防管理學院企管系講師（1997 － 1998）
　　　聯勤總部計劃署外事聯絡官（1996 － 1997）
　　　聯勤總部計劃署系統分系官（1990 － 1992）
　　　聯勤總部計劃署人力管理官（1988 － 1990）

黃正雄　　博士

主修：國立台灣大學商學研究所　博士
專長：管理學、人力資源管理、策略管理、決策分 析、組
　　　織行為學、組織文化與價值觀、全球化企業管理
現職：長庚大學工商管理系暨管理學研究所
經歷：台北科技大學與元智大學 EMBA 班授課

法國興業銀行放款部經理及國內企業集團管理職位等

黃家齊　助理教授

主修：國立台灣大學商學研究所 商學博士

專長：人力資源管理、組織理論、組織行為

現職：東吳大學企業管理系助理教授、副主任，東吳
　　　企管文教基金會執行長

經歷：東吳企管文教基金會副執行長(1999)
　　　國立台灣大學工商管理系兼任講師
　　　元智大學資訊管理系兼任講師
　　　中原大學資訊管理系兼任講師

黃雲龍　助理教授

主修：國立台灣大學商學研究所 資訊管理博士

專長：資訊管理、人力資源管理、資訊檢索、虛擬組織、知
　　　識管理、電子商務

現職：國立體育學院體育管理系助理教授，兼任教務處註冊
　　　組、課務組主任

經歷：國立政治大學圖書資訊學研究所博士後研究(1997-
　　　1998)
　　　景文技術學院資訊管理系助理教授、電子計算機中心
　　　主任(1998-1999)
　　　台灣大學資訊管理學系兼任助理教授(1997-2000)

連雅慧　助理教授

主修：美國明尼蘇達大學人力資源發展博士

專長：組織發展、訓練發展、人力資源管理、組織學習、研

　　究方法
現職：國立中正大學企業管理系助理教授

許碧芬　副教授

主修：國立台灣大學商學研究所　組織行為與人力資源管理
　　　博士
專長：組織行為／人力資源管理、組織理論、行銷管理
現職：靜宜大學企業管理系副教授
經歷：東海大學企業管理學系兼任副教授　（1996-2000）

陳勝源　副教授

主修：國立臺灣大學商學研究所　財務管理博士
專長：國際財務管理、投資學、選擇權理論與實務
現職：銘傳大學管理學院金融研究所副教授
經歷：銘傳管理學院金融研究所副教授兼研究發展室主任
　　　（1995-1996）
　　　銘傳管理學院金融研究所副教授兼保險系主任(1994-
　　　1995)
　　　國立中央大學財務管理系所兼任副教授(1994-1995)
　　　世界新聞傳播學院傳播管理學系副教授(1993-1994)
　　　國立臺灣大學財務金融學系兼任講師、副教授(1990-
　　　2000)

陳禹辰　助理教授

主修：國立中央大學資訊管理研究所博士
現職：東吳大學企業管理學系助理教授
經歷：任職資訊工業策進會多年

劉念琪　助理教授

主修：美國明尼蘇達大學人力資源發展博士
現職：國立中央大學人力資源管理研究所助理教授

謝棟梁　博士

主修：國立台灣大學商學研究所 資訊管理博士
專長：資訊管理、策略管理、財務管理、組織理論
現職：行政院經濟建設委員會
經歷：國立台灣大學資訊管理系兼任助理教授(1999-2001)
　　　文化大學企業管理系兼任助理教授
　　　證卷暨期貨發展基金會測驗中心主任
　　　中國石油公司資訊處軟體工程師
　　　農民銀行行員

謝智謀　助理教授

主修：美國Indiana University公園與遊憩管理學系休閒
　　　行為哲學博士
專長：休閒行為、休閒教育與諮商、統計學、研究方法、
　　　行銷管理
現職：國立體育學院體育管理學系助理教授、國際學術交
　　　流中心執行秘書
　　　中國文化大學觀光研究所兼任助理教授
經歷：Indiana University 老人與高齡化中心統計顧問
　　　Indiana University 體育健康休閒學院統計助理講
　　　師

目　錄

前　言   1

原書序   3

主編的話   9

第一章　現代的服務業   21

第二章　服務的特性   39

第三章　開發服務性商品   53

第四章　抓住客戶的心   93

第五章　服務業的市場行銷   143

第六章　追求高品質   191

第七章　發揮員工的潛力   235

第八章　追求成長的策略   265

第九章　管理資訊   297

第十章　服務業舉隅   317

    一般保險   317

20 服務管理

人壽保險　　　　　　　　　　328

公共服務　　　　　　　　　　336

醫院　　　　　　　　　　　344

觀光業　　　　　　　　　　354

第 一 章

現代的服務業

　　如果將任何一個現代城鎮裡的市場現況與 20 年前相比，我們會發現現今的市場上增添了許多過去所沒有的特色：

- 精品店、旅行社、快速沖印店、電話亭（提供國內外直撥電話服務）、電腦補習班、快遞公司、速食店……這些幾乎都是 20 年前少見的行業。

- 提供如滑雪、一級方程式賽車這類模擬遊戲的電動遊樂場，讓消費者彷彿身歷其境般地體驗這類比賽精采刺激的氣氛。

- 許多商店陳列著名牌服飾商品、街上四處充斥著汽車貸款或行動電話的廣告，而看板上則經常出現「虛擬實境」（cyberspace）、「網際網路」（Internet）之類的字眼。

- 商店的擺設大多經過精心設計，刻意加大顧客走動瀏覽的空間，店內大手筆地運用豪華裝潢，室內採光更加充足，也多了一些裝飾性的物品，如盆栽、古董珍品、人工噴泉等。在現代的管理理念中，這些小地方其實和店裡的存貨一樣重要，因為這樣的設計能夠增加顧客對店家的滿意度；有些商店更體貼地為顧客安排幼兒托顧服務，讓為人父母者也能夠無後顧之憂的享受購物樂趣。

- 大部分的餐廳、商店、藥局等地方現在都接受顧客以刷卡

付賬，並且提供送貨到府的服務，這些措施使得消費愈來愈便利；拜電話和電視購物頻道所賜，現代人即使端坐家中也能夠輕鬆購物，就連平常搭火車或飛機都可以刷卡購票，至於刷卡買書或訂閱報章雜誌更是小事一椿。

這些現象在在顯示服務業日益壯大、逐步佔有大部分市場的事實。服務業的種類包羅萬象，而且多數是新興的行業。

近年來實體商家大幅採用透過手機或網際網路行銷的策略，大多數的學生、專業人士和商人普遍也都擁有自己的網頁或網站，報紙或雜誌上的內容若沒有登上網際網路，就十分容易受到忽視。由於網路的即時性，在印度的居民還沒能讀到「印度人」（The Hindu）、「印度時報」（The Times of India）或「政治家」（The Statesman）等當地的報章雜誌之前，遠在美國的人們已經可以搶先在網路上一睹為快了；而在印度的人們即使沒有訂閱美國的「時代雜誌」（Times）、「新聞周刊」（Newsweek）等旗刊，也可以在網路上讀到各種版本的當期內容。網路上潛伏著各種商品的賣主及買家，網路購物的聲勢大有凌駕其他銷售型態之勢，公家機關也開始競相成立專屬網站。這些服務之出現要歸功於各家網路服務提供者，以及從事網頁存取維護服務的網站設計師。透過網際網路這條資訊高速公路，各式各樣的互動開始蓬勃發展，而足以主導這種互動模式的網路技術也就成了最大的服務資源。

何謂「服務」？

「服務」有幾種不同的定義，所強調的不外乎以下幾點：

服務是無形的，但能使消費者滿足。良好的服務能夠使顧客心情愉悅、留下良好的印象，因此，要了解何謂「服務」，就必

須先了解何者會使顧客感覺良好。隨著本書的深入探討，我們將會發現服務的範疇、形式和變化是無窮的。

提供「服務」的是人，而不是機器。所謂的「服務」並不是工廠量產的商品，而是顧客與店員的互動中所能感受到的經驗。

服務可能附加在有形或無形的財貨上。舉例來說，商品維修是附加於貨物本身的服務之一，而諮詢（Consultancy）不是；一般運輸業及旅館業者所提供的服務中，無形的方便性及舒適性依附在實體的設施上，觀光業則不是。

如果服務是附加於有形的財貨之上，那麼該財貨的所有權並不會因為買賣的事實而由店家轉移至消費者手中，消費者只是有權利享受某部分的利益。例如我們或許能夠暫時使用某個旅館的房間或火車上的某個床位，不過即使是在這段時間裡，我們也無法「擁有」該房間或床位，所有權還是屬於旅館業者或鐵路局；圖書館和一般的租賃公司都只是暫時借出他們的商品，所有商品的所有權還是在他們手中。

醫生為病人看診也是一種服務方式，他們並不提供實質的商品給病人，而是提供醫生的專業知識，知識是無形的，醫生為病人進行診斷，並且開立處方以治療疾病，他們不須像藥劑師那樣處理藥品。醫生所運用的知識仍然留在身上，病人只獲得知識的利益。病人所接收的服務並不僅止於使身體康復，還包括醫生看診的態度、跟診護士的行為、注射時施力是否得當、身體檢查是否徹底等等，這一切全都是無形的。

分類

經濟活動可概分為下列五大類：

1. 第一類指直接來自土地或自然的結果，農業、林業、養殖

業、礦業等均屬此類。

2. 第二類是使第一類結果有所轉變的部門，包括製造、工程、建築、發電、食品加工等。

3. 第三類屬於服務類，包括餐廳、旅館、洗衣店、維修業、娛樂業等。

4. 第四類的經濟活動則為其它活動之輔助，以及與其他幾類活動交換產品，包括運輸交通、傳播通訊、商業交易、保險、金融、行政管理、包裝等。

5. 最後一類則包括各種能改變與改善人們的活動，例如保健、教育、美容等等。

所有的經濟活動都是導向商品或服務的生產，第一、二類活動主要與有形商品的生產有關，而第四及第五類活動本質上屬於服務業。

範疇

服務業可區分為四個範疇：

■ 製造服務，例如商品之修理、維護及運送等，這類服務需求的成長速度幾乎與工業的發展一樣迅速。

■ 商業服務，例如銀行、保險、廣告、會計、財務、行銷研究、信用卡、軟體、商業中心等，這類服務的成長速度遠超過工業的發展。

■ 消費者服務，例如保健、旅遊、休閒、美容、娛樂、資訊、投資、教育、顧問諮詢、經紀等。

■ 公共行政與國防，雖然這是政府的功能之一，不過無論對製造業或任何行業來說，行政管理均為組織內部的重要活動。

　　各種服務業的界線愈來愈模糊。保險業、銀行業、共同基金及投資業之間有許多共同的服務項目，人們可以透過信託基金、共同基金、甚至於銀行的理財服務來規劃運用將來的資金。固定存款可替人們賺取利息，而能供人們存款的地方也不限於銀行，更包括一些公司行號。國外有些公司甚至還提供支票服務。

　　旅行社業務與保險業、銀行業之間也有著相當程度的關聯，尤其在外匯承兌業務方面。早在 90 年代，旅行業的翹楚湯瑪斯庫克公司（Tomas Cook）便相信全球（特別是亞洲）地區的經濟活動主力勢必在於金融服務、共同基金管理及安全服務等方面，他們也希望未來發行票券的手續能夠更普及化，就像使用自動販賣機一樣方便簡單。 1986 年， ICICI 的附屬機構 SCICI 正式成立，負責辦理運輸業的融資申請，並接管原隸屬印度政府的「運輸發展基金會」（Shipping Development Fund Committee）所負責之業務。經過一段時間之後， SCICI 開始融資給其它工業，包括汽車、石油、鋼鐵、工程、電子、化學等相關行業。 SCICI 在運輸、水栽、交通等工業累積一定的實力之後，開始涉入工商銀行業務的領域。 SCICI 與 ICICI 於 1997 年合併。

　　數位化的聲音、影像、資料及文字使電信、電腦、媒體及消費性電子之間的界線漸趨模糊，而寬頻網路、行動電話、無線廣電傳訊及衛星公司之間的競爭也日益白熱化，這些設備都是全球資訊基礎建設（Global Information Infrastructure, GII）的一部份，可供人們從事各種娛樂、資訊、通訊及貿易活動，並促進其發展。在這些科學技術的輔助下，電影製作人不需要再耗費大量時間拍攝及剪輯影片，反而將大部分的時間用在電腦動畫的製作上——用電腦繪製的一隻動畫昆蟲就足以取代一個大明星了！為了拍攝一個意外發生的畫面，一輛巴士必須由天橋上摔下，並墜毀在橋下的一輛轎車上。有了神乎其技的電腦軟體之後，導演不需

要毀壞任何一輛車子就能取得令人滿意的畫面。Pentafour 軟體公司就曾因為在電影「Jeans」當中所做的特效而獲得美國好萊塢電影大獎奧斯卡的提名。

範圍及種類

服務業所延伸的範圍包括：

- 就餐旅業而言，自高級觀光飯店至路邊的小攤販。
- 就運輸業而言，自設備完善的航空公司、運輸公司至貨車司機、公車、計程車司機，乃至一般自用車駕駛。
- 就秘書工作而言，自擁有各種先進的科技設備，能夠接收及傳輸全球資料的大型多功能商務中心，至只有一台影印機的小辦公室。
- 就保健而言，除了有門診科別完整、醫療設備齊全的大型醫院、分門別類的專科診所（如糖尿病專科、眼科、心臟科等），也包括一般診療中心，甚至於家庭醫師等。
- 就顧問公司而言，他們能夠針對公司改組、發展及合併提出建議，擬定區域性或全球性的經濟策略、改善公司裝潢、安裝辦公室系統、處理稅務問題、留意市場訊息、貿易機會、注意科技的發展等，這些可能是個人透過網際網路就能夠做到的事情，也可能是由一群專業人士在世界各地的辦公室裡共同完成的。

隨著企業組織的複雜化，許多服務項目都需要簽訂合約，包括打掃辦公環境、提供觀賞植物、管線配置及電力、空調等系統的維修、炊具的使用、開車接送等。英國 Group 4 Securitas 公司的營業項目就包括了保全、瓦斯讀表、押解囚犯等。在印度，孩童領養問題也間接造就一項新興的顧問服務 —— 專門替符合領養

資格的人士找到他們希望領養的小孩，或是為等待接受領養的小孩找到真正有誠意的領養人，並且代辦合法的領養手續。蘇富比等知名拍賣公司也紛紛在印度設立辦事處，提供印度藝術作品鑑賞、拍賣畫作及雕塑之類的服務。此外，另一項逐漸在印度嶄露頭角的新興行業則是「資料處理」，這門行業的本質就是處理一些文書工作。舉例來說，身處美國的醫生可以用錄音機錄下自己的話，並透過衛星傳輸至印度，資料處理公司的人就會在第二天將謄寫之後的資料傳回醫生的手中。GE Capital 公司總裁蓋瑞·溫特（Gary Wendt）先生十分看好這項新興行業，認為它在印度會以每年 100% 的成長率竄升。

　　就服務的角度而言，教育界變化的速度可謂十分頻繁。教育不僅止於老師與學生在教室中透過課本與黑板而達到互動，印度有許多學生攻讀英國、美國、澳洲及其它國家的大學在印度國內開設的課程，他們與那些國家的學生繳交相同的學費、使用相同的教學設備、也和他們參加一樣的考試。而電視教學節目在印度也是一種新奇的遠距教學方式，由於電腦及管理方面的課程相當具有成效，電視台也打算開設其它課程或外語教學節目。為了追求最高的學問，遙遠的距離、昂貴的學費及繁複的入學手續都不再是問題，隨著遠距教學的夢想成真，印度國內過去數十年以來陸續成立了多所大學，以迎合莘莘學子追求國外學歷的渴望。

　　大型活動策劃（Event Management）是一項嶄新的行業，擁有極大的市場潛力。1996 年的威爾斯世界盃比賽的市場價值在十億盧比以上；於印度邦加羅爾（Bangalore）舉辦的世界小姐選拔賽約可賺進 15 億盧比；而藝人麥可·傑克森的孟買個人演唱會活動也同樣帶來 15 億的商機。據估計，每年在印度由政府單位或私人機構舉辦的活動大約有 2500~3000 場次左右，包括 Trikaya、O&M、MaaBozell、Maadhyam 及 Clea PR 等公司在內，

許多廣告業者特別設立了獨立的部門，專門負責籌畫這些活動，而這林林總總、五花八門的活動也為許多公司帶來無窮的商機，使這個新興行業的遠景無可限量，因此，從事相關行業的公司行號極可能在兩年內就由30家激增至150家。然而，從事這個行業還是有其風險，因此也很可能使人血本無歸，ABCL公司就是慘澹管理的例子之一，他們在1997年推出的「環球小姐觀光之旅」在輿論的壓力之下被政府單位打回票，因此不得不中斷進行，由於當時聚集了許多激進的抗議分子，46位來自世界各地的參賽佳麗及14位驚魂未定的隨侍人員隨即於1997年11月3日由警方護送至機場搭機離開印度。

　　管理大型活動並不是件簡單的事情，必須靠經驗的累積，一旦稍有疏漏就會使主辦單位的顏面盡失，以下就是一個例子：

　　　政府單位或非企業機構所舉辦的那些研討會與會議總是貽笑大方，讓原本正經八百出席的記者專家們啼笑皆非，就舉前幾天召開的橋樑工程師研討會為例吧！當天禮堂前的廣場上堆滿了要發給與會人員當紀念品的彩色手提袋，可是由於現場的工作人員搞不清楚狀況，不知道該把禮品發給哪些人，整個場面被弄得一團糟，當研討會開始進行以後，還有些人被留在外面等著領紀念品，結果有一位仁兄實在等得惱羞成怒，索性連紀念品也不拿，直接進去開會了！

　　　研討會上，笨手笨腳的司儀老是把簡單的會議流程弄錯。而在另外一場會議裡，主持人竟然讓每一位致詞完畢的來賓在台上排排站，為的只是要在會議結束後獻上一束死氣沉沉的玫瑰花！

資料來源：1998年11月15日的Sunday Midday（印度當地的報刊）

提昇價值

　　人們經常到餐廳吃飯，不過「吃」並不是上館子唯一的理由。人們可能爲了慶祝某件事情、爲了談生意或約會而一起上館子吃飯，雖然菜好不好還是非常要緊，不過在酒足飯飽之際，食物的好壞並不是那麼重要，眞正讓人們感到心滿意足的是其它因素，例如上菜速度適中、服務生態度周到、整個餐廳的風格氣氛、音樂情調、安靜程度都令人滿意等等，而這些因素就構成了所謂的「服務」（在這種情況下，服務是無形的），並且是決定客人會不會在下一次類似的場合再度光臨的關鍵。人們可以在許多不同的地方吃到品質相去不遠的食物，但是服務品質卻是各家餐廳與衆不同之處。事實上，服務的品質會影響客人對食物的感覺，好的服務品質可以爲餐廳的食物加分，如果遇到服務態度惡劣的店家，只怕就算是滿漢全席也難以入口。因此，**服務可以提昇價值**。

　　航空公司的客機不停地載送乘客穿梭於各城市之間，飛機本身與機上的座椅空間都是有形的，各家航空公司的硬體設備大同小異，但是許多乘客往往還是偏好某家公司。乘客之所以喜歡搭乘同一家航空公司的班機，或許基於該公司的航班時刻較方便、班機較準時、安全措施做得較周詳、辦理登機和行李托運的手續較簡便、勤務人員的態度較友善等原因，乘客對這些條件的重視絕對更甚於座位的舒適與餐點的美味。這些都是服務的基本要素，而且都是無形的，它們可以爲公司加分。

　　若論及港口船隻停泊處的長度、牽引機、起重機及其它搬運設備，則位於印度孟買的Jawaharlal nehru港堪稱全印度最現代化的港埠，它有足夠的空間及設施供貨輪裝卸大型貨物，但是由於在這裡將船隻轉向要耗去許多時間，因此鮮少有船隻願意在此泊

岸。船隻轉向的速度與港口設備與器材的運作有關，而這就是
「服務」。

近年來，商品製造商及販售商均察覺到「服務」品質是影響
商品競爭力的重要因素。如果店家老是不能將商品準時送達客人
指定的地點、帳單總是出錯、經常缺漏單據、包裝不夠完好、不
能做好客戶服務、把商品送到錯誤的地址、或沒有按照協議進行
交易，即使是最好的產品也會乏人問津。現在不同品牌的商品在
技術上的差異已經愈來愈小了，舉例來說，大多數的客戶在選購
電視機時很少會去比較機械方面的不同，因為他們對於這些細節
多半也一知半解；電腦業者在銷售硬體設備時，強力訴求的重點
通常在於：

- 依客人的需求安裝軟體。
- 訓練店員的客服能力。
- 依客人的需求研發程式。
- 售後服務的處理速度。

為確保商品的普及性與既有優勢，市場訊息、廣告及促銷均
與產品品質同樣重要。印度報刊銷售量審計局（Audit Bureau
Circulation）的定期報導對於各報章雜誌之營收影響很大；百貨
公司受歡迎的程度多半與商品陳列的好壞、對顧客的體貼程度及
結帳、送貨的效率高低等息息相關。這些都屬於服務。

全球經理人都無法否認在未來幾年裡，服務品質優良與否將
會是收買顧客歡心與荷包的重要關鍵。「服務」仍然會是所有行
銷策略的重點。土地開發商與建築商為了要招攬新住戶，不但得
注重房屋的設計與品質，最好還能提供全年無休、符合世界標準
的高爾夫球場、尊貴高尚的健康俱樂部、附設多樣化水上運動的
俱樂部、遊樂場、包括滑翔翼、攀岩等刺激活動在內的冒險俱樂

部等等；會議室裡必須要有視訊會議設備，還有網路及多媒體等
高科技娛樂設施；如果還能提供如直昇機之類的交通工具、設備
齊全的醫療中心、電子監控系統、遠紅外線圍牆系統、不斷電系
統、液態瓦斯供應等多項設施，更是再好不過。印度孟買的
Sahara 及新德里的 Santosa 就是其中典範。

　　即使在對進口電氣產品仍有諸多限制的時代，為了維持視聽
產品在市場上的競爭力，日本松下電器（Matsushita）仍然在全印
度設立了許多服務站；某位肥料製造業者則策劃了拜訪農民方
案、農田實地展示及穀物研討會等活動，利用影片展示有效率的
尿素處理方法；某家水泥製造商為泥水匠及營造商舉行各種與預
拌混凝土等應用相關的研討會。

　　摩托羅拉公司（Mortorola）總裁勞勃‧蓋文（Robert Galvin）
在第一屆全球服務業會議（1991 年 3 月 13 至 15 日於倫敦舉行）發
表的演說中曾提到：日本之所以能夠維持高度的經濟成長率，唯
一秘訣就是能提供和產品品質一樣令人讚賞的服務水準。一個國
家若不能發展全球性服務，就不可能躍登上世界舞台，成為重要
角色。

　　服務在經濟方面造成的影響遠超出一般人的想像，有許多失
敗者就是輸在服務的品質不夠好。事實上，即使再頂尖的服務也
會有不合時宜的一天，因此，要在商場上立於不敗之地，就必須
不斷提昇服務的等級，才能增加商品的價值。

　　由以下摘錄的例子，我們或可了解印度的汽車製造商是如何
透過服務品質來提昇商品的價值，進而在競爭激烈的市場上佔有
一席之地。

　　　不管如何，當消費者不再以價格為購買商品的主要考
　量時，金錢的價值（value-for money）就取決於許多其它因
　素，例如售後服務；對通用汽車公司（General Motors）而

言，所謂的價值可能在於一種能夠完全擁有的體驗……為了達成這個目標，通用汽車公司特別成立了一個專門為 Astra 車主量身打造的「歐寶俱樂部」(Opel Club)，該款車輛的擁有者不但能夠加入這個獨一無二的俱樂部，擁有許多專屬的權益與優待之外，還能在 Airtel、Lufthansa、Nokia、頂好集團(the Welcome Group)、銳跑(Reebok)、Sita Travels 及 HCL-Frontline 等特約廠商處享有優惠待遇。同時，該俱樂部也會舉辦一些特別的會員活動，在印度的德里和孟買兩地就曾經分別舉辦過一次。

此外，通用汽車公司也為客戶提供一項「客戶救援方案」(Customer Assistance Programme)，萬一客戶的汽車拋錨、無法就近求助於歐寶經銷商或特約維修廠時，車主只需撥客戶援助專線，並報上歐寶俱樂部會員的卡號，該公司就會提供會員迫切需要的援助。

無獨有偶地，Honda 汽車公司也打算推出「Honda 售後服務專案」(Honda after sales customer care)，一旦開始實施這項專案之後，車主就可以在同一個地點同時享受售後服務、零件維修及客戶諮詢等便利、優越的待遇。

「近年來廠商為了爭取市場佔有率使出不少花招，其中不乏以優厚的服務專案來吸引客人的注意力，例如30天信用期(credit period)、7000~8000盧比現金回饋、一年免費服務、免費加油至600公升、『舊車換新車』專案、假期特惠專案、免費行動電話等等。」

成長

服務業是全球經濟成長最迅速的一環。在美國，服務業提供

的就業機會佔了 75%~80% 左右，與其他行業相較之下，服務業對於國內生產毛額的貢獻也與日俱增。根據歐洲「日本管理協會」（ Japan Management Association ）於 1990 年所做的統計，當時全日本從事服務業的人數佔了整個就業人口總數的一半以上，成爲經濟活動上最強勢的一環。 90 年代最富有的商業鉅子比爾‧蓋茲（ Bill Gates ）也是出身自服務業。據世界貿易組織（ WTO ）的報告指出，觀光旅遊業是現今世上最大的產業， 1997 年全球旅遊人口共計 6 億 1 千 3 百萬人次，預估到了 2010 年時更將突破 10 億人次。

同樣的趨勢也反映在印度社會中。只要隨手翻翻孟買地區的電話簿黃頁（ 工商分類 ），我們可以看到服務業項目的數量幾乎是製造業的兩倍；在求職欄中，與服務業相關的職缺也差不多是製造業需求人數的兩倍，而在 20 年前，這兩大產業的就業市場規模大約是一樣的，到了 1990 年，服務業需求的人力遠比製造業多出 6 成，到了 20 世紀末，製造業的就業市場大概只有服務業的一半而已。根據估計，每投資 100 萬盧比，製造業可以提供 13 個工作機會，農業是 45 個，而服務業則高達 89 個。一般而言，服務業的預期薪資比其他產業要高，職位愈高愈是如此，不過其從業人員的流動率也較高。服務業對於經濟方面的重要性已經由 1970 年的 30% 躍升至 1988 年的 50% 以上，光是在 1984 至 1988 年之間，服務業的成長率就高達 37% ，而且至少還有 25% 的成長空間。一些與服務相關的行業，如信用卡公司與快遞公司等，其成長率曾經達到 35%~40% ，而軟體業及行動電話工業更是達到 50% 以上的驚人成長率。即使在 1998 年印度工業面臨急速衰退的窘境時，軟體及資訊科技工業仍然在印度的股市中一枝獨秀、開出紅盤。

莫瑞‧林區（ Merrill Lynch ）於 1997 年進行一項名爲「全球

衛星」（Global Satellite）的研究，預測衛星控制系統將會成為數位電話、高速網路連接及多頻道數位電視等先進科技的主要傳播媒介。據推測，未來 5 年內投資於這項工業的總金額將會由 45 億美金擴增至 147 億，如果把「直播到府」（direct-to-home）電視也算進去的話，投資額甚至可能高達 310 億美元。根據世界貿易組織的報告，在西元 2000 年，全球上網人口大約可以由 5000 萬增加至兩億，或者更多，而電子商務交易額可望衝破 3000 億美元。自從光碟版「大英百科全書」（Encyclopedia Britannica）問世之後，書本版的銷售量於 1990 年至 1996 年之間便滑落了 50%。就大英百科全書而言，連同裝訂的費用在內，製作一套書的價格從 200 美元至 300 美元不等，而壓製一片光碟的成本只需要 1.5 美元，一時之間，大英百科全書的銷量跌落谷底，只能積極開發電子出版品以力挽狂瀾。

全球化

　　世界的趨勢現在逐漸走向單一的市場整合，歐洲共同體（European Community）、東南亞國協（Association of Southeast Asian Nations, ASEAN）、太平洋盆地經濟（Pacific Rim）、北美自由貿易協定（North America Free Trade Agreement）等都是以這個目標為前提而進行著，而取代關稅暨貿易總協定（General Agreement on Tariffs and Trade, GATT）的世界貿易組織也積極地消除關稅等影響國際貿易的障礙，以促進國際之間資金、人力及貨物方面的自由流通。世界銀行（World Bank）及國際貨幣基金會（International Monetary Fund, IMF）之類的國際組織也開始向接受援助的國家施加壓力、促其朝這個方向邁進。共產國家可說是封閉體制無法存活的最佳例證，像古巴這樣的共產主義強權國

家如今也不得不打開門戶。而儘管有少數團體擔心國家安全受到
威脅，印度還是深切地體認到全球各國互相依賴的重要性。爲了
因應隨著全球化的腳步而與日俱增的市場競爭，唯有提昇服務的
品質，強調服務與商品具有同等的價值，才是不二法門。

　　服務業的活動範疇可以自由地跨越國界。許多國際財團就
經常自全球各行各業籌措財源以進行大規模的經濟活動，就是在
這樣的情況下，韓國（1997年）及巴西（1999年）爆發的危機也
連帶使得世界各國的金融市場受到衝擊；印度有60%以上的信用
卡交易量都是拜到當地旅遊的外國觀光客所賜；廣播節目的管制
是十分棘手的問題，而如何才能有效遏止「空中侵權」（air
invasion）的情形，更是令各國政府傷透腦筋。當貿易行爲漸趨國
際化之時，所有的服務業，例如保險、金融、運輸及傳播等都必
須跟上國際化的腳步。印度地區的26家公營銀行及11家外商銀
行於1991年12月一起加入「全球銀行同業金融電信協會」（Society
of Worldwide Interbank Financial Telecommunications, SWIFT），
該協會是一個全球化的網路，它聯結了74國、共計3000個金融
機構，統一運用標準化的訊息模式來溝通，以利彼此之間的交
易。這個網路每天必須處理150萬筆訊息，其中包括會員銀行之
間的匯款、信用文件及旅行支票等。包括瑞士航空（Swiss Air）
及國泰航空（Cathay Pacific）在內的幾家航空公司紛紛在印度設
立辦事處，以便舉辦全球性的活動或處理全球訂位等問題，即使
旅客是在巴西訂機票，也可以在印度領取。有時候這些辦事處會
轉型爲獨立的公司，也一併承攬其它航空公司類似的業務。Tata
Energy and Resources Institute 就曾經在華盛頓設立一個機構，專
門輔佐世界銀行（World Bank）處理關於未開發國家環境保護的
事宜。印度鋼鐵有限公司（Steel Authority of India Limited, SAIL）
也設立分支爲工程方面的設計與研發、管理及電腦軟體人才培訓

等提供相關的諮詢服務。

　　資訊及知識是無遠弗屆的。人們可以透過傳真、電話、網際網路、虛擬空間及衛星電視汲取資訊與知識，也可以透過閱讀報紙、參加研討會等方式達到相同的目的。國內各大學之間，所有的課程資訊、圖書資源，甚至各科教授都可以互相流通；在現代社會當中，衛星傳訊也是輕而易舉的事情，醫學專家們只需運用電子媒體發表自己的醫學報告，就能夠迅速而不費吹灰之力地將自己的理念傳達出去；儘管市場條件與匯率波動時有變化，大抵而言，金錢幾乎可以在須臾之間流通全球；而透過路透社（Reuters）、英國廣播公司（BBC）、美國有線電視網（CNN）等國際知名的媒體，人們也可以隨時掌握全球金融的脈動。有許多金融機構及公司行號特別聘請專人來掌握國際經濟的波動、隨著市場起伏及貨幣的變化操作大筆資金，為的就是要從中賺取匯差，同時也在不同的投資標的當中求取平衡，以降低投資風險。

　　此外，近期一些歷史悠久的法律事務所紛紛開設海外分支，從這樣的的趨勢當中，我們也可以嗅出全球化的端倪。Cadawalader Wickersham and Taft 是華爾街年代最久遠的一家公司，1996 年 9 月在倫敦設立了第一個海外辦事處；英國的 Freshfields、Allen and Overy、Linklaters and Paines 及 Clifford Chance 等公司近來也在美國設立子公司；而 Dorsey 公司在比利時的布魯塞爾辦事處則有來自德國、比利時及愛爾蘭的律師。

　　服務業是推動市場全球化的主力。由於服務業的範圍遍及全球，因此消費者抱持的期望也特別高，人們會以國際化標準來衡量服務的品質。無論何時何地，消費者希望能夠得到最好的待遇。或許人們對於道路、電話、倉儲、零售等基礎建設無法多加挑剔，但是他們卻可以只憑自己的好惡來選擇音樂、電影、資訊、娛樂、醫療、銀行、保險等服務。旅客們也有權決定自己想

參觀的地方，提供相關服務的公司絕對不會冒著砸自己招牌的危險，而忽略任何一項能夠取悅顧客的事情，即使不提供海外服務的公司也不敢冒這樣的風險。而對於那些跨國服務的公司行號而言，他們所面臨的挑戰就更大了，他們必須不斷保持一定的服務水準，以符合顧客心中對於「國際化」的標準，更必須試著超越更高的極限。

結語

服務是無形的，它必須透過人的行為來表現，目的在於達到令顧客滿意的程度。服務呈現的方式千變萬化、不一而足，使各種服務之間的界線愈來愈模糊。服務業是經濟上成長最迅速的一環，也在市場上造成了不小的競爭。服務是無遠弗屆的，唯有服務業才能作到真正的全球化。

第 二 章

服務的特性

　　所有公司行號的任務無非是提供有形的貨物或無形的服務（當然也可能兩者皆有），以因應社會大眾之需。「服務」在本質上全然有別於「貨物」，因此，服務的管理方法與原則必然在許多方面有所不同。「服務」由「人」執行，而「貨物」則由機器製造。此外，服務與貨物之間的區別主要源自服務的五大特性：無形（intangibility)、不可分割（inseparability)、異質性（heterogeneity）、無法保存（perishability)、以及所有權（ownership)的歸屬。

無形

　　由於貨物具有實體的尺寸與屬性、人們可以看到、摸到或嚐到貨物味道，因此是有形的；服務並不具備這些特性，因此是無形的。舉例來說，在學校裡，人們可以看到與評鑑建築所在的位置、校內圖書館或各單位的硬體設施、或教職員的學歷資格，但是這些有形的資產並不足以左右學校的本質，以及它能灌輸給學生的教育。（教育的）「成果」必須對學生就知識、智能及人格等方面的發展來評鑑，人們或許可以察覺到這幾方面的發展，但是卻無法加以衡量，考試成績並不能正確地顯示這些發展的結果。教育最重要的構成因子是無形的，有時侯，只要有優秀的師

資提供良好的教育品質，位於窮鄉僻壤的小學校反而較能做育英才，相較之下，一些出身貴族學校的天之驕子反而容易因為優渥的物質環境而養成自大傲慢的不良習性。公立醫院之醫生的醫術往往不遜於私人醫院的醫生，甚至可能更優秀，因此，公立醫院的簡陋設備並不能抹煞醫護人員所提供的殷勤照護及專業醫療，而這些都是無形的。

　　人們所展現出來的「服務」看不見、聽不到、摸不到、也無法加以衡量。我們只能藉著觀察被服務者的反應，才能夠體會到該項服務的優劣。業者在設計裝潢飯店時往往煞費苦心，但空有華麗的建築及室內擺設並不能確保客人對住宿品質的滿意度。即使飯店裡的陳設極盡奢華之能事，也不見得保證客房裡的燈光永遠會一按即亮、客人可以隨時取用熱水，更不能擔保壁虎不會突然從衣櫥裡跳出來！當客人半夜覺得口渴卻發現水瓶空空如也時，即使那個水瓶是純水晶製作的也無濟於事。

　　當醫生為病人檢查身體、進行診斷時，我們眼睛所見的只是醫生所做的一些瑣事，例如輕拍病人胸膛、聽音辨聲、檢查喉嚨深處、讀取儀器數據或檢視報告等。我們付錢給醫生，並不是要他們「表現」這些動作讓我們觀賞，而是要借重他們的專業素養，透過這些巨細靡遺的步驟及觀察程序，進而了解病人的問題所在，並且做出正確、恰當的處置。舉凡醫生在問診程序中所應用的知識，以及病人所得到的診治，全部都是無形的。如果病人因為醫生的診治而康復了，我們自然會認為醫生所提供的服務（這裡是指醫療行為）很好，反之，我們則會認為自己投錯醫而徒呼負負。對病人而言，只要能夠把病治好的就是好醫生，醫生的資格、頭銜為何倒是其次，人們所受到的醫療服務並不會因為醫生或醫院的聲望而提高。

　　電影院所提供的服務是透過電影的放映來取悅觀眾，所謂的

「愉悅」完全是一種主觀的個人體驗或感覺，是無形的。餐廳侍
者對客人的殷勤禮遇、空中小姐對乘客的細心招呼、飯店內舒適
宜人的冷氣空調、護士給予病人的即時回應、維修人員的迅速確
實……這些都是無形的，唯有受到服務的人才能夠說出對這些服
務的滿意度。除了親身體驗的消費者之外，無人能夠加以衡量。
如果有一位顧客覺得自己所受到的服務「十分差勁」，那麼就沒
有別的方式能夠推翻他的說法，除非另有許多接受相同服務的顧
客均給予正面的評價。

　　讀者或許會問：那麼租車公司所提供的服務算不算是無形的
呢？如果我們將「買車」和「租車」這兩件事情拿來比較，答案
立見分曉。就「買車」這回事來說，人們總會多方比較不同廠
牌、不同款式的車子之後，才會做出最後的決定，而經常被人們
拿來做比較的項目不外乎車內空間、安全性、車子性能、耗油
量、維護費用、車身顏色等；不過就「租車」而言，租車公司會
根據汽車公司或車款的信譽，選購他們認為較不容易損壞的車
子，再將車子租給看起來駕駛技術精良純熟、態度溫文有理的駕
駛人，在這種情況下，租車的顧客們所購買的顯然並不是有形的
部分。決定外出用餐之後，人們選擇餐廳的標準通常不只是菜餚
可口與否，而會根據過去的用餐經驗、此次用餐的目的（慶祝、
宴客，或只是單純想飽餐一頓……）來考量評估。

　　大部分商品的特性均介於純「貨物」與純「服務」之間，或
多或少都具有「無形」這個特性。人們在購買櫥櫃時，最在意的
不外乎它的支撐力、空間、尺寸、安全性等具體可以實際衡量的
外在條件；而在選購冰箱時，人們首重其功能性──也就是冷
藏、保鮮的功能是否完善。此外，商品是否容易維修也是消費者
購物的指標之一，而這就牽涉到「服務」這個無形的概念了。人
們在選購汽車時就經常會考量到幾個無形的因素，例如定期保

養、維修等服務。

服務尚可細分為「完全無形」的服務（如教育、諮詢、資訊、博物館、保全服務、職業介紹所的服務）、附加於有形商品之上的服務（如維修、洗衣、裝潢、廣告、保險等）、以及讓消費者獲得有形商品的服務（如零售、信用卡、融資、倉儲、郵購、運輸等）三大類。

服務很難提供試用品。顧客在消費服務時所得到的是一次整體的經驗，是當下所受到的待遇，這樣的整體感覺難以依樣複製成試用品，必須在所有構成某項服務的因子都各就其位的狀況下，才能夠成就一次完整的服務，讓顧客充分感受到應有的體驗。舉例來說，快遞司機送貨的流程是環環相扣的，一旦整個機制或貨物收發之間的聯繫出了差錯，很可能就無法順利完成工作。一般商店也是如此，在預計的存貨量未到之前，一家店是不可能憑著幾件試用品就掛起招牌開始營業的。在難以取得試用品的情況下，市場調查的工作愈發顯得窒礙難行，對店家而言，想要在推出新服務性商品前先試探市場反應，簡直是不可能的任務！人們很難精確地說明或描述無形的東西，也因為如此，無形的商品（也就是「服務」）很難得到專利或版權，當然也就難以避免他人競爭或盜用等情形，任何人都可以輕易地模仿或改造競爭對手的創意，而這也是「無形」商品的特性之一。

不可分割

肥皂、油類等實體商品都是先在工廠裡製造出來、接著運送至商店裡，消費者再依個人所需選購。當消費者買了一台新冰箱或一種新上市的水果飲料時，並不能當下在店裡便體會到使用冰箱的便利處或飲料的口感，而必須等到回到家後才能實際體驗。

實體商品的製造、購買及使用之間有著時空的差距。在餐館中，構成「服務」、帶給顧客滿足感的要素之一便是服務生所表現出來的禮貌，在這種情況下，服務生在其他場所的表現如何並不重要，他們在客人面前所表現出來的一舉一動才是決定服務品質好壞的關鍵。服務態度是顧客在消費的當兒便能體會到的，不會太早，也不會太晚，服務生在服侍顧客的同時，顧客們也立即體會到他們所表現出來的服務態度。服務的製造與消費之間沒有時空差距，它們是不可分離的。無形的服務類商品只存在於買方與賣方之間的互動。

人們去參加音樂會或選美比賽之類的活動時，最大的滿足感是來自能夠親眼見證活動中的每一個細節，以及親身體驗參與其中的感覺，再加上會場所提供的舒適感（兼指現場營造的氣氛以及硬體的設備）等。能否成就一次完美的活動，不但與活動負責人事先的規劃安排是否得當，更須視觀眾的舉止、觀賞的位置、舞台上表演者的演出……而定。同樣的表演如果再進行一次，以上所提到的所有情況都會有所不同。只有在事情發生（製造）的那一刻、那一個地點，人們對這件事情有所體驗（消費）的當兒才會產生所謂的「經驗」，經驗的發生與人們的體驗是同時並存的，兩者密不可分，即便是在事情發生的那一刻用攝影機拍攝下來，事後再回家用放影機觀看時的感覺也不會和身歷其境一模一樣。

修理工人在修車的時候，是把修車的技術直接應用在「修理車子」這件工作上，只有等到在測試車子的性能時，才能判斷修理技術的好壞，也就是說，顧客必須等到修理工作結束之後，才能夠得到被服務的滿足感，在測試過車子的狀況之後，才能評估這項服務的品質。

一則廣告在被人們看見之前是不存在的。廣告效果的好壞端

視它對消費者造成的影響而定，而廣告的影響力又須視當時讀到它的人是誰、這個人當時的心情如何而定。人們看不見某一則廣告，原因不外乎該廣告的版面太小、注意力被其他訊息搶走、刊登位置不夠顯著等，總而言之，就實際的觀點而言，這則廣告就像不存在一樣！

教育發生於老師與學生之間的互動，教導（製造）與學習（消費）是同時發生的，沒有學習就沒有教導，唯有在消費行為成立的條件下，製造行為才有存在的價值。

在學生為數眾多的班級中，短短一個小時的教學課程就能對學生引起不同程度的學習行為，老師在那一小時之內所教授的題材是一樣的，但是每個學生接受的程度不一定相同。對每一個學生而言，（教學的）「成果」是不一樣的，端視其「消費」（學習）的狀況如何而定。

製造與消費通常都是發生在製造者及其設備所在之處，例如洗衣店、租車公司、美容院、博物館和停車場等，消費者必須到製造者提供的場地才能得到服務，不過，有時候理髮師、送貨員或醫生也可能提供到府服務，這就要另當別論了。然而，即使是在上述這些例外情況下，服務行為發生時所使用的裝備仍然屬製造者所有。當消費者使用的是自己的設備（如電視、電話、網際網路）時，服務行為就變得單純化、可以視消費者的使用習慣而定，現在就連銀行業者也為了迎合消費者的使用習性，開始提供便利的網路銀行或電話銀行等在家服務了。

此處所謂的「不可分割」，其涵意可概分為以下幾個層面：首先，**服務無法先在某處製造出來，然後在其他時間再運送至他處供顧客消費。**唯有在有消費者的情況下，服務業者的生財器具才有可用武之地，而且服務內容的運作與顧客是密不可分的。當麥當勞這樣的速食餐飲業在孟買開設分店時，這家分店就是麥當

勞的特許管理者，而店內食物的品質也會受到嚴格監控，他們所提供的服務包括了供餐速度、客服禮節、食品新鮮度、餐廳清潔度等，這些都是構成該店服務品質的獨特要素，只有在同一家店裡才能感受到相同的細節，這些要素是無法先在其他地方「製造」出來，再「運送」到孟買那家店去販賣的。

再者，**銷售服務性商品是直接的。**服務性商品的銷售員與顧客之間並沒有其他媒介，服務是無法囤積的，以上述的麥當勞為例，孟買那家分店的服務就是特許營業者所能提供的服務。麥當勞訓練出來的營業人或許都能達到相同的水準，但是，在孟買的麥當勞裡就不可能享受到紐約麥當勞提供的服務。

這個特性導致的重要結果之一就是，**人們在購買服務性商品時並不能試用；事實上，人們得在該商品製造出來之前就付出代價。**舉例來說，人們找上顧問公司尋求諮詢時，就已經構成了消費的事實，而「產品」是隨後才到的，顧客不能在獲得解答之後，才表示顧問的工作不盡理想而拒絕付費；上醫院求診時，不論病情是否有起色，該付給醫生的診金還是不能少；在學校裡，就算學生被當掉了，學費還是得照樣付清；而我們上館子吃飯或到夜總會看秀時，也不可能因為東西不好吃或表演不好看而想賴賬。

異質性

由於服務具有不可分割的特性，商人不可能事先按照特定的標準來製造出某項服務。所有由人類製造、消費的服務性商品都可能無法維持一定的品質。某些人認為是「特級」的服務，或許根本不受其他人的青睞；即使對同一個人來說，這一天認為某項服務很棒，改天可能就不那麼覺得了。在同一家電影院裡，當某

些人全神貫注於螢光幕上的電影情節時，說不定也有些人正無聊地昏昏欲睡；在同一個班級中，教學品質也會因學生而有所不同，同一位老師每一次教授同一個章節所做的說明不見得會一模一樣，即使老師所用的字眼或範例千篇一律，他說話時的音調、聲音裡透露出來的熱誠與強調的重點也會有些許差異。**就服務性商品而言，要達到標準化是很困難的。**

　　驗光師賣眼鏡給客人以幫他們矯正視力，但是消費者所購買的不只是更好的視力，還有流行及外觀，這就是人們在選購眼鏡時總要對鏡框的材質、顏色及款式精挑細選的原因。顧客選擇鏡框和鏡片時可能會尋求驗光師的意見，因此，一個驗光師不僅要精於計算鏡片的折射率，還必須提昇他的「服務品質」，協助客人從琳瑯滿目的選擇中挑出一副最適於佩戴的眼鏡，在這種情況下，光憑型錄是做不了決定的，客人必須親自戴上眼鏡，才能夠「感覺」它的舒適度、準確性與搭配性。而驗光師必須提供的服務還不僅止於此，如果客人需要盡快取得想要的眼鏡，那麼驗光師的供貨速度也必須加以配合才行。總而言之，**顧客的需求是因人而異的。**

　　優秀的服務供應商會嚴加訓練員工的服務方式，飯店接待員、接線生、醫院裡的護士、旅行社導遊、客房服務員、商店銷售員、劇場接待員、空服員及銀行櫃檯人員等，均須恪守與自身工作息息相關的準則，這麼一來，他們在工作上的表現才能夠反映出所屬單位的服務標準。然而，這些訓練並不能保證他們在客人面前都能保持親切的笑容。旅客想要知道的事情和導遊正在做的講解可能風馬牛不相及；同屬一家旅行社的不同導遊呈現出來的服務也不盡然相同，而導遊對旅行團中每一位團員也有不同的服務方式，端視每位團員的興趣與要求而定。

　　在美容院裡，美容師的手藝或許十分精湛，但每個顧客的需

求是不同的，一昧跟隨流行的腳步可能不見得合適，因為每個人的臉型和容貌都不一樣，同一個髮型是不能夠套用在每一位顧客身上的。因此，顧客往往必須等美容師的工作到一段落之後，才能感受到美容師努力的成果。而在美容師看來無懈可擊的髮型，一旦套用在不合適的顧客身上時，恐怕只會招致令人意外的反效果。

修車廠通常會有一套例行的維修程序，不過，師傅還是得憑著機器的聲音來斷定該上多少圈螺絲才能鎖得恰到好處。無論師傅的修理技術多麼老練純熟，也不見得保證能每次都做出分毫不差的判斷，即使現在有電子儀器輔助進行輪胎校正或引擎調整的工作，必須實際動手調整機器的人還是修車師傅，如果正好遇上師傅的心情欠佳，他的專注力和表現難免會受到影響。修車廠所提供的服務會隨著負責工作的師傅及其情緒好壞而有所不同。

在旅行團規劃的行程中，無論是在餐廳、戲院裡或飛機上，團員感受到的服務都會受到其他團員的影響，個人在旅程中的行為可能會讓他人感到愉快，也可能令人為之氣結，而這些感覺也大大影響了人們對服務的評價。不良的服務品質可能正是破壞旅遊興致的罪魁禍首，一旦旅客的遊興因為他人的行為而遭到破壞，那麼旅行社人員或餐廳經理所付出的努力也可能因此而大打折扣，甚或付諸流水。

每一個服務業者面臨的重要課題之一在於貫徹例行準則，進而確保服務品質的一致性，如果能減少過程當中的人為因素，情況或許可以有所改善。電子儀器設備、自動櫃員系統、自助式商店等，全都是為了使服務過程標準化、使服務品質保持一致性所做的嚐試與努力。

難以保存

　　在印度排燈節（Diwali, 10月或11月時所舉辦的慶典）期間，
炮竹的需求量十分驚人，炮竹製造商通常會預先做好大量的炮
竹，囤積於全國各地，再於慶典時期一鼓作氣出清所有存貨，賣
不完的貨品則繼續囤積，直到全部賣完為止。倉庫裡的砲竹是不
會腐壞的，即使經過一段時間還是可以維持原來的品質；蔬菜雖
然會腐敗，但還是可以透過冷藏或加工製成罐頭的方式加以貯
存，留待日後食用。然而，**服務是無法保存的**，一則廣告若是未
能吸引人們的注意力，就失去了存在的意義，所有投注在這則廣
告上的開銷都浪費掉了；在戲院裡，即使某個場次並未滿座，多
出來的位置也不可能遞加到下一場去。服務一旦未被利用，就會
消逝無蹤，因此而損失的收入也無從彌補。同樣的，飛機上的座
位、飯店裡的房間、船上的空間、診所的設備、美容院的時間
等，一旦沒有善加利用，這些都無法失而復得。賣不出去的服務
是不可能囤積到第二天再賣的。

　　儘管有物價波動的風險，一般貨物得以囤積的特色還是使貨
物製造商易於營運管理，一旦貨品供應出現問題，他大可以延後
送貨時間；消費者也可以將平常購買的日常用品貯存起來，等到
需要的時候再拿出來使用。實體商品在管理及使用上的穩定性十
分有助於平衡物價。由於服務具有不易保存的特性，服務類商品
就不可能出現這樣的穩定度。如果一班飛機上只有20%的載客
率，航空公司的營運費用也不會隨之降為平常的20%；銀行裡的
基金如不能在特定的一天使用完畢，對銀行而言，該筆利息損失
也無法補救回來；如果人們不使用電話，電話公司的收入就會減
少，這些損失都不能夠成為第二天的額外交易。

　　博物館能夠容納的人數受限於服務員的能力、以及能夠供參

觀者移動的空間，如果在某一天的參觀人數少於博物館所能容納的人數，第二天館內可能就得面對參觀人數過多的問題，而且一旦人潮過多，參觀者就會對服務品質產生不滿。當博物館人數超過限制，若有人因此不得其門而入，他可能就不會再繼續到這個地方參觀了。能夠在星期天完成的事情，若是留到星期一再處理，或許就沒有那麼便利、輕鬆了。

　　流動的服務場所比較有可能保存服務。舉例來說，一個同時受僱於多家公司的修理工所能提供的服務就比專為一家公司做事的人易於保存；比起只提供店內服務的餐廳，願意到府外燴的店家更能提供保存性較長的服務；流動式圖書館所能提供的服務比閱覽室更持久；報紙插頁廣告的效力遠不如直接印在報紙上的分類廣告；而刊載在網際網路上的新聞和廣告，由於機動性較弱，自然也消失得比較快，但是對於經常上網瀏覽的人而言，這些消息維持的時間可不算短，在不同的情況下，其功能自然有所不同。

　　服務業首重提供服務的能力，而不是產量的多寡。在服務這一行裡，販售的都是所謂的「能力」，而製造業所賣的則是存貨，唯有在顧客肯上門的情況下，服務業者的能力才得以發揮（不可分割的概念），「難以保存」這個概念的涵義在於業者必須確保其服務能夠持續得到消費者的青睞，也就是說，需求必須始終與供給一致。飯店和航空公司通常會與其他同業（如附近的飯店、飛同一個航線的航空公司）達成協議，以消化過多的訂位顧客，這麼一來才不會失去顧客對該公司的忠誠度。未事先預約的情況經常發生在飯店和航空公司裡，比如說，當飛機誤點或臨時改航線時，飯店可能就得臨時為突然多出來的 260 位旅客服務，而一旦發生不幸的重大空難時，飯店往往也必須設法空出床位容納受害者。令人遺憾的是，在這些情況之下，即使服務得再

周到，恐怕也是於事無補。

擁有權

這個概念在前一章已討論過，此處不擬贅述。

其他特點

服務是由人際互動表現出來的，但是服務業並非不重視科技，服務業當中發展速度最快的環節之一就和電腦息息相關，例如航空業及核能電廠內部的維修保養服務就相當仰賴高科技。在戲院、電影院、音樂廳、廣告公司、藥廠、外科中心裡也運用不少高科技儀器。此外，科技也大量出現在許多現代電影當中，例如獲得奧斯卡金像獎十四項提名的鐵達尼號（Titanic）、侏儸紀公園（Jurasic Park）等，其部分場景就不是在攝影棚中拍攝，而是在電腦室裡製作完成的。

服務業對人類造成很大的影響，卻不見得能滿足絕大多數人的需求。服務品質的好壞因消費者而異，消費者也是影響服務品質的重要因素。然而，無論如何，服務業的人事成本在總成本中所佔的比例還是偏低。

市場門檻

所謂「市場門檻」是指那些使新競爭者對現有市場結構望之卻步的障礙，障礙愈多，現有商家在這場商業競爭中的勝算也就愈大。

一般而言，市場上共有五大門檻，其中表現在製造業的情況最爲明顯：

- **成本**　市場新進入者的平均成本可能會比現有的公司高。
- **創業初期所需資金**　這一點須視不同的行業而定。
- **規模**　新競爭者可能必須生產足以供應整個市場的商品，才得以維持競爭力，跨國公司就具有這樣的能力。
- **產品區隔性**　市場上不同的族群可能分別需要不同的專業化商品。
- **合法性**　包括專利權、經銷權、執照等問題。

　　由於服務業的種類五花八門，在此難以歸納總結，不過大體而言，進入服務業的市場門檻較低，換句話說，新競爭者爭食服務業市場這塊大餅的機會較大。在各種服務業當中，只有像餐旅管理、運輸等行業需要投資較多資金，不過即使需要資金，投資服務業所需的成本還是遠比製造業少。從事製造業必須有最低的營業額才能在市場上存活下去，但是服務業的彈性就大多了，小規模的營業額也可以穩紮穩打。由於服務業是「以人為本」的行業，在管理方面就不需要過於拘泥某些程序。若從事製造業，一旦商品無法取得專利權，就難以與市場上的同類商品區隔開來，但是若想開設一家顧問公司或美容院，就不須太擔心這方面的問題了。

　　單就印度而言，以1999年的保險業為例，想要成立保險公司的人必須先克服許多法律上的問題，但若只是成立一家保險顧問公司，單純協助顧客購買保險或索賠等事宜，就不需要擔心這些問題。諮詢顧問是用他的知識來服務顧客，「知識」是大多數諮詢服務的重要資產，無論是處理進出口程序、管理稅務問題、教育、醫藥、法律、財務、組織發展、品質管制等，皆是屬於知識層面的服務，基本上，這些服務都沒有市場門檻，從事這些行

業所需的資金也不高，有意從事這方面工作的人可以依照自己的
能力決定要開小型的個人公司，或是擁有辦公室和助理的大型公
司。透過網際網路，人們甚至可以使自己的公司邁向國際化。

結語

概括而論，貨物與服務之間的差異可分為以下幾點：

貨物	服務
是人「製造」出來的	是人「表現」出來的
有形	無形
可取得專利權	無法取得專利權
市場門檻較高	門檻通常較低
工廠生產之後，由消費者消耗	消費者亦參與生產
可提供樣品	無法提供樣品
可囤積	無法囤積
可運至消費者指定地點	顧客需至供應者指定地點消費
消費者擁有充分的使用權	消費者僅有部分的使用權
所有權可轉移	所有權不可轉移

第 三 章

開發服務性商品

商品的特色

　　顯而易見的，服務並不是人們所「製造」出來，而是表現出來的，因此，將服務定義為一種商品似乎並不恰當；不過，這樣的界定可以幫助我們將商品開發、管理及行銷等理念應用在服務業上。

　　所謂「商品」，乃生產者為了因應消費者的需求而製造出來的產品。對製造者或生產者而言，商品是技術／硬體設施與特性之綜合體；對消費者而言，商品則兼具實用、價值、期望及感覺等多方面意義。人們付出代價之後，希望獲得的並不只是產品或服務，更希望從中得到滿足感及好心情；除了套裝旅遊及名牌服飾之外，人們更想得到安樂的生活；買保險不只是為了日後的保障，更是為了安全感；買鞋子時，我們想要的不但是一雙好鞋，更希望能有雙美腿！而女士們會購買化妝品，所圖的多半也是妝扮之後的自信心，而非化妝品本身的價值。

　　商品不僅止於一件具有實體的物品，人們往往會賦予商品額外的特性。舉例來說，人們選購香皂時注重的不只是香皂本身的清潔力及對皮膚的保護性，還會考量它的形狀、顏色、香味及使用的場合。無論商品的包裝、標示、價格、促銷形象等因素，在

在都會影響該商品在消費者心中的印象，「實用性」只是構成商品特性的元素之一罷了。

商品的主要及次要成分

凡是商品均有其主要及次要成分。所謂的主要成分也就是產品最基本的功能。次要成分的實用價值雖然有限，卻能增加商品的附加價值。電視機的主要成分包括能夠使影像及聲音功能保持穩定、清晰的電子工程及電路等硬體，而次要成分則包含電視機外殼的設計、控制鍵的位置、遙控功能、品質保證等。任何能夠提昇產品功能的附屬特性也可視為該產品的次要成分。

不同的製藥公司通常都會生產一般的常用藥品（主要成分），能使各藥廠有所區別的是其附屬的特性，也就是藥品的濃度、型態（液體、膠囊、藥丸或藥粉）、添加劑（作為藥品的調味或基礎成分）、包裝（瓶裝、長條裝或紙包）及標籤方式等等。對消費者而言，品牌名稱也會影響他們對商品（價值）的印象，舉例來說，知名品牌就可能比新廠商、新產品更有品質保證。商品的次要成分也有可能大大提高主要商品的價格。

商品的區隔性

各式商品可因製造商的作法不同而產生區隔性，例如，業者為了突顯植物油與其他食用油的不同，通常會特別強調前者膽固醇含量較少這一點；各廠牌的牙膏也因為香料、氟化物等添加物不一樣而有差別。這些差異造成了產品的個別特色。當我們將商品的差異性列入考量時，就無法考慮公平與否的問題，也無法在價格上一較高下，因為我們不能以不平等的條件來比較。

　　此外，生產一項產品時也必須考量消費者的個別需求，對於一些高單價、專爲特定用途而做的商品來說，這一點更是重要。在服務業方面，這種「量身訂製」的需求與機會非常普遍，基本上，服務業並沒有所謂的「大量生產」，每一項服務行爲都須根據個別顧客的特定需求而產生。

包裝與歸類

　　就一般貨物而言，包裝與歸類是十分重要的一環。完善的包裝方式不僅可以使貨物受到良好的保護，也能夠增加商品的賣點、樹立其產品特性。通常，人們只要看一眼物品的包裝，就能分辨出它的品牌，因此，商品的包裝就和汽車的設計與顏色一樣重要。書籍的包裝也就是它的封面，對讀者來說，設計精美的封面往往更能提昇購買的慾望。貨物的歸類則有助於區隔各商品的特性，同時也能透露出商品的特徵、產品資訊、使用方式、注意事項等相關訊息。在服務業中，所謂「包裝」指的則是提供服務的場所、服務者的外觀及穿著、服務時所使用的設備及形式、以及與服務相關的展示和裝潢等等。

服務性商品

　　服務性商品並不具有實體。有形的實體商品可能會與部分服務性商品結合而產生關聯性，但是服務性商品通常是由許多無形的要素所構成，我們不能只偏重看得見的部分。在富麗堂皇的飯店裡住宿，不見得能令每個人感到滿意，因爲無形的服務品質才是最重要的關鍵。

　　業者在提供主要的服務性商品時，必須愼重選擇即將進行的

服務內容。舉例來說，一般快遞公司能提供的項目包括：

- 在一定時間內運送物品至指定地點（可能分為市內送件、主要城市之間互投、國內及全球送件等）。
- 可安排到府取件（可在指定時間或 24 小時內至客戶指定地點收件）。
- 對於待送物品的材質及尺寸有不同的限制（僅限文件、任何物品皆可，或僅限黃金與鑽石以外的物品）。
- 指定付款方式（現金結帳，或於月底總結等）。

各種不同的組合方式會產生不同的服務性商品，業者可以提供多樣化的選擇，讓消費者隨心所欲地挑擇合適的服務性商品。在戲院裡，除了節目（語言、品質及時間）本身的好壞之外，構成服務的要素還包括空調的控制、場地的清潔程度、座椅的舒適與否、接待員的態度、電梯服務、訂位手續的便利性、停車的便利性、大廳的設施及裝潢、顧客的素質、能否提供新檔節目資訊、以及其他關乎接待、等候、舒適度及周圍環境的小細節。當顧客發現自己在這家戲院中頗受禮遇、無論何時訂位都能得到自己想要的座位，或發現這裡的顧客都是些正派、有禮的人時，對於這家戲院的滿意度自然就會提昇。有些人往往就因為不喜歡人擠人而特意避開到某幾家戲院消費。

觀光業者販賣的商品除了遊覽勝地之外，也包括人們在沿途和目的地所能得到的體驗。有些觀光地點可能會因為沿途路況不佳而導致觀光客流失。新加坡著名的旅遊勝地聖陶沙島是一座精心規劃的渡假島嶼，那裡沒有商店、沒有高樓大廈、沒有辦公大樓，是一個寧靜祥和的地方，和新加坡的熙來攘往有天壤之別，遊客們必須自新加坡市區搭乘纜車至聖陶沙島，而這種交通方式也是旅遊行程的安排之一。印度也有旅行社可以帶團至 Jaisalmer

等地l觀光，親身體驗一下過去印度土王的生活方式，遊客們可以住宿在如假包換、富麗堂皇的皇宮裡、搭乘「活動皇宮」（一種豪華的火車）四處走訪、參加「獵象」活動（當然！他們帶的是相機而不是打獵工具）等。「活動皇宮」現在已經成為當地的熱門旅遊商品之一，在印度許多地區均有行駛。

　　旅遊商品也可以特別以藝術、建築、文化、宗教、歷史、運動、寺廟、休閒、生活方式等為訴求。喜馬拉雅山不僅是冒險隊及運動團體的最愛，也是愛好大自然的人及尋求和平寧靜者夢想一遊的勝地；Varanasi則是由宗教、恆河文化、佛教及各種印度傳統匯集而生的一項旅遊商品；而南印度的觀光行程則多半著重於寺廟及建築方面。由於非洲以蠻荒與野生動物而聞名，因此套裝旅遊包含的膳宿方式也成了非洲狩獵旅行團的重頭戲之一，許多遊客寧可付出更高的代價，只為了住在露天帳蓬裡「與大自然同在」，也不願住在舒適的五星級大飯店。在Keraka地區，有一種在大船上享用晚餐的方式，叫做「valloms」，這也是旅遊商品的一部份。

　　博物館裡的商品並不單指內部展出的藝術品，而是包括展覽品陳列的方式、開放時間的便利性、遊客走動的空間、特定展示品的觀賞指引、深入研究的機會、館內解說的服務等等，如果博物館能透過控制板或自動播放的影像及聲音，以提供更詳細的解說，那麼遊客能夠獲得的經驗就更多了。透過博物館的展覽，不但可以提高遊客對展示主題的關注，更可能大大增加人們對這方面的興趣。

　　對零售商來說，庫存貨品的種類多寡可能不會比貨品的可靠性來得重要；而庫存量不足的時候，送貨方式、付款手續的重要性可能也大於商品的陳列方式、挑選商品的方便性或老闆的態度等因素。以一名從事電腦買賣的業者為例，硬體和軟體的販售固

然重要，但是單憑這些商品並不足以使他擁有與眾不同的競爭力，畢竟要複製硬體和軟體並不難。唯有能夠幫上顧客的忙、能夠提供必要的技術支援、能夠為顧客提供可靠的資訊……該業者才有機會展現其與眾不同之處，而這些都是主要產品之外的附加服務。手機服務中的簡訊、漫遊及其他付費或免費功能也都算是手機的附加價值。

　　人們使用信用卡不僅是因為可以少帶點現金出門，也因為報稅的時候有現成的簽帳單可供參考。坊間的租車公司通常會提供許多不同車款讓客戶選擇租用，這些汽車不但是交通工具，更可說是地位的象徵。經常出差洽公的旅客通常會選擇住宿在有提供上網設備的飯店，以便在房間內用自己的手提電腦連上公司網路。許多結婚禮堂不但提供各種會場佈置及菜單任君挑選，也提供客人用餐的場地，以及牧師舉行結婚儀式的地方，除了錢之外，新人的父母（或新人自己）根本不需要準備任何東西。

商品的開發

　　商品的設計必須符合消費者的期望與需求。顧客對商品的滿意度不僅發生在實際使用的時候，也發生在購買商品時。商品在製造過程中必須毫無瑕疵，完全按照規格要求製作，同時，商品製造完成以後、送交到消費者手上之前，儲存或運送的過程當中也不能有任何變質或損害。

　　設計或提供商品時，必須將以下幾點列入考量：

- 商品的市場需求。（關於市場導向請參閱第五章）
- 主要商品所能滿足的需求。這一點取決於業者選定的市場區隔。
- 商品必須綜合哪些要素。

- 與其他商品的區隔性。
- 商品的延伸性。
- 商品的可塑性。
- 商品的包裝與歸類。

開發一項服務性商品所牽涉到的過程包括：

- 確定顧客認為有利的價值（利益觀）。
- 由上述所有有利的價值中挑選可提供的（服務觀）。
- 決定能夠進行的服務，包括提供服務的形式及程度。
- 決定履行該服務的方式（處理機制）。

利益觀 商品必須能為消費者帶來利益。提供服務的人必須先弄清楚服務的對象，以及對方的需求是什麼。顧客對服務性商品的期望（需求）包含許多功能性及心理層面的因素。舉例來說，商務旅客與一般趁假日全家出遊的旅客就有所不同，對後者而言，全家人的需求都必須兼顧到，小孩和太太也是需要服務的對象。美國著名的 Thomas Cook 公司於 1841 年以旅行社起家，現在則成了一應俱全的旅遊服務公司，專門為顧客安排旅遊行程、預訂機票住宿、代換各種幣值的鈔票、協助辦理護照及簽證事宜、安排會議及觀光活動等等，還可以為正在旅途中的遊客收發各地信件。

目前有些銀行及保險公司與高中學校進行建教合作，為學生上一些與實務有關的課程，同時培養他們成為日後的幹部。在英美國家，公司行號與教育機構之間的合作日益緊密，彼此都在揣摩最能符合對方要求的做法。藉著提供實驗室研發的最新知識及其他市場經驗，工廠可以幫助學校規劃最符合時代潮流的課程，如此一來，學校及業者雙方均能受益。這就是美國史丹福大學與矽谷各公司之間發展出來的合作模式，而德國西門子公司

（Simens）及 Dow Jones 也依循同樣的方式進行著。

　　這股學校與廠商合作的風潮也吹入了印度，當地許多高等學術機構開始計劃與企業界進行合作，這種協力的模式已普遍出現在印度的觀光、飯店、零售管理及廣告等行業。印度石油公司（Indian Oil Corporation）與 Larsen and Toubro 公司均已和部分管理學校達成協議，在學校裡開設一些專爲因應該公司需求而設計的課程。管理學校與企業之間有著密切的連結，足以：

- 在學校中進行經理人才的養成訓練。
- 讓學生在求學期間便能夠獲得工作方面的實際經驗。

　　爲了幫助那些無法完成訓練課程的學生，某校長與學校附近的飯店及醫院合作開設了相關的短期課程，讓他們能勝任旅館大廳服務生、管家及管理部門之類的工作。幾乎所有學生都能在畢業後立即獲得工作機會，有些人甚至能在知名大公司裡謀得一職。學校成了一個非常珍貴的媒介，能夠兼顧雇主及求職者的需求，而學校教育也因此得以更貼近市場的現實環境，因而更能滿足顧客（兼指雇主及學生）的需求。像這樣的商品便可以稱得上品質優良。

　　「富達公共團體退休服務公司」（FIRSCO）是一個專爲企業團體擬定退休計劃的公司，擁有五千七百個客戶（即公司行號），服務對象多達三千八百萬人，每天他們必須處理數以千計的諮詢電話，爲客戶提供意見及服務。FIRSCO 的負責人深信，只要員工對自己的工作感到滿意，相對地就能提供令客戶滿意的服務，進而使公司的業務持續成長，不斷獲得利潤，因此，FIRSCO 公司設立了一所「服務傳遞大學」（Service Delivery University, SDU），提供每位員工八十個小時的教育訓練。多年來，SDU 不斷成長擴大，現在除了教授主要基本課程（技術、

管理及產業資訊等）之外，還有五個校區專門提供各種學科（包括客戶服務、資訊管理、市場行銷、風險管理及領導統御等）的高級課程。

印度工業技術局（India Institutes of Technology, IIT）成立的目的在於協助企業研發資訊科技及電訊產業方面的產品，他們提供的並非教育，但是卻能以其研究及知識幫助企業發展商業上的應用，並因此使企業的需求獲得滿足。有些科學教育機構與印度的「標準運載火箭」（Standard Launch Vehicle）之研發及導向飛彈專案訂有合作關係，專門負責從事研究與提供測試報告。或許，隨著時間的演進，IIT 的研究也會日漸受到產業需求的影響，因而形成彼此互惠的合作關係。

服務觀 每一家餐廳的優點可能因為提供的食物種類（印度菜式、大陸式、中式、泰式、墨西哥式等）、上菜的形式（沙拉、海鮮或冷盤等）、餐廳的等級、服務態度、等候區的設置、座位的舒適度、隱密性等因素而有所不同。某位餐廳老闆的服務觀可能只是美味的大餐與迅速確實的服務，而不在乎座位的安排、氣氛的營造或服務生的態度等；而對另一位老闆而言，服務可能又代表著快速、乾淨、簡便的商業套餐，菜式的多寡並不重要，要緊的是能不能提供一個適合洽公餐敘的用餐環境。服務方面的差異可能包括：（a）座椅陳設、（b）服務生服侍或自助服務（在自助式餐廳裡）、（c）外送服務、（d）現場結帳或月結、（e）事前或事後付賬等。當業者選擇欲提供哪些服務時，必須謹記以下兩點：

■ 服務對象的市場定位。
■ 自己能夠運用的資源。

新成立的航空公司必須特別著重他們能提供給旅客的個人服

務，要盡量對每一位常客的飛行習慣瞭如指掌。通常客艙服務員
及機組人員在執勤前會針對該班次的旅客進行簡報，對他們而
言，為定期搭乘飛機的常客提供個人化服務比較容易，然而一旦
航空公司更新原有的機種、容納更多旅客，而航班數量又有增加
時，要提供個人化服務幾乎是不可能的事，在這種情況下，航空
公司的服務方式就必須改弦易轍。以新加坡航空為例，其優點包
括：

- 活動式椅背（開航空業之先例，因而為該公司帶來大筆獲
  利）。
- 經濟艙旅客亦可選擇自己喜歡的餐點（通常只有頭等艙的
  旅客才能選擇）。
- 每週更換菜單（更新速度是傳統航空公司的四倍）。
- 空服員較多。
- 擁有最新的飛行機隊（新航是首家於 1998 年開始啟用波
  音 777 飛機的航空公司）。
- 可將旅客在世界各地購買的物品運送到府。
- 提供機上傳真設備。
- 旅客可依自己的興趣、職業挑選想閱讀的雜誌。

在兩家同樣等級的飯店裡，其中一家用機器取代人力，提供
的是罐頭食物與速食食品，而另一家則聘請專人為住客提供服
務，並且只用新鮮的食材。兩者提供的服務雖然呈現出不同的等
級，不過均有各自的市場，而且也能夠同時滿足不同的客層。

處理機制 一旦擇定欲提供的服務項目之後，就必須確保
能夠隨時為客戶提供該項服務，處理機制就是使業者達成這個目
的之方式，而它或許也稱得上是形成服務性商品的流程中最重要
的一環。最要緊的不只是遞送文件或信函，而是整個透過人力、

設備和系統，爲了讓客戶對服務感到滿意而作出各種安排。

服務的履行是：

- ■ 透過人來完成。
- ■ 須藉助設備及其他實體設施。
- ■ 透過系統化來完成的。

在形成一項服務性商品時，上述幾項要素缺一不可，否則就無法呈現出能讓客戶滿意的服務。

透過與其他國際快遞合作的方式，一般的快遞公司可以確保將客戶託付的物品送達目的地，完成對客戶的服務。如果快遞公司本身的規模夠大，那麼透過公司本身的員工及設備也一樣能夠提供相同的服務。如果該公司還提供「貨物追蹤查詢」（track and trace）服務，就必須建立起一套能夠不斷記錄貨物動態的系統，不論體積再小、甚或已經移交至其他代理處的東西，都必須有所記錄，否則一旦客戶寄送的貨物遺失，就無法加以追查了。

由聯合航空（United Airlines）、斯堪地那維亞航空（Scandinavian Airlines）、加拿大航空（Air Canada）及泰國航空（Thai International）等幾家公司聯合組成的「星空聯盟」（Star Alliance）提供了一個遍布全球的運輸網，讓旅客能夠輕而易舉地在全球 106 個國家的 500 個城市之間暢行無阻。旅客搭乘其中任何一家航空公司的飛機，都可以享有飛行哩程數合併累計、使用豪華的機場候機室、一次處理多達四段航程的登機手續、轉機便捷等多項優惠，而且星空聯盟中任何一家航空公司的工作人員都必須爲會員乘客提供相同的服務。

這樣的安排使得顧客即使只在其中一家公司消費，就等於同時接受其他公司的服務。製造業也有類似的情況，就像產地不同的商品以不同的品牌出售一樣。

　　有些旅行社除了幫客人確認機票以外，還可以代辦報到及登機（上車）手續，舉例來說，參加火車旅遊的旅客只要到車站集合，就會有旅行社的人護送到正確的位置為止。在印度，有一家公司甚至派遣專人駐守在孟買的撒哈（Sahar）機場，負責接待出境旅客，幫他們處理訂位、出關等手續，為了拉攏等級較高的旅客，這樣的服務是專為頭等艙及商務艙旅客量身定做的。在這種情況下，光是派人駐守在機場並不夠，還必須有一套能迅速辨認旅客的方法；駐守機場的員工一定得十分熟悉機場事務的流程，還要能夠隨時應付突發狀況，如果旅客事先知悉旅行社的這項服務，而且也有所期待，卻因故找不到負責這項服務的人，或發現來接待的人並不了解該辦的程序，那麼他們對該旅行社的滿意度自然會大打折扣。

　　底下這個例子就是一個錯誤的示範。

　　　印度某家消費公用事業公司曾經與許多銀行達成協議，由各合作銀行代收客戶所繳納的費用，在 1996 年，該公司撤銷了這項合作計劃，並且在印度準備銀行（Reserve Bank of India）的許可下宣佈啟用「電子票據交換系統」（Electric Clearance facility），往後客戶只需將帳單交給自己的銀行，經過簽名背書之後，銀行就會將應繳金額匯入該公司的帳戶。對客戶而言，這套電子系統看起來似乎方便多了，不但節省繳款時間，而且也比以前省卻了許多步驟。然而，當客戶收到帳單的時候，卻全然不是那麼一回事，反而徒增許多困擾。由於許多客戶不了解新的繳費方式，因此他們還是按照往例拿著帳單到過去習慣繳款的銀行去，當然，銀行拒收他們的帳款，銀行的人將新的繳款方式告知這些不了解狀況的客戶，當這些客戶終於弄清楚繳款的程序之後，卻又發現帳單上預留的格子太小，容不

下整個簽名，而客戶若是公司行號，問題就更大了，他們根本無法在不侵犯到字元辨識條碼的情況下擠進兩個簽名和兩個公司章。許多銀行的員工對於總行交代下來的處理程序都不甚熟悉，各分行之間也缺乏良好的溝通，有些銀行的總行根本拒絕接受這套系統，因而也沒有對他們的分行下達任何指示，這些銀行的顧客就得面對更多的問題，因為他們必須親自走一趟那家消費公用事業公司，才能完成繳款。兩個月後，這項電子系統仍然無法正常運作。該公司啟用這套系統的立意雖佳，卻無法提供他們對客戶應盡的服務。

產品的範疇──深度及廣度

一項服務性商品的開發必須特別注重以下幾個層面：

- 主要服務。
- 附加服務。
- 處理機制。

如同其他的商人一樣，提供服務的業者必須先釐清一個問題：「我是在作哪一門生意？」找出這個問題的答案之後，才能夠決定自己該提供的主要服務、附加服務、以及服務的範疇。服務的概念就是由此延伸出來的，從概念的形成到實際開始提供服務之間，業者必須決定服務內容將涵蓋的各項要素（包括有形及無形的），不同的要素就會結合成不同的商品。新加坡樟宜機場是世界首屈一指的國際機場，由於他們的民航局與觀光局聯合提供轉機旅客兩小時的免費市區觀光，連帶使他們的服務水準無形中向上提昇。

　　我們可以由深度及廣度兩方面來探討服務性商品涵蓋的範疇。不同種類的商品可增加廣度,而同一種商品的多重變化則增加其深度。冰淇淋店提供各種口味的冰淇淋,代表它的服務具有深度;如果這家店還提供奶昔,那麼服務的廣度也就相對地增加。一家提供壽險或意外險的保險公司,若是有多種繳費方式可供選擇,那麼該公司的服務就具有深度,要是他們承保的範圍還涵蓋股市風險,或是房屋或黃金之類的產物險,那麼其服務範圍就更廣了。由此可知,一般的餐館就可以藉由提供烹飪或飲食營養之類的課程而增加其服務的廣度。

　　要增加產品的深度,就必須先保有其主要功能,同時再增加次要功能。若要增加產品的廣度,則必須創造新的主要商品。舉例來說,海灘渡假村可以增設水上運動項目或海灘活動來增加其深度,如果還能藉由訓練課程的安排而吸引當地顧客,就能增加其廣度。透過展示或銷售的方式,渡假村也可以成為當地民眾民俗藝術或手工藝品的行銷通路,這麼一來,它所涵蓋的廣度就更大了。汽車銷售業者如能提供分期付款的買賣方式,就能增加服務的深度,而當他們能夠提供代繳稅款、駕駛訓練或汽車維修等附加服務時,其廣度也相對增加了。

　　某家飯店認為為企業安排內部訓練課程是一樁具有市場潛力的生意,因此,為了達成這項服務,該飯店提供:

- 備有空調設備的大型會場,裡面設備一應俱全,另有白板、投影機等器材。
- 可同時容納各小組進行活動的空間。
- 整潔、素雅、可供與會者住宿的房間。
- 豐盛的食物。

飯店主管認為在會議進行時,客房整天都會是空的,因為所

有人應該都在參加會議，因此除了早餐時間之外，與會者不會需要客房服務。根據會議的安排，所有人會在固定的時段用午餐、早餐及晚餐，而飯店提供的全是自助式餐點，因此飯店主管認為他們應該可以刪減餐廳人手；洗衣服的費用也很低廉，因為大部分與會者並非高級幹部，多半會自己動手清理換洗衣物。另外一家業者將自己的飯店定位為休閒渡假山莊，提供保證10分鐘送到（比一般的餐廳還要快）的客房服務、許多室內、室外及水上活動，並且為遊客安排短程旅遊。

對這家渡假飯店而言，洗衣服務非常重要，此外，他們也提供一些基本的修理服務，例如補衣物、縫鈕扣、修補口袋破洞、補強針腳等。這類的修補服務可藉由以下幾點來增加商品的深度：（a）提供免費的調整服務，事先做好預防措施，（b）對於提供的修補服務及替代零件給予品質保證，（c）當客人的東西還在修理時，先提供代用品，（d）承諾在限定時間內完成修補工作。一位電腦老師允諾他的上班族學生們可以在下班時間找他幫忙，這麼一來他可以給予個別指導，而上課時間也較有彈性，同時他還答應幫他們解決用電腦工作時遇到的任何疑難雜症，而這項諮詢是免費的。這位老師所提供的服務同時增加了深度及廣度。

針對開發服務性商品的可能性，我可以舉零售業為例來說明。某些零售業管理方面的專家認為，像美國的 Walmart 及 Marks and Spencer 這種位於城市外緣、擁有大型停車場、販賣各種商品的大型連鎖商場在印度並沒有生存的空間，因為印度的消費者不會願意開車到離家三、四公里以外的地方購物，自家附近的商店還是當地最常見的銷售模式，人們對這些商店十分熟悉，而且也比較信賴店家。這些專家認為印度地區消費者的消費特性在於缺乏對新產品或新品牌的信任感；他們對這些新東西的價

格、品質及可靠性抱持懷疑的態度，而且十分依賴推銷員的推
薦。不過，印度目前的實際消費情況似乎並不支持這樣的說法。

　　以下是針對 Sales India 公司如何運用策略、成功打進印度消
費市場的說明。

　　　位於阿美達貝（Ahmedabad）的 Sales India 公司佔地約
　　一萬兩千平方公尺，年收益超過三億五千萬盧比，堪稱是
　　印度 1,560 家白色貨品（冰箱、洗衣機、被單等）商場的代
　　表，它是印度最大的零售業者，十分善用贈品、抽獎、折
　　扣、金條（針對購物超過特定金額的顧客）等促銷手法及
　　貨品交換、分期付款、價格保證、30 天內不滿意保證
　　110% 退款、免費竊盜及天災險等計劃以吸引消費者。該商
　　場對店家管制得十分嚴格，尤其是在處理顧客投訴的時
　　候，他們相信消費者有權要求產品的價格與品質。

　　用以偏概全的態度來歸納印度人民的消費行為實非明智之
舉，光是孟買和邦加羅爾兩地居民的消費習性就相差十萬八千
里。適用於食品店的管理法則不見得也能適用於服飾店，因為人
們購買衣服的頻率顯然比購買食物的頻率低，而且人們選衣服可
比選食物挑剔多了！不過，Kidskemp（邦加羅爾）、Shoppers
Stop（孟買及邦加羅爾）、Chirag Din（孟買）、Food World Chain
（邦加羅爾、加奈及海德拉貝）、Nanz（德里及龐加）等幾家公
司的成長也代表了超大型、複合式、自創品牌連鎖零售商場的時
代正式來臨。位於印度哈亞那的 DLF Galleria 是一個具有複合式
機能、佔地超過 3.77 英畝的大型購物商場，擁有 230 家商店及
300 個辦公室，各樓之間有露天的綠色步道貫穿整個商場，地下
樓還有一個超大天井及四個露天餐廳。在印度，這可能是大型購
物廣場的始祖。相較之下，1960 年成立於孟買的 Century Bazar 雖

然規模略遜一籌，管理模式可說是與 DLF Galleria 如出一撤，然而其壽命卻不長久。全球第一個大型電影院 Kinepolis，位於距布魯塞爾市中心 15 分鐘路程的 Ringr，擁有 25 個銀幕、7,500 個座位，它的存在使該行業的市場成長了 40％。

　　服務的進行通常是以提供者所在的地點為準。舉例來說，病人要看病必須到醫生的診所去，要美容就得到美容師的沙龍去，若要問專家的意見則要到顧問的辦公室去。如果服務業者可以提供到府服務，就可以增加服務本身以外的附加價值。藉著增加服務的深度，到府服務方式也打破了顧客須至業者所在地消費的慣例，進而達到了提昇服務範疇的目的，諸如提供機場接送服務的飯店、流動圖書館、流動郵局、至偏遠地區服務的醫院或銀行、流動電影院、電話購物與宅配、代收電話費的定點代辦處，以及到府清潔地毯的公司等，都是這類服務的例子。在印度，人們可以在加油站或特定的百貨公司定點購買印度信託投資公司的投資組合，或訂購一輛汽車；過去一向須在海關辦理的出入關手續，現在已經可以在許多比較接近旅途終點或起點的國內定點辦理，省掉了許多在海關為了通過安全檢查而開闔行李的麻煩。**這些較貼近顧客需求的服務更能讓顧客感到滿意。**

靈活的選擇權

　　任何服務業所提供的「主要」服務都是最基本的服務項目，也就是消費者付出最低代價之後應得的回報，只要有需求，顧客也可以在主要商品之外，再多付出一些代價選擇額外的附加商品或服務。就觀光業而言，旅遊可算是主要的商品，而可供消費者自由選擇的則包括基本的旅遊行程、延長或縮短停留定點、特定探訪（如紀念碑、人物、地方或宗教聖地）、語言溝通無礙的導

遊等等。就教育方面來說，除了主要科目之外，學校通常也會另
外開設一些選修學分（學科），讓學生的選課更有彈性，不必擔
心受到時間或修課順序的限制，可以按照自己的時間和學習進度
安排自己想唸的科目。這樣的開課方式稱為「自助選課制」，學
生也可以選擇由光碟輔助進行主要的課程，老師則可從旁協助，
這也是常見的學習方式，通稱為「個人化的學習」。這種提供多
樣化選擇權的消費方式常見於許多服務業，例如美容院、裁縫
店、餐廳、醫院、顧問公司、運輸業、銀行及保險公司等。然
而，由於電子化的普及以及資訊科技的運用，這樣的消費模式被
大幅地延伸運用在各方面，就連以往大量生產的汽車，現在也都
可以按照顧客的個別需求而特別訂做。

商品保證

服務是無形的。**顧客必須付出代價、接受並親身體驗到服務
的內容之後才知道自己得到什麼樣的服務**。顧客花錢接受服務，
自然對於應得的待遇有所期待，也相信得到服務的應該會符合自
己原先的期望。不過，理想與現實不見得會劃上等號。其實，就
算是購買一般的用品，也很難避免一些不確定的因素，難免會發
生東西不合用的情況。提供商品保證就是能夠克服這種不確定的
因素、提高消費者購買意願的好方法。例如消費者向郵購公司訂
購貨品之後，如果在使用上發生不滿意的情況，只要在特定期限
內退貨，通常可以收到退款，這就是郵購公司所能提供的服務保
證。

然而，服務業銷售的畢竟不是一般看得見的商品，很難提出
所謂的服務保證。如果洗衣店沒有將客人的衣物清洗乾淨，只要
再洗一次就行了，可是一旦在清洗的程序中不小心損傷了客人託

付的衣物，恐怕就成了難以彌補的錯誤。同樣的，頭髮剪壞了、護膚做壞了……都是無法挽回的。訂做的長褲不合意，能夠完全怪罪於裁縫師嗎？事實上，褲子的布料、選擇的款式、以及顧客的身材等因素都有可能影響成果，而發生這種況時，即使裁縫師不收費，花在那些布料上的金錢也是一種浪費。有車子的人都知道，汽車重新烤漆之後的顏色總會與色卡上的顏色有些出入，通常油漆製造商並不提供這方面的保證，因為印製色卡的時候已經格外小心了，而這種差異多多少少是難以避免的；如果對車子的顏色不滿意，車主也無法怪罪車廠的人，因為他們用的確實是車主在色卡上指定的油漆顏色。要想避免這種糾紛，最保險的方法就是在決定用色之前，先在車體漆上一小塊顏色，看看是否符合自己想要的樣子，建築物上漆時就常採用這種做法。另外還有一個方法，就是不要用色卡當作選色的依據，而是直接參考已經漆好的車子，這麼一來，車廠就有責任交出一輛完全符合客戶期望的車子，不過，這麼一來可供選擇的顏色範圍通常比較小。

在顧問公司這一行，即使客戶對顧問提供的建議不滿意，也不可能要求退費。過去印度曾有一位病患投訴醫生未治好他的關節炎，最後勝訴了，醫院真的將診療費退還給該名患者，不過，這樣的例子十分罕見。運輸公司、航空公司、貨運行、郵局等地方都有明訂因故延遲得以退費的相關規定，如果運送的物品有損壞，他們也必須負起賠償的責任，不過，對消費者而言，不論逾時退費或損壞賠償都於事無補，他們對該公司的滿意度已經打了折扣。當類似情況發生時，顧客甚至有權舉證要求後續的賠償與撫恤。試想以下這個情況：有個人要到美國加州的某公司報到上任，他預訂的是星期天由加爾各答起飛的班機，沒想到因為加爾各答在星期五爆發了航空管制人員罷工事件，所有原訂自該地出發的班機都被迫取消，這個無法按時報到的無辜旅客該如何是

好？這件事情對他造成的影響是難以衡量的，再多的補償恐怕也難以彌補。

商品保證的用意在於確保服務的品質，對於做不到或做不好的服務，退費是沒有用的。舉例來說，德里將於某日舉辦國際訓練課程，到時要用的 20 箱資料早在 20 天前就已由孟買寄出，竟然在舉行的前一晚才送到，箱子裡的資料還必須影印供上課使用，如果這 20 箱資料沒有及時送達，這項訓練課程就得取消，有許多人遠自各國來參加這項課程，一旦課程取消，金錢損失事小，但主辦單位勢必無法彌補對這些人造成的不便，而主辦者的面子也將不保；同樣的，如果醫師誤診病人的病情而鋸斷了一隻健康的腿，或因為警察怠忽職守而發生死傷慘劇，就算再多的金錢補償也沒有用；如果飯店的 Morning Call 故障，間接導致房客無法趕上早班飛機，那麼後果也可能令人無法想像，該名房客有可能因此而搞砸一筆訂單，甚至丟了自己的差事；如果快遞公司沒有及時將客戶託付的文件送達目的地，就有可能害客戶錯過入學許可的收件截止日期、參加重要比賽或會議的報名期限、或喪失移民權等，這些狀況都會對客戶的未來造成不可挽回的影響。

服務之履行非常重要，服務性商品的整體規劃必須萬無一失，提供服務的人必須確信自己能做到完美無缺的程度，不能心存僥倖地搬出「人非聖賢，孰能無過」、「人有失手，馬有亂蹄」等藉口，否則只是貶低自己所付出的努力。舉例來說，飛行器製造商必須提供保證百分之百安全的設計藍圖，一旦不幸發生意外事件（如 1996 年 7 月發生的 TWA 800 空難）時，才有足夠的立場將機件故障排除於肇事原因之外。

工廠安全也是一點都馬虎不得的，因為工業意外的後果往往難以估計，諸如工廠瓦斯外洩之類的災害事件，即使經過很長的時間，也難保不會留下任何後遺症。發生這種情況時，負責人必

須要有所警覺、立即做出正確的判斷，他們應該要馬上知道有哪些人在作哪些事情？各緊急裝備的位置在哪裡？還必須熟知所有裝備的使用方法。一份針對某石化工廠大火所做的調查報告就指出。火災當天之所以未能及時滅火，原因就在於廠房人員始終找不著幾把必用的鑰匙。像這樣明明可以避免的錯誤之所以會發生，就是因為當時的處理機制沒有發揮正常功效。

　　位於美國芝加哥的約翰漢克中心（John Hancock Cemtre）樓高 97 層，人稱「空中城市」，其中第 44 層樓設有一座游泳池，經常使用裡面各種設施的有數千人，從來沒有人懷疑過這座大樓的安全性。負責建造這座大樓的建築師、工程師及承包商共同承擔維護它的責任，使這個地方具有絕對的安全性。我們可以拿約翰漢克中心與印度那些坍塌了的房屋及橋樑做比較，有些位於印度的房舍甚至在啓用前就倒塌了，可見施工的安全程度十分堪慮。就服務業而言，每一次的「意外」都代表著有人背棄承諾，沒有履行令人滿意的服務，因而導致無法避免的失敗，如果服務業者不時時以此警惕自己，永遠也不可能達到完美的地步。

處理機制

　　在服務業中，處理機制也被視為商品的一部份，因為它是將服務理念化為實際行動的關鍵。在本章裡我曾經提過幾項能讓顧客體驗到服務的關鍵：

- 設備。
- 提供服務的人。
- 處理機制。

　　為顧客提供服務時，以上幾點缺一不可。事前的準備工作雖然不算是服務的一部份，但是客人接受服務的同時卻可以由上述

幾點看出業者是否準備得當。

　　快遞公司多半標榜著能在一定期限內將文件送達目的地，因此，不論是辦公室職員、收件程序、待送文件、遞送路線的安排等，每一個環節都必須萬無一失，才有可能確實履行「準時送達」的服務承諾。某家快遞公司推出企業特別優惠專案，聲明只要公司行號利用他們的服務寄送大宗文件，就可以享有特別的計價優惠，幾乎可媲美郵局的低收費。這個專案推出後，他們的確接到大筆大筆的訂單，然而他們根本沒有承辦大宗運送的能力，結果整個運送機制出了問題，導致無法按時運送全部的文件，而他們的生意自然也搞砸了。

　　政府一旦制定了任何利民的措施，通常都會透過媒體向民眾宣導，還會附上許多洽詢電話，消息發布之後，有關人員就應該即刻開始受理民眾的查詢電話，並且要對民眾可能在電話中提出的任何問題瞭如指掌；有些飯店會在新年前大力促銷應景的折扣活動，然而當人們去電洽詢細節時，往往若不是只聽到一連串嘈雜聲音之後隨即被切斷，就是被迫要聽著電話那頭傳來的音樂、等待一次又一次的轉接。飯店在推出宣傳之前，就應該預料到顧客的洽詢電話會蜂擁而來，並且事先安排好專門處理這些來電的人員。總之，在為顧客提供服務之前，提供服務者必須先下工夫安排好所有環節，才能夠確保提供最好的服務。

　　新穎的科技及現代化的設備對服務業而言就像是如虎添翼，可收畫龍點睛之效，但是卻未必能保證服務的品質。舉例來說，電話留言是一項非常便利的通訊服務，如果出現了下列幾種狀況，結果自然也無法令人滿意：

- 留言訊息沒有定期更新。
- 留言者的口齒不夠清晰。
- 答錄機故障。

■ 等候留言的時間過長。

目前有許多公司以電子系統取代人工電話轉接，如果缺乏適當的管理，即使是高科技的設備也有可能出狀況。舉例來說，如果打電話的人不知道分機號碼，電腦語音通常會要求對方輸入 9 轉接總機，當你按下 9，經過短暫的等待之後，可能會再度聽到電話語音說「對方正在忙線中，請稍後再撥」，然後就直接斷線了，令人好不氣惱！還有另外一種可能的情況，當你輸入正確的分機號碼，聽了一小段音樂以後，電腦系統突然又跳回電話剛接通時的語音片段，出現「XX 公司您好……」，電腦之所以出現這種狀況，顯然是因為你要撥的分機正在忙線中，但是電腦卻沒有辦法主動告知這樣的訊息，因而白白浪費來電者的時間。

科技和機器設備不可能比人腦聰明，電話公司通常會有一套專門用來記錄及催繳電話費的系統，如果客戶欠繳資費，電話公司會先連續發出幾通自動語音電話，提醒客戶去繳費，以免遭到停話，若還是遲遲未收到費用，就會直接中斷對該客戶的服務。不過，萬一客戶每十五分鐘就接到一通催繳電話，或明明已經繳費了，電腦記錄卻未即時更新，那麼電話公司所提供的就稱不上是服務了。因此，電話公司必須確保在客戶完成繳費之後就立即停止發出催繳電話。如果系統做不到這一點，那麼這種提醒客戶繳費的服務就成了幫倒忙的缺點，善意的提醒變成一種威脅，反而對客戶造成困擾。

「處理系統」指的是針對服務所安排的訊息流程及資料。當客戶將愛車送廠維修或進行保養之後，車廠應該要安排不同的工作人員，分別按照客戶的各項要求進行適當的處理，車廠的規模越大，分工就要越精細，負責的人也就越多。如果是在特約廠或代理商進行維修服務，車子製造商就必須提供下列資訊：

- 詳細列出服務／修理的細節。
- 裝備特徵。
- 保證書。
- 可能出現的問題。
- 必須更換的零件。
- 專業問題。
- 應注意的細節。

而代理商應回報給製造商的訊息則包括：

- 故障原因。
- 故障發生的頻率。
- 進行服務或修理時遇到的困難。

　　這麼一來，製造商就可以根據代理商回饋的意見更新其維修手冊。航空公司的航班若有更動，必須告知其票務代理人，也就是一般的旅行社，否則一旦旅行社無法及時告知旅客，當旅客按照機票上的時間準時抵達機場時，也只能眼睜睜看著原本要搭乘的班機憑空消失！

　　處理系統必須盡可能達到即時回應的地步。舉例來說，如果公司必須經常處理數字資料，那麼就有必要設置一套可鍵入數字的輸入系統。某家航空公司就曾因人為因素及系統的人工辨識功能出錯，竟然渾然不覺地將兩張分別屬於 163 航班及 663 航班的機票弄錯；一般而言，兌換外幣的管制條例時常有所變動，進出口法令及規章通常也相當複雜。有一名顧客求助於一位從事外匯處理或熟讀進出口法規的人，向他請教相關事宜，這個人的上司並不知道他的部下是否都已處理得當，萬一這位員工將錯誤的訊息傳達給客戶，那麼遭受損失的可能是這個求助於他的客戶，也可能會是政府。遇到類似外匯條例這樣的問題時，光是翻書找答

案是絕對行不通的，因為有關這些條例的資料都十分艱澀難讀，而且容易產生誤解。人們可以利用電腦製作清單，作為處理系統的一部份。

　　由以下的例子當中，我們可以了解到一個問題，那就是服務業者對於該如何為客戶提供更貼心的服務，恐怕有些欠缺思考。

TMCH 的付費機制

　　TMCH 是印度的一所專科醫院，當地有許多病患前往看診，就算非住院病人也可以接受像照 X 光、打針之類的治療。這家醫院的走廊常常擠滿了前來求診的病患，大多數的人都必須站著枯等，只為了得到醫生的診斷。

　　某日，穆拉里帶著他的母親到 TMCII 找拉奧醫生看診，醫生建議他母親第二天再到醫院去做一些檢查。穆拉里的母親一共做了四項身體檢查，其中包括切片檢查。

　　除了切片檢查之外，每做一次檢查，穆拉里的母親就必須到特定的檢驗室去報到，護士小姐會先交給她一張收據，她必須拿著收據去繳費，再憑櫃檯的繳費章回去進行檢查。無論是領取收據、繳費或進行檢驗，等待的人都是大排長龍，所以穆拉里和她的母親只好分別在不同的地方排隊等候。

　　檢查室和繳費櫃檯都在地下樓，但是進行切片檢查的實驗室則在隔壁的七樓，他們必須先拿收據到地下樓繳費，然後再到實驗室去做檢查，隔壁大樓的升降梯前也有一大堆人在排隊。

　　實際花在這四項檢查的時間，總共不超過四十五分鐘，但是穆拉里卻得花上三個鐘頭排隊。在這段時間裡，

穆拉里的母親都是一個人在擁擠的走廊上等候。穆拉里忍不住向拉奧醫生抱怨這段不愉快的經歷，並且懷疑那些沒有家屬陪伴的病人該怎麼應付這麼繁複的瑣事，而拉奧醫生只是對他笑了笑，然後說：「他們自己會想辦法呀！」

修理店牽涉到的工作系統包括：

- 接受與記錄客戶的問題。
- 派人到府檢驗，並確定需要修理的地方。
- 如有必要，自客戶家中取回待修的物品，修理完後再送回去。
- 估價並安排時間。
- 告知客戶下列事項：（a）工作人員預定到府檢驗的時間、（b）估價及（c）其它重要細節。

在以下這個例子中，店家的服務確實強調了他們對客戶的體貼，但似乎是弄巧成拙了：

某個家用品製造公司做出下列幾點安排：

- 確實記錄客戶抱怨的問題，而且告知隔日即可派技術人員到府檢查。
- 客戶的問題將由專門的人員處理，也就是第二天進行到府檢驗的人。

對客戶來說，到「第二天」之前還要等一段很長的時間，而且到時還得在家等修理工人來，如果約定的時間到了，該來的修理工人卻遲遲未現身，顧客必定會火冒三丈，他會想打電話去弄清楚工人為什麼失約，而且可能會越想越生氣，這個時候，負責接聽電話、記下客戶抱怨的

人就得遭受無妄之災，不但無法解釋工人沒有出現的原因，還要忍受客戶一時失控的火爆脾氣，接下來，他所能做的不是不斷地道歉，並且保證問清楚修理工人為什麼沒有按時出現，就是直接把問題丟給闖禍的相關人員，於是，客戶可能只會聽到那個失約的人很抱歉地說著：「抱歉！因為工作實在太多了！」、「我們沒收到通知啊！」或「不好意思！我們抄錯地址了！」等理由。

　　這些藉口當然都無法令客戶滿意，畢竟他已經浪費了一整天的時間在家空等，而這樣的經驗也會讓他對　店家提供的服務產生沒效率、不夠好、甚至不值得信賴等負面印象。

　　因此，在決定提供什麼樣的服務內容時，業者應該要考慮到：

- 修理人員能在多快的時間內到達客戶家中？
- 工作人員到府服務的時間能抓得多精確？
- 如何讓負責處理的員工知道與客戶約定的時間？
- 萬一約定的時間臨時發生狀況，能否及時通知客戶更改時間？
- 派員到府進行維修比較有利，還是請客戶將東西送到公司比較有利？
- 如何確認客戶的申訴都已記錄下來，讓修理人員知道該帶哪些工具？
- 維修人員是否有能力及適當的工具在客戶家中進行修理工作，並進行估價？

　　一位販售通訊器材的業者在進行某次買賣時，忘了先替客戶向政府單位申請幾項必要的許可和執照，當他替客戶安裝好所有

設備之後，他的客戶卻收到了幾封由政府寄發的通知和信函，於是客戶便向該名業者反映，但是卻始終得不到回應，結果只好自己去把該申請的文件補齊，此後這位客戶再也不與這家供應商打交道了。

另一位辦公室器材業者打算推出來電九十分鐘內到府維修的服務，他在整個城裡的主要支點設置幾個小辦事處，各派駐幾個維修人員，並配置載著一些基本零件的小貨車。當客戶需要維修服務時，可以先打電話到這家店的中央辦公室，然後辦公室裡的員工會依照客戶所在的位置，將客戶需求傳送到距離最近的辦事處。中央辦公室的電腦系統中存有客戶的詳細資料，以及客戶之前購買的器材，每一個小辦事處必須每小時與該區的維修人員保持聯絡，而維修人員也必須時時向辦事處回報他們的位置與工作進度，而辦事處的人再依據這些資訊調派人手至需要服務的客戶那裡進行維修。如果維修人員無法在九十分鐘內抵達客戶所在的地方，公司會及時通知客戶。每一位維修人員的手邊都有足以應付一般申訴狀況的資料，不過，一旦遇到特殊情況時，他可以馬上聯絡載有較多零件的小貨車。萬一這麼做還是無法解決問題，維修人員可以先自小貨車取出代用品供客戶暫時使用，並將故障的器材帶回公司給專家檢驗。要做到這種程度的服務，必須要以有條理、有效率的溝通機制作為後盾，同時，工作人員也必須嚴格遵守定時向公司回報的規定才行。

在保險業方面，服務的履行機制是比較複雜的。客戶購買保險的時候，保障涵蓋的範圍必須標示清楚、完整、而且條理分明，若是等到事故發生之後才發現根本無法申請理賠，那麼這張保單就失去了原有的意義，這也是人們在申請保險理賠時常常會感嘆「失之毫釐差之千里」的原因。保險公司必須有一套確保保險人及受益人都清楚了解保單內容的程序，而接下來的服務處理

機制就發生在索賠的時候了。舉例來說，在以下的情況中，海外醫療保險計劃（專門提供海外遊客醫療補助的保險計劃）是無法發生效用的：

- 旅客無法提出適當的就醫證明或文件。
- 旅客提出的醫療證明或文件未經核准或鑑定。
- 海外的醫院或醫生未不在合格名單之列。
- 找不到保單上所列的緊急聯絡人。
- 無法得到必要的認可或鑑定。

這些都是保險人自己無法預期或無從得知的問題，保險公司必須在這個時候發揮其服務機制，主動提供必要的細節及指示，保險人或受益人才能獲得合理的賠償。

由於服務性商品是由人提供的，必須承擔無法維持服務品質的風險，因此，業者的服務機制一定要擔保無論由誰提供服務，服務的內容都必須：

- 符合之前承諾的等級。
- 高於客戶的期望。
- 自動自發。
- 一次比一次進步。

接下來的例子與一家銀行和一家快遞公司有關。

信用卡

　　B 先生向 ABC 銀行申請了一張信用卡，刷卡金額都由 B 先生在該銀行的帳戶中扣除。幾年後，B 先生接到通知說該行將依照國際慣例，不再受理由帳戶直接扣除刷卡金額，持卡人必須按月持銀行寄發的帳單付款。然而，B 先

生發現，即使他準時在收到帳單之後以支票付款，下個月的帳單上還是會出現延遲繳費的滯納金。

　　B先生的信用卡到期日為2月28日，在2月27日的時候，B先生想用這張卡買個東西，但是商店卻以卡片期限只剩二十四小時為由拒絕B先生刷卡付費。

　　3月4日，B先生按照往例到銀行領取他的新卡，銀行人員卻找不到他的新信用卡，當B先生詢問何時才能拿到他的信用卡時，隔壁櫃檯的人告訴他銀行會直接把卡片寄到持卡人的家裡，於是，B先生打電話至該銀行的信用卡部門，得知他們已經在2月26日寄出他的信用卡，服務人員還把快遞公司的兩支電話告訴B先生，並且告訴他「找拉奧先生就可以了」。B先生先撥了第一個號碼之後，得知這家快遞公司在當地的業務已經結束了，B先生的第二通電話終於連絡上拉奧先生，拉奧先生表示他會盡量幫B先生處理，但是因為要寄送的信用卡實在太多了，他沒辦法保證什麼時候才能送到B先生的手上。B先生堅持要馬上拿到他的信用卡，因為他就要出城去渡假了，於是拉奧先生答應在兩天內把他的卡片送到，四天後B先生渡假去了，卻仍然未能如期拿到他的信用卡。

　　「一以貫之的服務水準」是指業者必須從一而終、不斷保持一定的服務等級或品質。從事服務業的人有權為自己所提供的服務訂出等級，然後照本宣科，但是一旦做出決定之後，就必須秉持初衷，始終維持當初訂下的服務標準，不可有所懈怠。只將服務水準維持在中等程度是不夠的，就算客人滿意度達到90%，也還有10%的失敗率，這仍是個危險的比例。請試著想想，倘若航空公司或鐵路公司容許自己有10%的肇事率，你願意冒著生命危

險接受服務嗎？調校引擎可能是汽車維修廠的看家本領，但是在把車子交還車主之前，他們不見得會順手將車子先洗一洗。當然，車廠的員工可以選擇有所為有所不為，但是在調校引擎這項服務上是不容許稍有鬆懈的，如果專精於這項工作的人不在，或是找不到適當的工具，那麼這項服務就有可能出現瑕疵。

　　前面我曾經提過建築師、工程師及包商必須確保他們建造的房舍沒有任何安全顧慮，儘管如此，失敗率還是難以避免的，畢竟有時候還是會發生令他們措手不及的意外。一旦發現建築工程出現瑕疵，負責人最好能做到以下幾點：

- 承認錯誤並致歉。
- 詳細說明發生錯誤的原因，勇於面對而不逃避問題。

　　搭乘飛機時，班機延誤是時有所聞的，航空公司常常將未能準時起飛的原因歸咎於機件故障，然而，旅客們多半對這個理由抱持懷疑的態度，甚至會對航空公司的聲明嗤之以鼻。飛機延誤的原因有很多，不論班機尚未抵達或機組人員遲到等情況，都有可能使飛機延後起飛，然而，不管真正的原因為何，航空公司都應該主動告知真相，畢竟，沒有人願意被蒙在鼓裡，即使真相令人不悅，相信人們還是寧可清楚地知道到底發生了什麼事情。同樣的，病人也不希望醫生隱瞞實際的病情，當醫生安慰病人說：「沒問題！你很快就會好了！」這並不代表病人一定會康復；相反地，如果醫護人員對病人隱瞞病情，但是他們的行為卻讓病人察覺自己的病可能已經相當嚴重，反而會使病人過度焦慮而導致病情加重，在這種情況下，對病人開誠佈公至少可說是醫生對病人的承諾，保證會盡全力醫治其病症。

利益

　　商品的構成要素必須能讓顧客感到滿意，顧客才是最清楚自己喜歡或需要什麼的人，服務業者必須對這一點有所認知。美國百老匯一度因為薪資及工會規定而虧損連連，在這種不景氣的情況下，當時一個來自波士頓的六十五人劇團卻賺進了四百萬美金，他們以各中學為主要的表演對象，專門演出文學改編劇本。對於那些鮮有機會欣賞戲劇公演的學生們而言，這種表演充滿吸引力，而除了娛樂之外，學生的教育品質也連帶得到提昇。某家比薩批發工廠給超市的批發價是每片比薩八毛九美金，但是自從他們開始承辦將比薩形狀做成公司標誌、運動比賽吉祥物或著名的迪士尼卡通人物之後，比薩的價格馬上水漲船高，每一片索價高達三塊美金。

　　市場調查一向是業者習慣用來找出顧客需求的方法。產品市調的方法包羅萬象，包括參考調查報告、問卷、訪問、觀察等，不過這些方式運用在服務業的成效卻十分有限。舉例來說，在做讀者閱讀習慣及喜好的調查時，人們常常被問到自己喜歡閱讀報章雜誌的哪一欄，另外，「建議事項」也是常出現的問題。如果人們回答偏好看政治評論專欄，就得再回答「喜歡看哪一個政治評論家寫的專欄？」填字遊戲也是許多讀者愛玩的，那麼，你最喜歡的又是哪一類的填字遊戲呢？當一部電影炙手可熱的時候，其它影片若想模仿同一種拍攝手法，可能就會在民調上慘遭滑鐵盧。

　　將市場調查應用在服務業上就如同想訂出一個具體的擇偶條件一樣，所謂「情人眼裡出西施」，每個人心目中或許都知道自己喜歡找什麼樣的「另一半」，但是何謂「標準的最佳伴侶」？這是見仁見智的問題，恐怕沒有人能夠一言以蔽之。電視節目做

收視率調查的目的在於顯示出該節目或頻道受歡迎的程度，這種數據充其量只能供廣告商作參考，對於節目或頻道本身的改善並沒有任何實質貢獻。

產品試用也是一種常見的市調手法。廠商會將產品做成樣本，供一些顧客試用，然後再徵求試用者的意見。服務業通常是無法提供樣品的，有些報章雜誌在正式出刊前會先發行一些試閱本，用意就是在試探市場反應；電影正式上映之前，通常也會先以預告片吸引觀衆；航空公司偶爾會提供免費機票給旅行社，或者是招待旅行社員工到某地旅遊，這些都是促銷的手段之一。這些促銷手法都只是在爲商品宣傳造勢，而不是作爲改進的依據，因爲在進行宣傳的同時，所有的商品已經規劃完成了，消費者的意見不太可能對商品本身造成多大的影響。

廠商在進行商品的宣傳活動之前，通常會請專家先過濾廣告片段，不過有些廣告雖然受到專家的大力推薦，眞正推出造勢的時候卻不見得能受到消費者的青睞。廣告的影響力端視它出現時的位置，如果是平面廣告，必須考慮到廣告出現的版面，若爲電視廣告，則必須考量在它前後播放的節目，這幾點都有很大的變數，無法事先預料。

另外一種市場調查方式則是在平時蒐集消費者所反映的意見。擔任業務員、行政人員、收銀員、飯店服務生、劇場接待員、電話接線生等工作的人就經常會接觸到消費者的意見。從這些人員蒐集到的資料當中，業者可以了解：（a）顧客的期望、（b）顧客所得到的、以及（c）顧客沒有得到的。這些資料的取得方式與條列分明的問卷調查有所不同，多半必須對消費者的詢問或評論進行整理。例如在飯店中，當顧客詢問該如何聯絡另外一個房間的住客、或找不到想去的地方時，表示他在這方面遇到了一些問題，飯店設置的使用說明可能不夠詳細、或標示得不夠

清楚。這個時候飯店負責人就該設法改善這個問題。

如果客人詢問什麼時候才會打掃他的房間，那麼他就不是在「問問題」，而是在表達他對房間清潔度的不滿。某次在一個飯店中，有位客人問大廳經理他們是怎麼解決房間裡的蟑螂及蜘蛛的，結果那位經理就把平常清潔人員工作的情形詳細說了一遍，問題是，那位經理根本沒弄清楚一件事──這位客人並不是真的想知道他們如何打掃房間，事實上，那天早上他在房間裡才親自打死了一隻很大的黑蜘蛛！

顧客滿意度調查一向是業者慣用的市調方式，在這類調查中通常會列出一連串的服務項目，請顧客按照自己的滿意度為這些服務項目打上由「優」到「劣」的評語或分數，不過這樣的調查結果並不能幫助經理人了解顧客真正的想法，以及自己應該改進的地方。對經理人來說，什麼樣的程度才叫做「優」？如果大多數的評語都是「佳」，那麼經理人該如何改進才能達到「優」的地步呢？

不論被問到什麼樣的問題，消費者的意見通常都是婉轉而間接的，像「您喜不喜歡這樣的服務？」、「您覺得滿意嗎？」這樣的問題並沒有多大的意義，因為大部分的人可能都會回答「還好」、「不錯」等敷衍性的答案，因此，意見表或問卷調查的效力並不大。舉例來說，學生當然不可能告訴老師「上你的課很無聊」，但是老師卻可以由學生上課時的行為、參與課程的踴躍度、上課時的眼神、與朋友之間的談話、下課時的討論、對笑話的反應等小地方察覺出學生到底喜不喜歡上這門課。要是學生在上課的時候對你說：「老師，這堂課上得真好！你好有學問喔！你的程度比其他老師高多了！」這個時候可別得意忘形了，因為學生真正的涵義可能是「我們都聽不懂你說的話耶！」

滿足客戶需求是產品開發的主要動力，正如英國建築師

Denys Lasdun 爵士所說的，產品開發的意義就是「在有限的時間
與預算內，提供顧客從來沒想到過，但一旦擁有後就認定是他們
一直想要擁有的東西」。

自動自發　當人們想要得到某些服務時，就表示：

- 顧客對它有所期待。
- 顧客尚未消費過這樣的服務。
- 顧客懷疑到底有沒有這種服務。

　　因此，客人的質疑也就透露了他們對服務的不滿，當業者真
的提供顧客要求的服務時，無論服務的水準再高，顧客還是會懷
疑當初若是沒有提出申訴，到底還會不會得到應有的待遇，並質
疑業者有故意隱瞞欺騙之嫌。即使已享受到應有的服務，顧客也
不會真正感滿意；一般而言，由業者主動提出的服務比較容易使
消費者感到滿意。人們在購物時，如果還得自己開口才能拿到漂
亮的購物袋，對服務的滿意度就會降低，業者若能主動做到這一
點服務，就能換來客人滿意的笑容；如果客人沒有拿到購物袋，
卻看到店家給了其它客人，那麼他對這家店的滿意度恐怕立刻會
降到谷底，因為店家的疏忽可能會讓客人覺得自己並未受到應有
的尊重。消費者在家裡收到店家寄來的卡片、月曆或促銷活動的
邀請卡時，多半會為這家店的服務加分，因為他可以感受到店家
主動表示的誠意，也能感受到對方將自己視如上賓的尊重。當你
買了一台洗衣機，還額外得到一包免費的洗衣粉，自然會對這家
店的服務感到滿意；某家飯店分別為兩組正在舉行會議的人馬準
備了自助餐點，有些人卻注意到其中一桌的菜式比另一桌豐富。
一旦發生這種尷尬的情況時，再多解釋也無法磨滅客人心中那股
受到歧視的滋味。

　　保持進步　如果服務品質超乎客人的期望，就必須繼續保

持下去，不能再退回原來的水準。不僅如此，業者必須以「比現在更好」為宗旨，才能夠讓人有所期待。預料之外的驚喜往往能帶給人們更多歡樂與喜悅。常客經常會拿其它店與自己常去的店作比較，而且他們對該店的要求也比較高。因此，店裡的標準就必須不斷向上提昇，才能夠滿足客人的期望。

在資訊科技與電子產業兩大領域內，科技汰舊換新的腳步日新月異，產業向上提昇的機會與需求也更多，幾乎每天都會出現最新的技術與設備，產品開發必須具有可塑性，要不斷測試、檢驗、整合到最後一分鐘才能罷休。

客戶的抱怨

經常與客戶接觸的人員可以獲得許多與客戶需求、期望與經驗有關的訊息 —— 只要他們用心傾聽客戶的批評與意見，並且能夠敏銳地聽出其中的弦外之音。事實上，當客戶直接了當地指出業者的缺失時，他是在幫業者一個很大的忙。一般來說，當人們覺得服務不夠周到時，他們很少會將心中的不滿表達出來，而是直接改去別的地方消費。某家航空公司有一次出了很大的狀況，不但延誤起飛時間，而且弄丟許多乘客的行李，當時機上有300名乘客，但是其中只有6個人向這家航空公司提出抗議。

客戶的每一個抱怨都是業者藉以改進的機會，不論在原先的服務加入新要素，或改善服務進行的方式，都是一種進步。業者應該鼓勵客戶表達他們對服務的意見，而客戶也必須明確、詳盡地提出自己的意見，才能成為有用的參考依據。如果有人的意見是「我叫了一輛車，司機已經向櫃檯報到過了，但是卻沒有人通知我。當我到櫃檯詢問時，他們告訴我司機沒有來。結果害我整整浪費了兩個小時。」像這樣的內容就能夠清楚地指出業者需要

改進的地方。

　　顧客提出抱怨不一定代表有人犯錯，或顧客的權益受損，可能只是點出了商品或服務機制的缺失。許多業者往往會將客人的投訴誤認為對他們的指責，於是會想盡辦法：

- 為自己辯解。
- 指責客人的要求不合理。
- 將過失推到別人身上。
- 試圖隱瞞客人的投訴。

　　犯錯的人最喜歡找代罪羔羊。經過統計，大約只有20%~30%的投訴可以歸咎於工作人員。某棟大樓的住戶經常抱怨升降梯的門有問題，進而指責維修人員沒有將它修理好，經過詳細的檢查之後，他們發現罪魁禍首是某為住客整修房子時產生的灰塵，由於灰塵堆積在升降梯的地板及電梯門的軌道上，所以電梯門才會經常故障。於是，那棟大樓的維修人員只得用掃把把卡住的灰塵通通掃乾淨，這才解決了所有的問題。

　　銀行之所以耽誤作業時間，往往並不是職員的問題，而是上司沒有把該交代的指示說清楚。某家銀行有一次拒付一張支票，理由是由該帳戶開出的另一張支票遭到凍結、無法兌現，而這張支票無法兌現的原因只是因為帳戶號碼上沾有一點墨漬，銀行人員並未在支票被拒付之前通知帳戶主人，因而連帶使得第二張支票遭到拒付。這個錯誤是由銀行自己的處理機制造成的。除此之外，機場也常常發生烏龍事件，只要相關人員的處理機制改進之後，這些不愉快的場面都可以避免。有許多失控場面是因旅客的不當行為而起，然而大部分的人都會將矛頭指向「冷漠」、「無禮」的機場員工。在服務業裡，顧客往往對工作人員漠不關心的態度有所埋怨，而這樣的錯誤大多是因為員工未能迅速作出適當

處理，才會導致一發不可收拾的後果。

　　顧客的抱怨可以作爲借鏡，它能指出服務的缺失，而這些缺失可能導因於：

- 處理機制的設計失當。
- 顧客本身未遵守指示。
- 誤解。

下列幾項措施有助於減少客人不遵守規定的情形：

- 避免似是而非的指示。
- 顯著的標示。
- 加上圖示，讓規定更清楚易懂。

　　藥品包裝上常有一些讓人看不懂的使用說明，有些就連「有毒」這樣的字眼都標示不清；公園或博物館的標示也經常使用一些艱澀難讀的字眼，而且這些標示的位置也不夠明顯。有些警示牌的設置讓人覺得它的存在只是形式，而不是要指示或幫助人們使用那些設備。舉例來說，公車上常有一些供旅客參考的說明，但是它們要不是全擠在一堆廣告海報之間，就是早已模糊不清、根本看不清楚；公路上的路標也常常被各種廣告旗幟給擋住；保險受益人常常不了解理賠程序，有時就連保險公司的員工也搞不清楚狀況；大多數的情況下，人們得自己摸索醫院、公家機關、甚至是辦公室裡的遊戲規則，不然就得向別人打聽才行。在公家機關裡，員工不知道什麼叫做工作守則，也對工作人員任用條例不甚了解；除了律師之外，一般平民百姓很少知道什麼法律條文；而遊客出國去玩的時候，多半也不會有時間去了解當地的法律。在非洲肯亞的一處海灘別墅裡，幾乎每一個角落都張貼著十分顯著的標示，上面以歐洲各國語言配上生動的插圖，清楚地告訴遊客在城裡或別墅各區域走動時的適當穿著。

當業者收到客戶的抱怨時，絕大多數（大約95%）的時間與精神都是花在彌補與道歉，他們多半只會花5%的時間來分析造成錯誤的原因，以及確實將問題修正過來。業者通常都會主觀地認定商品（服務）設計沒有問題，只不過在程序上出了差錯，於是他們會想盡辦法揪出該受處分的「罪魁禍首」，如此一來才能收殺雞儆猴之效，讓其他員工在工作時更兢兢業業。然而，比較保險的做法是：假設產品本身及處理機制的設計上有問題，必須設法改進其缺失，才能做得更好。如果業者只顧一昧地找代罪羔羊，就會錯失藉著顧客的投訴而發現缺點、進而改正錯誤的良機。業者應該以實際行動回應每一位客戶的投訴，以避免日後再度發生類似的缺失。發出不平之鳴的顧客比起悶不吭聲的顧客更有貢獻。

管理機構

在印度這種自由主義的社會制度下，政府設置了許多管理機構以維護各行各業買賣雙方的權益，這些管理機構所做的事情也是在提供對各種行業的服務。他們扮演的是社會的把關者，督促著各單位謹守本分、共同促進社會的繁榮與和諧。他們該如何嚴格執行法規呢？這些法規就如同這些管理機構的產品，他們必須認清自己服務的對象——也就是一般的商家，以及這些商家的客戶，同時，他們必須釐清哪些產品（服務）才能有利於客戶，務必要使所有產品都必須符合客戶的期望。以電信方面為例，只要規定電信公司一律採用固定費率計費，自然就不會造成隨意漲價、浪費的情形。

摘要

　　所謂的服務性商品,也就是業者以對客戶有利為前提而提供的服務,其中包含了許多不同的構成要素,有些是次要的,而有些則是附加的。有許多方式可以幫助業者拓展商品的深度及廣度。服務性商品的傳送機制亦屬於商品的一部份,業者必須主動、持續地按照既定標準提供服務。只要用心傾聽客戶的抱怨,就能從中汲取教訓,使自己提供的商品不斷進步,進而達到預期之外的好成績。為客戶提供量身訂做的服務可以增加商品的吸引力,品質保證的重要性則有限。

第 四 章

抓住顧客的心

誰才是「顧客」？

　　花錢購物的人就是「顧客」；而所購物品的使用人則稱為「消費者」，兩者之間是有差別的，前者是決定要買哪些東西的人，而後者的需求則可能左右前者所卜的決定。然而，在本書的討論中，這兩個名詞的意義是可以互換的。

　　學生是學校的顧客，直接受益於學校所提供的服務；對學校而言，家長也是顧客之一，因為他們才是選擇學校的關鍵人物，選擇學校就是在選擇服務的提供者。學生受教育之後，社會則受益於學生的回饋，因此，社會也是顧客之一。有些學校對於學生的入學背景有所限制，大部分學生的出身背景都具有某些相同點，例如經濟環境、種族背景或宗教信仰等。職業學校或技術學院所訓練出來的專業人才通常會在校園徵才的時候被廠商延攬，這就像廠商花錢「訂下」這些學生一樣。公司是管理學校的顧客，公司行號會：（a）僱用管理學校訓練出來的經理人，以及（b）聘請專業知識豐富的教授訓練公司現有的員工，以增進公司的管理成效。有些管理學校的「顧客」包含了許多國際公司，有些則專門訓練人才供國內的中小企業使用。管理學校必須時時關切所有「顧客」的需求及期望。

　　信用評鑑公司的顧客包括了那些需要被評鑑、以及需要參考評鑑結果的公司行號，例如證券分析師及其所投資的財務公司等。信用卡公司的顧客不但包括持卡消費的消費者，也包括接受刷卡的特約店家，若要達到卓越的信用卡業績，就必須同時符合兩方面顧客的需求。對持卡人及特約商店來說，「方便性」代表不同的意義，一方所重視的可能有異於另一方所關心的。如果店家在刷卡時出現問題，就會造成持卡人的不便。

　　公司行號中有許多與服務有關的重要機能，例如法律顧問、行政、人事、會計、審核、訓練、採購及倉管等，這些部門的存在都是為了協助「其他人」在工作上表現得更好，而上述的「其他人」也就是受益於這些服務機能的「顧客」。當顧客感到滿意的時候，這些機能才算發揮了效用。就某種意義來說，整個管理部門亦可視為服務提供者，而所有的員工均為其顧客。

消費的程序

　　顧客花錢買東西是為了滿足需求。因此，在開始購物之前，顧客必須：

- 知道自己要滿足的需求。
- 有滿足需求的慾望（人們也可以選擇欲求不滿地過日子）。
- 尋求足以滿足其需求的物品。
- 蒐集所有關於該物品的資料（優點、缺點、經濟效益等）。
- 將關於該物品的資料做一比較。
- 從中做出最好的選擇。

由此看來，做出採購決定的程序應該充滿理性，不但要仰賴足夠的資料，還要運用邏輯理解能力。然而，在現實生活中，人們的購物行為往往非理性，十分容易受到喜好、價值觀、偏見及其他個人特質的影響。

需求並非一成不變

飢餓的人需要食物，有些人可能只需要一點水果就能心滿意足，但是有些人卻非得吃豪華大餐不可；有些人只想買點速食帶回家吃，而有些人可能要在餐廳裡一邊應酬一邊用餐；有些人從來只上高級餐館吃飯，有些人則是大街小巷來者不拒。**每個人都有個人的特殊需求**。事實上，不要說每個人有不同的需求，就連同一個人的需求也經常隨著時間而改變。人們在家人面前可能會有某些需求，但是在朋友面前可能就有所不同；同樣的一位商人，他在會議開始及結束時的需求也不會一樣。

連自己也難以察覺的需求

有些需求是人們自己不容易察覺到的，尤其當這個需求並不是迫在眉睫時。收到禮物時，喜悅的心情遠超過東西在日後的實用價值；每個醫生總會告誡人們不要忽視身體保健，否則容易導致病痛；財務顧問總是比老年人容易警覺到應該先為退休後的生活做打算；環保人士與國家建設單位之間總是為了同一件事情而爭執不下；人們總是短視近利，而忘了長遠的規劃。

需要與想要

人們常常會因為不太可能滿足某些需求而忽略它們的存在，舉例來說，如果沒有用過可變速的汽車雨刷，開車的人通常並不會覺得需要添購這項東西。

與其他的無線電視台相較之下，有線電視台可以滿足人們以下的需求：

- 全天候提供精采的電視節目。
- 即時掌握全球最新狀況。
- 跟得上時代。

在 1990 年，衛星電視（Star TV）及 CNN 新聞台這兩家透過小耳朵和有線電視網路傳送的電視台尚未受到大家的注意，但是自 1991 年以後，固定收看這兩家電視台的觀眾人數突然激增。早期若要滿足觀眾二十四小時都能收看娛樂節目的需求，或許只有借助於錄影帶，有鑑於此，人們開始想要 VCR 、 VCP 、 錄影帶收藏館，進而希望能有二十四小時播放的有線電視頻道。除了錄影帶之外，廣播也是早期較能滿足人們的娛樂之一，直到更快速、更能滿足視覺效果的媒體出現，廣播業才漸漸式微。當彩色電視機開始上市後，人們的需求又開始轉向這項新產品。

因此，滿足需求的方式有許多種，而每一種方式都會引起不同的慾望。有人買車的理由可能是因為（a）交通方便、（b）象徵自己的地位、（c）可以向老闆領交通補助等。要滿足交通方便這個需求，可採用的方法還包括搭計程車、搭同事的便車等；要彰顯自己的地位，也可以搬進精華地段、買大房子、帶手機、穿華服等。當人們的慾望開始蠢蠢欲動時，就會拼命為自己找花錢的理由。沒有了需求，就不會有進一步的慾望，自然也就不會花錢買東西了。

搜尋獵物

舉例來說，如果人們想買一部彩色電視機以跟上時代的潮流，他可以從各式各樣的商品中挑選。如果只有一個選擇，根本就沒有做決定的必要。掌握各項商品的資訊就是購物程序的第二步。最理想的情況是，人們可以貨比三家、問些與商品有關的問題、或找些資料來研究。透過網路上的購物「掮客」——也就是一些購物比價網站，人們可以搜尋自己想要的商品是否正待價而沽，並且直接在線上比較價格。有些零售商不希望商品的特色受到忽視，所以不願意透過購物網站介紹自己的產品，他們以各種方式防堵網路公司交換鏈結或拒絕提供清晰的商品圖片，這麼一來，線上比價的難度就大大提高了。華盛頓大學研發的一個測試軟體——Jingo 則具有反防堵的功能，而且它也可以讓人們清楚地看到商品的外觀。

不過，這麼做的成效仍然十分有限，畢竟不是每一樣商品都可以提供詳細的解說。我們可以透過書籍的名稱、作者、出版年份及封面裝訂來確認自己想買的書，並且可以先看看書的售價以及庫存的情況，然後再決定要不要下訂單。但是，如果我們想買的並不是某一本書，而是某一個類型的書，恐怕就有問題了，大部分的書商都幫不上忙，就算是號稱有十萬本藏書、可以在四天內送書到府的商人恐怕也愛莫能助。像這樣的問題大概只能交給圖書館員來解決。如果想買一部電腦，光指定要「133 MHZ Pentium 型的手提電腦、配上 16 MB 記憶體及 1 GB 硬碟」是不夠的，對電腦的重量、尺寸、電池種類、螢幕觸控裝置、數據機及硬碟速度等規格有概略了解也很重要。當你將所有的條件一一篩選之後，或許就會發現只有一種產品符合你的需求。

沒有一家店能提供所有的商品，大多數的店家可能只銷售某

些廠牌的產品，就算是店裡有銷售的廠牌，貨色也不見得能夠齊全。當人們在找尋自己想買的東西時，不太可能走進每一家店，一一比較各家產品的價格、保固期、售後服務等條件。買東西的程序不但是在決定要買的商品，也是在決定該向誰購買。人們常會向朋友或熟識的店家打聽一些商品資料，作爲購物時的參考依據，不過這樣得來的資料通常不甚完整。

根據某些研究資料顯示，消費者通常不會花太多時間去研究自己想買的商品。學者卡透邢（Katona）及穆樂（Meuller）就在他們所做的研究中指出，47%的人在購買新產品時只到一家店看過就下決定了。舉例來說，要買房子時，多數人會看廣告、問朋友或找房屋仲介公司；選擇旅館、快遞公司、電影或修車廠時，一般人也不會問太多細節。人們花在挑選「獵物」的心思既不徹底也不完整，大家總是覺得：「我想我已經知道得夠多了！」

造成這種消費習性的原因有五個。第一就是缺乏資訊來源；第二可能是因爲不知道需要參考哪些資料。要找出最適合的「獵物」，就得先知道自己想了解些什麼。例如，我們要如何得到關於某位顧問的資料？別人會問些什麼問題？該到哪裡去找這些資料？第三個原因可能是人們對手邊的資料並不了解，尤其是一些專業性的資料，對一般人而言更猶如無字天書；第四個原因當然是人們的惰性或漠不關心；而最後一個原因可能是因爲急著下決定，所以沒有足夠的時間去蒐集資料。

比較資料

人們必須將蒐集來的各商品資料加以比較之後，才能決定出最好的。可以拿來比較的參數有很多，像半導體、天線、音響輸出端子等屬於專業技術性的東西，可以按照其組合方式、規格內

容等特色加以判斷；有些人喜歡仔細觀察、研究產品的外觀及實際試用看看，有些人則仰賴朋友推薦以及坊間對該產品的評鑑。用這些方法蒐集到的資料不完全是具體的，也不見得正確，大多數的意見都是憑印象而論，某些人視若珍品的東西，在其他人的眼裡可能棄如敝徙，而且每個人使用同一產品時所遇到的問題也不盡相同。

　　一般而言，人們可以蒐集到各種層面的產品資料，而各種商品往往都各有優缺點。大多數的商品總會在某些方面佔優勢，而在其他地方就略遜一籌。那麼，當我們在比較各家商品的時候，究竟應該以哪些的資料為主要考量？這一點很難下定論，以一般的顧問公司而言，即使能掌握每個顧問的資歷、經驗、費用與建議，對於他們也有初步的印象，恐怕也很難說該如何從中選擇最好的一位。

評估

　　在進行評估的階段中，個人喜好與偏愛是非常重要的關鍵。人們在選購電視機時，很少完全只憑規格資料的高下來決定。事實上，大多數的人可能根本不會為這些資料傷腦筋。就算他們願意花時間仔細閱讀操作手冊，大概也很難讀懂這些專業資料所代表的意義。對許多人而言，電視機的外在美不美觀才是選購的重點，更多的人認為電視機的性能好壞比什麼都重要，他們只在乎畫面解析度、色彩明亮度等功能；有些人是專挑牌子買，有些人則抵擋不住銷售人員的「服務保證」。不過，就如同之前所提到的，真正能夠影響人們最後決定的條件只不過是其中之一、二罷了。

　　在理性的評估與比較之下，人們還是可以淘汰掉大部分不合

意的選購目標。即使是如國防軍事裝備、飛機、專案設備或辦公室電腦器材之類的大型採購案，也一樣可以比照辦理，不過，若要在篩選後的選項中作出最後決定，最主要的考量關鍵可能還是主事者的個人偏好。人人都可能基於個人特別的喜好或理由而決定要買的商品或要去的地方。當印度航空公司考慮添購新的飛機以取代老舊的波音737客機時，前總理Rajiv Gandhi先生特別大力推薦自己在巴黎航空展所見到的空中巴士320飛機，因為他深深著迷於當時最新的電腦控制飛行技術；如果換作另一個對於現代科技興趣缺缺的人，可能就不會做出這樣的決定了。當印度著名的「塔達父子企業公司」（Tata Sons Ltd.）負責人塔達先生（J. R.D.Tata）在董事會中獨排眾議，支持塞斯先生（Darbari Seth）成立「塔達化工」（Tata Chemicals）時，也將這種個人偏好的特質表露無遺。

　　要對事物進行評估之前，必須以既定的標準為基礎，而購物時的評估標準完全由買主自行決定，「價格」對某些人可能是非常重要的準則，但並非所有的人都以價格為參考的依據，有些人為了省事，寧可多花點錢。有人重視東西的品質，有人則認為外觀更重要。標準如何完全取決於個人衡量的角度，背後的邏輯並沒有什麼準則可循。因此，選擇的程序並不理性，然而，它也是理性的，這得視每個人所處的情況及當時的需求而定。

知覺

　　「知覺」（Perception）這個概念是了解客戶行為的重要關鍵之一。當人們對夕陽餘暉發出讚嘆，或對自己欣賞的銀幕偶像崇拜不已時，正是在表達個人對於外在事物的反應，美麗其實並不是在日落的景色裡，而是在觀賞者的心裡，相同的黃昏景觀對另一

個人而言可能根本視若無睹,而對另一些人來說,黃昏反而讓他們想起對黑夜的恐慌;同樣的,一句讓某人久久難以忘懷的電影台詞,在其他人聽來可能只不過是句廢話。

人們所「看到」的並不見得就是當下出現在眼前的事物。外界的刺激也不一定都能引起我們的反應。當我們走在路上時,往往不會將沿途的一切景象盡收眼底,人類對於外在的刺激具有選擇性,每個人都會選擇對不同的事物產生反應。

每個人面對刺激時的反應通常也不一致。人們很容易以貌取人。如果看到一個年輕男子走在一個年輕女孩的身後,我們往往會自然而然地產生各種不同的聯想,這些聯想大部分都是根據我們自己以往所「知道」的類似經驗。假設自己身為公司的主管,如果我們平心靜氣地向某一位下屬解釋他所提的問題,但是卻對問同一個問題的另外一位下屬大動肝火,這可能是因為第一個人平常的表現比較循規蹈矩,所以我們會認為他是真的想釐清自己的疑問;而第二個人平時就喜歡跟上司唱反調,所以我們會覺得他是在故意「挑釁」或「以下犯上」。在這些情況下,我們就是根據過去的印象而對相同的刺激產生不同的反應。有人因為不滿意傳統的印度教育,所以引進了「吠陀」(Vedic)課程、「吠陀數學」及瑜珈術等研究,我們將這些人所從事的事情稱做「教化人心」(Indoctrination)。

換句話說,外來的刺激 —— 不論是視覺或聽覺方面 —— 會與我們的信仰、價值觀、需求等等相互作用,而該刺激所代表的意義或象徵就源自這樣的互動,也是我們基於過去的經驗、透過邏輯思考的能力,繼而在心中創造出來的意義。我們真正看到、知覺到的,其實是我們的心靈對現實的詮釋,我們所認為的「真實」不見得就是外界所顯現的實際情形,而是自己對現實的詮釋或感受。上餐廳用餐時,我們可能會因為服務生的語氣不好,就真的

認為他態度粗魯而加以指責，然而，這並不一定是事實，只是我們這麼知覺罷了。

　　知覺是一種視覺現象，如果把棍子的一半插入水中，就會從水面上看到棍子被折彎了；從自己所坐的火車看隔壁月台的火車，有時候會以為自己這輛車在動，但是一看外面固定的物體時，才發現我們根本沒有移動過。以下舉出兩張圖作為範例。在第一張圖中，箭頭內的的兩條線段長度一樣，但是看起來卻有長有短；而在第二張圖裡，兩個黑色的圓圈其實是一樣大，但是其中一個看起來就是比另一個大。目標周圍的事物往往會干擾我們對於實際情形的知覺。

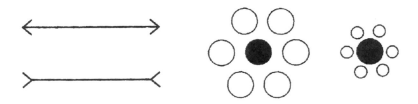

　　知覺也是一種認知現象，能夠影響我們對事物的觀察及判斷。人們常常會由陌生人的外貌與行為舉止來想像他的性格與脾氣；我們也常常覺得政治人物都是邪惡、不值得信任的，誠實的政治人物都是特例。這樣的知覺可能來自對我們現實的認知，當然，實際情況也可能並非如此。知覺與現實之間的差距可能是認知錯誤造成的。有許多因素會讓人產生錯誤的認知，其中包括：

- 他人的角色或地位。我們會特別輕視或尊崇某些人。
- 職業。工作會使我們以與眾不同的觀點看待某些事物。舉例來說，公家機關的人可能視特權為家常便飯，然而生意人卻對特權深惡痛絕，恨不能除之而後快。

- 外在特徵，包括人們的穿著。
- 身體語言，包括姿勢、動作、臉部表情、說話時的腔調、音量及音色等，這些小地方都會透露出絃外之音。
- 對資訊的吸收不夠完整或不夠用心。
- 對事物的偏見，我們往往會因為對某些事物的既有印象而表現出善意或惡意，例如性別（女性比較不會開車）、團體（有些較激進、有些較溫和）或地位（經理與工會領導）等。
- 光環現象（Halo Effect），人們常常因為某一方面（不論好壞）特別突出，而使別人忽略了其他方面的性格或特色。有些人就會利用偽裝的行為博取他人的好感，進而達到欺騙的目的。
- 投射作用，我們常將自己的知覺、行為模式或個性投射在其他人身上，這麼做的結果可能會讓我們在別人的身上發現到自己並未察覺的缺點，這是由於人們對事物有不同的認知，因為人們會從不一樣的觀點看同一件事情。
- 無法客觀地觀察或判斷。
- 會彼此爭吵。
- 會產生偏見或成見。
- 有先入為主的觀念。

以下這個例子是關於兩則印度報紙所刊登的新聞報導：

　　針對 Bharatiya Janata 黨高級官員此次於邦加羅爾舉行之會議，印度時報 1998 年 1 月 4 日的頭條標題訂為「強硬派於 BJP 會議中大獲全勝，將對基督徒進行低調抨擊，反對開放保障區。」而同一則事件，經濟時報的標題則是「會議支持 PM 避免對基督徒展開抨擊，並警告 RSS 勿插手國

家事務。」就連報紙所報導的內容也難免因認知不同而產
生偏差。

　　知覺會影響人與人、以及人與團體之間的關係，我們會因為
對他人的知覺而產生喜歡、討厭、懷疑、相信、依賴、遠離、仰
慕、尊敬等情緒。

　　對知覺功能造成影響的因素不只有人，還包括事情發生時的
情況或環境。當我們在做某項決定時，知覺也會影響我們對情
況、代價和回饋的了解。

　　知覺並不是一個明確的程序，人們可以在不知不覺的情況下
進行對許多感官刺激源的接收、選擇及評估，這種內在的知覺程
序並不能用肉眼觀察，但可以透過人的行為加以推論。

　　知覺能夠引起人際或團體之間的衝突，也可以加以化解。某
人所說的實話聽在他人的耳朵裡可能成了謊話；某人覺得理直氣
壯的事情，他人可能覺得瘋狂至極；某人視為事實的事情，對他
人而言可能只是憑空臆測，甚至只是「想太多」。

「安撫」的概念

　　這裡將介紹另一個能幫助人們了解服務業之消費行為的觀
念，也就是由「人際互動分析」（Transactional Analysis）引申而
來的「安撫」（strokes）概念。實際的撫摸是指人們以手輕觸他人
身體的動作，小孩子受到母親的安撫之後，就會立刻安靜下來；
寵物特別喜歡被人撫摸的知覺；就算是成熟的大人，在遇到難
過、挫折、煩躁的時候，一個擁抱或拍拍肩膀之類的肢體動作都
能為他們帶來慰藉。

　　身體上的撫摸能使人們感到安慰，輕撫的動作可以傳達重
視、認同及關心之意。每個人都渴望受到他人的重視與認同，只

要一句安慰或讚美、關懷地問候、表示同意地點頭、委以重任、一微笑、一眨眼、或親暱的稱呼小名，這些小動作就和撫摸一樣都能為人們帶來安慰的作用。

人們都渴望得到安撫，希望得到正面的安慰，例如受到恭維、賞識、讚美或重視，至於像責罵、非難、批評這樣的負面等負面的安撫雖然也代表對某人的重視，但是卻隱含著輕視。

負面的安撫遠勝過漠不關心。那些不被理會、沒有受到任何安撫的人可能會覺得自己受到了忽視，因而會想盡辦法表現出能吸引他人注意的行為 —— 無論正面或負面，企圖引起他人對自己的重視。「愛唱反調」指的就是故意搗蛋來引人不悅。

服務生若與顧客發生爭吵，就會引起反感；有些理髮師傅喜歡一邊為客人服務一邊閒話家常，如果客人不喜歡這樣的知覺，心裡也會覺得不舒服。並非每個人都喜歡跟為自己服務的人稱兄道弟，在一般的高級餐廳裡，訓練有素的服務生為客人服務時，必定會保持適當的距離，一方面留意觀察客人的需要，一方面在恰當的時機應對進退，即使無意中聽見客人談話的內容，也不能表現出來，除非客人主動詢問，否則不隨便發表自己的意見；當別人在電話中表現出草率無禮的說話態度時，你也會覺得惱火；當收銀員把找回來的零錢丟在櫃檯上、當你拿起服飾店裡的衣服端詳，而店員馬上皺起眉頭、當廠商刪減你的貨源、當會計故意不顧你有多急著用錢，硬是扣著應付給你的款項⋯⋯在這些時候，每個人都會有一肚子氣。

購買服務

就實體商品而言，產品規格與效能這方面的資料是一定的，人們可以按照每一項資訊，在各式各樣的商品中選擇自己想買

的。即使是在這樣的情況下,購物的決定還是會受到個人喜好、偏見、及主觀意識等因素的影響。而服務性商品並沒有具體的規格及模式可供參考,服務性商品的產品特徵是無形的、無法照本宣科地描述、無法計算、也沒有明確的特性。

人們或許只能由以下幾點來判斷該如何選購一項服務:

- 外觀特色(看得見的設施)。
- 信譽(在報章雜誌上讀到或聽別人提起)。
- 以往的經驗。

實際的外觀特徵往往是購買服務時的重要選擇依據之一,就像人們參加面試時,穿著通常是造成別人第一印象的重要因素,但未必有助於錄取。

人們總是比較喜歡到看起來體面、整潔、明亮的餐廳、電影院或診所去,如果某家餐廳的服務生穿著邋遢或燈光昏暗,人們就不會想進去用餐。跟一般小雜貨店比起來,批發賣場陳列的商品種類較多、裝潢美觀、購物空間寬敞、營業人員看起來也比較幹練,人們自然會選擇到後者選購物品。由外觀我們可以想像得到商品大約的價格以及品質等級。有人可能比較喜歡到裝備齊全的大修車廠保養車子,而不喜歡找那些直接就在路邊修起車子的小修車廠;但是也有人寧可到小修車廠修車,希望可以立刻解決車子的問題。

服務品質的聲譽如何可說是選擇服務時的重要關鍵。所謂的聲譽也就是人們口耳相傳、對某人或某事的看法。它的作用與樣品的功能非常雷同,人們可以在真正花錢購買前先「試試看」。商品的聲譽比外觀特徵更容易影響人們的選擇。為了購買人人稱讚的明星商品,有許多人不惜舟車勞頓,即使這項商品的外觀不出色也無所謂──就像許多市井小吃,雖然長相不起眼,卻能讓

老饕們趨之若鶩；同樣的，只要技術有口皆碑，就算是路邊的小車廠，也比金玉其外、敗絮其內的大廠受歡迎。此外，「外國月亮比較圓」的心態也能反映在服務性商品的選擇上。許多人相信喝過洋墨水的人比較有辦法、炙手可熱的紅牌醫生也比較有口碑，再者，人們多半認為公家機關的名聲較差，所以只要能找私人公司服務，就不會考慮公家機關。

經驗由人們的過去累積而成，如果前一次的消費經驗令人滿意，那麼下一次有相同需求時，人們自然會再度光臨；相對的，如果在某家店的經驗讓人不滿意，那麼人們再度造訪消費的機率就不高，而該店的聲響自然會受到影響。如果人們從沒到某處消費，也無法得知該店的聲響如何，那麼外觀特色就成了最主要的選擇依據了，但因這項依據的可信度並不高，因此，就算在這樣的情況下，人們也會想辦法查出這家店的聲響究竟如何。舉例來說，如果到了一個陌生的城市，想要知道哪裡有較好的商店，最好的辦法就是向計程車司機、飯店經理或認識的朋友打聽。

滿意與期望

當人們購買一項服務之後，自然會對它的性質、等級及品質產生期望，這些期望乃是基於：

- 前次的經驗。
- 當時的需求。
- 人們所耳聞、在廣告中所見、該服務的附加價值，或業務員對消費者的保證。

人們上醫院去的時候，會因為當時的目的而有不同的期望：

- 探望住院的朋友。

- 協助住院的朋友。
- 檢查身體。
- 生產。
- 治療重大疾病。

在不同的情況下，人們的心情也會不一樣。有的時候，人們的心情可能充滿擔心與惶恐，有的時候則可能充滿喜悅與期待，而在另外一種情況下，醫療的結果如何可能並不重要。在不同的環境下，面對同樣的（醫護人員的）行為可能會產生不同的反應。

消費者必須先花錢消費之後才能享受服務，過去的經驗與實際的服務並不一樣。經驗是人們對服務的期望，如果人們知覺到的服務超過原有的期望，就會對該項服務感到滿意；如果知覺到的服務不如原先的期望，當然就會對服務不滿意，因此，同樣的服務可能會讓某些人感到滿意，卻會使有些人不滿意，端視（a）顧客感受到的經驗，以及（b）顧客的期望。

當顧客感受到的服務遠超過其期望，就會產生滿足感，舉例來說，如果旅客都認為飛機勢必得晚一個鐘頭起飛──這是印度航空在 1980 年代左右常發生的事──結果卻發現飛機只晚了半個鐘頭，就會有如釋重負的知覺，並且對航空公司的服務感到滿意；然而，素以準時著稱的新加坡航空班機只要稍微延誤 15 分鐘，旅客恐怕就會大感不滿。

到公家機關辦事之前，如果已經抱著得大排長龍才能完成任務的心情，後來卻發現根本不用排隊，這個時候人們就會感到十分滿意，並且對迅速的辦事效率留下印象。相對的，如果人們希望能很快得到處理而選擇到外商銀行辦事，卻發現由於銀行人員忙著討論事情而必須讓顧客等候，或必須跑好幾個櫃檯才能辦完一件事情，顧客就會覺得該銀行的效率不夠高，因而對服務感到

不滿。服務的品質超出顧客的期望愈多，顧客的滿意度就愈高。無論何時，人們這一次的經驗都會成為對下一次的期望，因此，服務的水準必須一次比一次進步，才能維持顧客的滿意度。舉例來說，在飯店裡，當客人打電話要求客房服務的時候，如果能夠立即給予回應，就能讓客人心花怒放。如果接電話的人能夠同時正確無誤地稱呼客人的名字，那麼客人一定會更滿意。但是，如果在接下來的服務裡，服務生無法確實認出客人的名字，那麼客人的滿意度就會隨之降低。

因此，服務提供者必須盡可能地：

- 降低客人的期望。
- 信守承諾。
- 加強客人所能感受到的經驗。

當業務員向顧客推銷某樣商品時，往往會開出許多口頭支票，但是實際進行服務的是服務人員，他們可能並不知道業務員許了顧客哪些承諾，或明明知道業務員答應了哪些事情，卻因為某些因素而無能為力，在這種情況下，客人的實際經驗低於原先的期望，對服務就不會滿意。發生這種問題時，業務員可能會怪服務人員的效率不夠好，而服務人員也會責怪業務員忽略了實際上做不到的事情，而對顧客做出錯誤的承諾。

降低期望，不要做誇大不實的廣告　如果某家郵局有三個櫃檯設有電腦，並且在櫃檯前面掛上「各項業務」的牌子，那麼顧客自然會期望他們的辦事效率比那種各個櫃檯分別辦理郵政、儲金業務的傳統郵局來得高，並期望他們可以少排點隊。但是如果因為人員不足而使其中一個櫃檯停止受理，就算其餘兩個櫃檯的處理速度比平常快，他們的服務效率還是會低於顧客的期望，排隊的人也會比平常更煩躁。

服務之前最好保持謙虛審慎 不過要試著表現出最完美的服務。如果能在 10 分鐘以內處理完一件事情，就告訴顧客你需要 15 分鐘。事實上，印度人的做法正好完全相反，所以他們常常無法準時，也因此經常要為耽誤的時間找藉口。裁縫師告訴客人「只要縫個釦子就行了」、醫生晚兩個鐘頭才開始看診、櫃檯沒有按時營業、表演沒有準時開始、婚禮喜宴延誤，讓賓客餓肚子、「現場」播出的節目變成錄影重播、工廠專案進度嚴重落後和預算超支、電視節目永遠和時間表對不上……這些都是讓顧客有所期望，卻又不能給予滿足，因而引起不滿的錯誤示範。

預先告知顧客最壞的打算 這麼一來，當問題真的發生時，顧客也不至於沒有心理準備。如果銀行人員說兌換匯票要花三十分鐘，實際上卻只花了十五分鐘，顧客的滿意度就會大大提高——就算事實上所花的時間還可以更短也一樣。然而，當這位顧客下一次再來兌換匯票時，即使銀行人員還是告知需花三十分鐘，顧客也會期望在十五分鐘之內辦好，因此，銀行人員就必須在十五分鐘之內處理好這位顧客的事情，萬一當天的情況無法達到這樣的效率，最好事先告知顧客，讓他了解時間可能有所延誤，並且必須清楚交代原因。在飛行途中，如果預期會遇上亂流，不要只打開「請繫緊安全帶」的警告標示，還要向乘客解釋機身可能會產生顛簸不穩的現象。印度的立法當局嚴格規定業者必須主動將任何可能導致風險的因素告知顧客，有很多人對這個規定視而不見，而且抱著能不告知客戶就盡量不告知的心態。事實上，儘管保持服務透明化的規定在短期內可能會對業者產生壓迫感，但是只要能夠切實遵守，久而久之必定能夠提昇顧客的滿意程度，並且幫助業者與顧客之間建立起堅固而長遠的關係。

信守承諾 業者在宣傳或促銷的時候，經常會對消費者做出許多聲明與承諾，一旦實際的服務無法與之前的聲明吻合，顧

客可能就會因這個缺失而否定整個服務。舉例來說，如果空服員告訴乘客在「前座椅背的袋子裡」放有雜誌，乘客可依雜誌內容選購機上供應的商品，但是事實上在座位袋子裡根本沒有雜誌；當乘客要來一本雜誌並且填了一張購物清單，空服員卻又告知有些商品缺貨，在這種情況下，空服員做出的承諾提高了顧客的期望，最後卻又無法滿足顧客的期望，結果就會導致顧客的不滿。在印度所有的公家銀行內均貼有進行各項業務所需的時間，這些都是銀行對客戶的承諾，無論忙不忙都必須切實遵守。LIC 銀行推出的「築巢貸款專案」營造出每個人都能貸到錢買棟房子的知覺，但是當人們實際與承辦人員接洽後，才發現該專案的申請資格及程序都不是一般薪水階級能負擔的，這項專案的補助對象僅限於已經擁有一些資產的人。期待一旦落空，顧客對銀行的滿意度必然大打折扣。所有廣告都會標榜讓顧客「免麻煩」、「絕對開心」等保證，若要提供符合這種水準的服務，絕對需要不斷地努力。

不守承諾比達不到客戶期望更令人失望　因為這麼一來承諾就成了謊言，是業者試圖矇騙、玩弄客戶的花招，沒有人會喜歡受人愚弄的知覺。

加強客人感受得到的經驗　顧客可能會忽略服務不周的小地方，但是一定會對業者沒有做好的事情耿耿於懷。錯誤和失敗是最容易引起注意的，飯店裡一旦出現蟑螂，就會特別受到關注，相較之下，服務有所闕漏之處反而不易被察覺。人們對於源源不絕的自來水服務並不會特別重視，一旦斷水或斷電就會引起軒然大波；平常沒有人會關心汽車公司如何調度車輛來應付川流不息的人潮，但是只要其中一位調度員的行為失去控制，整個交通就會陷入癱瘓恐慌；醫院一向給予病人最好的醫療照顧，但是只要清潔工在某個早晨沒有按時到病房進行打掃工作，就會讓病

人留下不好的印象；爲期十三天的旅行團一路上一直十分順利，沒有出任何狀況，然而不論在任何時候，只要導遊對團員稍微假以顏色，或在團員需要他的時候沒有馬上出現，只要發生一件類似這樣的小事，就足以毀掉整個行程。

　　從以下這個例子中，我們就能了解業者提供的保證對客戶可以造成多大的吸引力。

　　多年來，　MTNL Bombay 公司不斷推廣鼓吹電話用戶加裝電子 STD/ISD 鎖定裝置，只要撥出客戶設定的號碼，就可以將話機功能限制爲：

- 無法撥出外線（任何人都無法使用這支電話）。
- 只能撥 STD/ISD 電話（可以打市內電話）。
- 只能撥 ISD 電話（可以打市內及長途電話）。

用戶可以自由控制電子鎖定裝置的開關。

　　電話公司不但在媒體上大肆宣傳，也印製了許多精美的小冊子分送給每一位用戶。對許多人來說，這是一套操作簡單、又能有效防止電話線路被盜用的設備。

　　1993 年 3 月，電話用戶們收到一封這樣的信：

親愛的用戶：

　　目前您的電話號碼xxxxxxx已加裝一套 STD 設備，並已包含ISD服務（例如國際用戶電話）在內。如果您覺得府上不需裝設或很少使用 ISD 設備，請告知本公司，我們將撤銷府上的 ISD 服務。若您偶爾需要使用國際電話服務時，也可以透過本公司的國際電話轉接服務，電話號碼是xxxxxxx。這是爲了保障您的電話線路，以防遭人盜打國際電話。

　　我們非常希望能盡快收到您願意保留 ISD 設備的確認

書，為了避免在 4 月 13 日前仍未收到您的回音，我們將假設您不願續用 ISD 設備，並於 1993 年 4 月 15 日開始中止您的這項服務。

　　如有進一步問題，請撥洽詢專線 xxxxxxx。相信您已聽說過本公司的「機動 STD」鎖定裝置，關於本服務的說明，請參閱 1992 年電話號碼簿第 xx 頁。

　　目前已有許多客戶來電洽詢這項鎖定裝置的功能。

　　如果你提供的服務中有特別值得推薦的地方，就必須讓客戶注意到這項特點，並且讓他們了解你為這項服務所付出的努力，否則顧客的注意力可能只會著重在商品設計的某些特色上。你可以經由與顧客說話的機會，讓他們了解你想推薦的商品，與客戶之間的對話也有助於找出客戶對此次消費經驗的感想，以及他認為應該改進的地方。盡量為客人做一些別出心裁的事情，最好是專為顧客個人需求而設計的服務，讓客人知道這是專屬於他的安排。例如可以問客人喜歡什麼樣的歌曲，讓樂隊為他伴奏，並將這些歌曲獻給他的賓客們。

　　請顧客選出表現最佳的員工也是一個能將顧客注意力集中在好的服務的方法；此外，業者可以印製小手冊，讓顧客知道他們可以得到什麼樣的服務；如果有專人提供詳細的解說，參觀博物館或展覽會是一大享受，否則的話，顧客很可能只是盲目地在一個特殊展覽中穿梭，根本不知道自己看到了什麼；如果有人沿途指出湖邊的的稀有鳥類，並解釋其自然生態，那麼搭遊艇遊印度太卡迪湖會是一種與眾不同的體驗；如果你在某個有趣的地方參觀，那裡的工作人員卻只顧著催你向前移動，絲毫不顧你想佇足端詳一會兒的要求，你的好心情可能就會被破壞殆盡，而這一次的經驗也不會令你滿意。知名度可以吸引更多人潮，對展覽來說或許是件好事，但是對那些想要悠閒地四處參觀、享受一次美好

經驗的人而言，反而不是件好事。

　　在某一次飛行中，當某航班的八十位乘客聽到當晚飛機並未降落的消息時，雖然他們得取消既定的約會及被迫浪費一天時間，但是他們並未動怒，這是因為許多旅客都聽到了控制室裡的廣播對話，而且知道到底發生了什麼事情；在一件保險理賠案中，調查人員和修車廠強烈地影響了顧客對服務的認知。當修車廠對自己的工作及索費誇大其詞時，調查員則試圖將他的話打些折扣，對一旁的客戶來說，調查員就是保險公司來剝奪他應得的賠償。

特別的慾望

　　根據調查顯示，消費者的某些慾望若是得到滿足，就會認為自己得到的是「好的」服務，這些特別的慾望包括：

- 正面的安撫或認同。
- 準確的資訊。
- 品質保證。
- 可信度。
- 取得性。

　　對顧客的認同　前面我們已經提過安撫或認同的重要性。這個因素最重要，如果這項需求得到滿足，顧客就不會在意其它服務上的小缺失，甚至會加以包容。如果客人覺得自己受到忽視，他絕對不可能感受到好的服務，事實上，這樣的客人不僅不會對服務感到滿意，甚至會在雞蛋裡挑骨頭，硬要找出服務的缺失。

　　在進行服務的任何一個環節、在服務提供者與顧客接觸的每一次機會中，顧客都有可能感受到業者對他們的忽視或認同，無

論是接電話的總機人員、接待員、警衛、服務生、行李員、護
士、郵差、清潔人員、門房、收銀員、司機等，都是經常與顧客
接觸的人，他們的態度足以影響顧客的認同感，亦能提供正面的
安撫作用。

　　所謂的認同並不表示一定要與客人有交情、攀關係。在飯店
裡，接待人員往往是靠名字來記住客人，當他請行李員為客人帶
路時，說話的語氣可以是「請帶XXX先生至203號房」，而不是
「請帶這位客人……」，甚或更糟的「帶他去……」。如果總機
人員能認出客戶的聲音，或餐廳服務生能記得之前來消費過的客
人，顧客自然會覺得他們的工作效率比較高。最糟糕的服務態度
是當你跟服務生說話時，他卻一再忘記你的名字，或一直忙著做
別的事情。

　　要帶給顧客認同感，就必須在每一次接觸時讓顧客覺得自己
受到尊重，並且要能隨時滿足客人的需求。無論是為客人開門、
認真做事、樂於服務、努力提供客戶詢問的訊息、清楚了解客戶
的問題或需求等，都是構成客戶認同感的重要條件，也是讓人感
到滿意的服務。當別人仔細傾聽你的談話，或對你微笑時，就表
示對你的認同。服務中心裡雖然提供了許多印刷刊物，但不保證
提供和藹可親的服務態度；公園或博物館裡的告示牌、機票及火
車票上印的內容、洗衣店或快遞公司的服務條款……對消費者而
言，這些都不是令人愉快的服務，**它們無法提供服務保證，而是
把觸犯規定的後果列出來，不斷提醒客戶記得哪些事情不能做或
不能有所要求。**當我們到機場搭飛機時，即使是一件小到如核對
行李牌號碼的事情，只要工作人員面帶笑容，不要讓人覺得他是
在抓偷行李的現行犯，都可以讓旅客覺得這是個愉快的經驗。

　　有位醫術高明的醫生在為癌症病患檢查身體時，總是非常徹
底、仔細，他會巨細靡遺地將診斷結果及治療方式記錄下來，但

是當病患或家屬提出病情、藥品副作用這類的問題時，他通常只會簡明扼要地說明。這位醫生會這麼做是情有可原的，因為他必須在有限的時間內替每一位排隊等候的病患看診，對他而言，一一回答病人與家屬們的問題只不過是在浪費下一位病人的時間罷了；此外，這位醫生對於人們平時不好好照顧自己的健康，總是要等到問題大了才肯就醫的態度十分不以為然。雖然他具有足夠的專業能力可以為病人治病，但是他並不認為病人「需要」跟醫生談話。這位醫生不將病人所提的問題放在心上，就服務的角度而言，是無法令人滿意的，因為病人及家屬的焦慮並未得到安撫，而且許多人也不敢再問醫生任何問題。有許多人因為醫生精湛的醫術而繼續接受治療，而且不在意醫生對他們的忽視。但是服務業業者若想留住顧客、擴充市場，絕對不能像這位醫生一樣只將重點放在主要商品上。

　　如果服務生不但不仔細聽顧客所問的問題，還粗魯地要顧客等候、大聲地嫌客人沒有耐心，或將票、零錢等丟在桌上給客人，那麼他就犯了不尊重顧客的大忌。當你認為自己對某件事情十分有把握，但別人還硬塞給你一些你並不需要的意見時，他們並沒有尊重你，而你也會因此感到不滿。同樣的情形也會發生在下列情況中：修理工人說是你沒有按照使用說明操作才會把東西弄壞、會議主席在介紹時說錯你的名字、別人對你說的話前後矛盾、推銷員不願意將所有商品展示給你看、有人在沒事先通知的情況下放你鴿子，事後又不道歉、有人想藉各種方式控制你……如果某家飯店能記住你前一次光臨時特別中意的房間、記得你還多要了一個枕頭，就能夠表現出他們對你的重視或認同。如果藥房老闆總是記得你定期要買的藥，並且會主動向你說明該藥品應注意的事項，或在藥品剛進貨時特別為你預留一些，他的舉動也是在表現對你這位顧客的重視；如果百貨公司的銷售員留意到你

買了些童裝，並且向你推薦一些類似的新商品，他同樣表現了對你的重視；熟知你喜歡哪些髮型的理髮師、總是表現出正「等候您大駕光臨」的健身房服務員、一見你進門就開始數錢給你的出納員、總是為你保留新書的圖書館員……這些人都是藉由表現對你的認同而提供令你滿意的服務。

當服務提供者十分了解顧客的消費習性及其需求時，就能讓顧客產生比較強烈的認同感。在大部分的情況下，顧客的需求必須迎合業者的體制或經營方式，事實上，經營體制與作業程序必須具有彈性，這樣才能為顧客著想與掌握顧客的需求。如果服務人員只會用「抱歉，公司規定不行這樣」這類公式化的答案來回應顧客的問題，也就不可能設身處地為顧客著想。如果醫院要病人在星期天早上出院，並收費三萬元，卻堅持只收現金，而且不能延到星期一再付費，絲毫沒有考慮到銀行星期日不營業，病人身上可能沒有那麼多現金，那麼這家醫院的作法一點也不體諒客戶。

在下面這個例子中，這位汽車經銷商對他的客人就十分不體貼。

　　當克里斯接到貸款公司的電話，通知他一個月前剛訂的新車已經送到時，他感到十分興奮，並約定第二天早上十點鐘取車。到了約定的時間，克里斯與家人準時到達汽車公司，希望能在中午十二點交通開始壅塞前拿到心愛的車子。但是，當他們進入展示中心後，卻不見任何一個服務人員過來詢問他們是誰、需要什麼樣的服務。克里斯呆站一會兒之後，決定問一位疾走而過的男士他該找誰拿車，接著，那位男士指了指旁邊的一張空椅子要他稍候，克里斯的家人只好站在一旁枯等。幾分鐘之後，一位笑容滿面的小姐帶著一份資料過來，她問克里斯是否有把車子

的尾款帶來，克里斯訝異地說：「什麼尾款？貸款公司的人說錢都付清了，叫我今天早上來領車啊！」於是，這位小姐又走到裡面去「查一查」。當克里斯在等那位小姐的答案時，另外一位西裝筆挺，同樣滿面笑容的男士走過來，拿著一份有兩頁長的清單問克里斯要不要順便選購一些汽車配備。「先把我的車子給我再說！」克里斯大聲地喊道。第一位小姐終於又滿臉笑容地出現了，這次她確定克里斯不需要再付任何費用，並且交給他一份文件，其中一張是保險單據，克里斯想知道保單的內容涵蓋哪些範圍，那位小姐回答「汽車保險哪。」克里斯又說：「這我知道，我問的是它提供哪些保障？」小姐再度走回裡面查了一會兒，又走了出來，然後打電話給保險公司，這下才總算確認那是一份汽車全險。接下來，汽車公司的人又要克里斯到保養場去，這回花了他更多時間、拿了更多文件，最後，克里斯終於在十二點三十分領到他的車子。

　　某人（A先生）在某天早上接到一通電話，打電話給他的人是一間才開業不久的俱樂部之業務代表。這個人告知A先生說俱樂部的電腦從會員資料抽中了他，並希望能約個時間和A先生見面。A先生曾經聽說過這家俱樂部，而且認為它有發展的潛力，於是欣然接受邀約，並說定第二天早上見面。到了約定的時間，A先生等了又等，卻始終沒有人前來赴約，而且這個人也未曾再與A先生聯絡。當俱樂部以電話聯絡A先生時，對A先生表現了高度的認同，但也因此使A先生被爽約時感到更加地失望，甚至因此不願再踏進那家俱樂部一步。不遵守約定又不表示歉意不但不尊重他人，更會令人厭惡。

　　「您是我們千挑萬選、萬中選一才挑出來的……」這種說辭是商業行銷上經常使用的技巧之一，人們第一次聽到的時候或許

會感到受寵若驚，但是第二次、第三次……之後就不會再砰然心動了。在短時間內製作出成千上萬封商業信函，並將收件人的姓名放在信件的內文中，讓它看起來像是專為某人所寫的，在電腦的輔助之下，要做到這一點並不是件難事，不過，這種做法雖然十分機械化，卻能帶給收件人滿足感。

印度孟買的某家銀行將休息時間改為每週一，而週日改為營業半天、週六則全天營業。某個星期一早晨，有位不是每天上銀行的顧客為了處理緊急事件而到銀行去，到了以後才發現銀行的營業時間有所更動，第二天當他再去銀行時，裡面的人告訴他銀行曾在報章媒體上宣佈更改營業時間的消息，也在各分行設立了許多醒目的告示牌，但是這位顧客卻認為與其這麼做，倒不如發個通知函給每一位客戶，說不定還能省下許多宣傳費呢！一對一溝通也可以傳達出尊重的訊息，利用報章媒體宣告事情的方法並不是針對個人所做的溝通，因此無法顯示出對個人的尊重。

一般公司的稽核部門經常與其他部門處得不融洽，主要是因為他們的工作內容就是在「找其他部門的碴」，因此顯得對其他部門不夠尊重。如果各部門能夠多站在對方的立場著想，就能增加對彼此的認同感，並且協調出更為人接受、更有效率的做事方法。人與人之間的互動關係常常因為所謂的「自尊」而產生裂痕，因為當人人都太過於自我，認為凡事都應「唯我獨尊」時，就會疏於對別人保持適當的尊重。

準確的資訊　下列故事說明了錯誤的資訊如何引發一連串不必要的困擾。

三班原訂於早上六點三十分、八點及九點自孟買飛往德里的飛機，因德里地區的大霧而延後起飛。其中前兩班

飛機的起飛時間均改為早上九點鐘，希望到時候天候能夠改善。到了八點三十分，航空公司請旅客開始進行安全檢查，並等候登機通知。八點五十分時，廣播宣佈請原本搭乘第二班飛機、目前正在地下樓大廳等候的旅客登機，當時正在一樓大廳等候、應該搭乘第一班飛機的旅客也聽到了這個廣播，於是猜想應該就快要通知他們登機了，大家就開始向登機門移動。當他們看到在空橋來回穿梭的工作人員時，直覺認為飛機就要準備出發了，然而，登機門並沒有打開。到了九點十五分左右，有人問工作人員班機為什麼又延誤了，工作人員告訴他們「再五分鐘就可以登機了」。到了九點三十分時，工作人員還是告訴旅客「再五分鐘就好！」這時，旅客開始焦躁不安起來，當另外一位工作人員再次以相同答案回應他們的詢問時，憤怒的旅客開始用不堪入耳的字眼大罵工作人員與航空公司，指責他們沒有做好自己的工作。又過了五分鐘以後，旅客才得以登機。所有旅客坐定之後，機長卻透過機上廣播表示德里的天氣狀況仍然不佳，能見度只有一百公尺。十點十五分時（也就是將近三十分鐘以後）機長會再做一次報告，同時機上將開始供應早餐。飛機上的乘客由空服員那裡得知第二班飛機的旅客也是剛剛才登機。事實上，如果能夠定時向旅客報告最新的天氣狀況及飛機延誤的情形，這種烏龍的情況還是可以避免的。第二班飛機的登機廣播誤導了旅客的判斷，而當工作人員說「再五分鐘」的時候，或許他們自己也根本不了解當時的實際狀況。

有購物打算的買主需要在購物之前多了解一點商品資訊。有用的商品資訊必須包括可能的利益或缺點。**顧客需要的服務之一就是關於商品的選擇性**，顧問公司之所以成功就是因為他們能以

擁有的知識滿足客戶這方面的需求。他們可以在顧客爲科技、保險、財務規劃、市場趨勢、電腦系統等商品掏腰包之前，爲他們提供專業的建議。

　　英國一項調查顯示，保險公司形象不佳的因素之一就在於保險業務員不夠專業。就算只是在雜貨店裡買東西，當消費者不知道該從何挑選自己想買的商品時，也會希望老闆能有專業的建議或能正確地回答他的問題。顧客最怕遇到那種一點專業知識也沒有、只顧一股腦兒推銷自己喜歡的產品的老闆。對顧客的問題隨便敷衍了事、或推說客人提的問題不重要等等，像這樣的推銷員只會把客人往門外送，根本做不了大生意。有幾家財務公司最近指派一些剛到職的菜鳥打電話招攬新客戶，並推出購車貸款或電器用品等優惠。除了一些客套的開場白之外，這些菜鳥根本沒受過任何正式的訓練，因此當然無法回答客人所問的任何問題，其中有些人試著表現出自己的聰明才智，結果說出了一些風馬牛不相及的答案，反而顯得漏洞百出。對客戶而言，這種不正確的訊息不僅代表不夠尊重，更無法令人滿意。在與財務相關的服務業中，正確的資訊更是非常重要，因爲客戶是基於他們所收到的資訊而與公司建立起長期的合作關係，錯誤的資訊可能會破壞未來的合作。

　　業者理所當然要提供正確的資訊，因此，當消費者獲得正確的資訊時，並不會特別有滿足感，但是當他們沒有獲得正確的資訊時，更多的失望卻會油然而生。資訊方面的錯誤往往是在事情無可挽救以後才被發現的，再多歉意也無法彌補已經造成的不便之處，即使小到如看錯到站時刻之類的錯誤亦不例外。有時候，錯誤的資訊也可能導致嚴重的金錢問題及長期的後遺症。在某些情況下（例如與股票市場、政治發展或公司業績有關的事情），人們必須在接收到衛星頻道傳送過來的資料時，瞬間做出攸關數

百萬元的決定，在這種情況下出現的錯誤多半是人為疏忽（如心不在焉、不夠警覺、沒注意、打瞌睡、忙於其他事情等），或機器、電子或系統方面的故障，這些雖然是小疏忽，卻可能造成嚴重的問題。

品質保證　對製造商而言，品質是指由有形、可計算的因素構成的技術性條件，也就是用來組成該產品的所有零件。對顧客而言，品質則是無形、購買該商品時欲滿足的需求，也就是他能自該商品得到的東西。Maruti Esteem 汽車的鋁製引擎、Santro 的直接加油系統、或 BPL 牌冰箱四個冷藏庫分別降溫的技術……在消費者的心目中，這些硬體方面的重要性都不如他想要的舒適感及零故障保證；對店家而言，電腦化的線上帳單系統可能就是品質的表現，但是對消費者而言，帳單上的明細是否清楚、金額是否正確才是重點；在電腦化系統中，收銀員可能無法處理顧客指出的帳單錯誤，例如該打折而沒有打折之類的問題；顧客在意的並不是快遞公司是不是用自己的飛機載送郵件，而是能否按時送達文件或物品；網路使用者最在意的不是 ISP 公司擁有多少門號、每秒鐘能承載多少流量，而是他們能不能在網路上暢通無阻；三家不同風味的異國情調餐廳對飯店老闆而言可能象徵著高品質，但是對於只想找個合胃口又乾淨的餐廳吃飯的消費者而言卻不盡然。國外有許多可能由老闆夫婦自己管理的小旅館，雖然只有二、三十個房間，卻能提供舒適的環境以及家庭的氣氛，現在也已經成為旅人的最愛。有些遊客衡量旅遊品質高低的標準並不是沿途的交通工具或住宿地點是否夠舒適，而是整個旅途中是否有機會將行程表上所有的景點玩過一遍；有些人不喜歡慶祝重要節日，並不是擔心花費，而是不想被擁擠的人潮與癱瘓的交通打壞過節的興致；學校及課程的品質可以由分班情形（從學生的角度來看）、考試結果（從老師的角度來看）、或教育成效與人

格養成等層面加以衡量，這些因素之間並沒有必然的關聯性；保險公司認爲不可避免的理賠程序，對索賠的客戶來說卻可能是二度傷害。

　　儘管對品質的標準和看法莫衷一是，顧客還是十分清楚自己期望的是什麼，只要能夠得到滿足，他們就會認爲這項服務已經達到該有的品質，同時，他們會希望每一次都能確保得到相同的品質。因此，顧客會一再光顧同一家汽車維修廠、同一家洗衣店、同一家理髮院、同一家雜貨店、同一家百貨公司、同一個裁縫師、同一個醫生、同一個占星家、同一家快遞公司、同一個表演團體……希望能夠不斷受到同樣水準的服務。重要的是業者能不能維持顧客希期望的服務品質，而不是某個程度的品質，前者的標準會因人而異。

　　可信度 這裡是指店家的可靠程度。服務是先付款後消費的行業，因此消費者必須相信他們花錢換來的服務能夠達到他們期望的標準，如果事實並非如此，就會引起嚴重的不滿。當推銷員擔保售出的物品若有問題可以免費換新，或在半小時內到府修理時，他們眞的能夠說到做到嗎？許多交易是在業者的擔保與承諾之下完成的，可信度就是業者的承諾能否兌現的結果。即使將承諾付諸文字，甚至經過公證，可信度也無法增加，眞正可靠的商家並不需要白紙黑字。

　　除了貴重的房子、汽車或家具以外，消費者通常很少購買二手貨，即使買了二手貨，大部分的人也會想辦法將外表的裝飾、油漆、窗簾、輪胎等地方翻新。然而，就服務而言，人們所「購買」的東西大多是舊的，例如餐廳裡的餐具和碗盤、交通工具的座位、健身房的設施、飯店和醫院裡的硬體設備等。如果消費者在使用上述這些東西時發現留有上一位使用者的痕跡，對業者的滿意度與可信度就會降低。骯髒的桌巾、沒有收拾的床、不乾淨

的廁所、破爛的毛毯、破掉的椅墊、燒壞的燈泡、沒倒乾淨的煙灰缸、濕毛巾……全部都是業者心不在焉、缺乏可信度的證據。

不計較自己的收益，一心以顧客權益為前提的保險經；從不當機的電腦系統；體貼的醫護人員……都是有助於提昇服務形象、聲望及可信度的利器，相對的，遇到索賠事件就不見人影的保險經紀；不盡責的旅行社；屢次拖欠費用的交易商……這些惡意行為都有損服務的可信度。

真誠是獲得可信度的最佳良方。在網路的虛擬世界裡，一切資料都透明化，人們所重視的「隱私」也相對減少。資訊的重要性開始勝過人們的隱私，人人都宣稱自己願意將一切公開，但是真正做到的人卻不多。

取得性　服務必須讓消費者容易取得，無論是所在位置、電話聯繫方式、營業時間、人手及設備的數量等，都必須達到這個目的。「等候」是這個原則的大敵，有時候等待是難免的，特別在服務好、需求量高的情況下，但是如果讓客人等太久，就很難吸引他們靠近。用來紓解這個問題的主要方式是利用電話系統，這也就是傳真、網際網路、電子郵件、區域網路在服務方面最主要的用途（本章最後兩個範例中將包括一些關於等待與電話使用的原則）。手機的發明讓人們可以隨時隨地使用電話，但它並不是萬能的，偶爾也有行不通的時候。如果醫生可以定時與家人或診所裡的秘書聯繫，並且回電給打電話找他的人，那麼即使他人在外面，也可以隨時讓人找得到（取得容易），不然的話，他也可以僱用一位助理，當他不在的時候可以替他處理一些事情。

底下這個故事在於強調敏感度、容易取得及資訊準確等原則的重要性。

預約訂房

　　位於印度孟買的「國際訓練組織」（National Training Organization, NTO）是一個專門為工商業高級主管們舉辦訓練課程的機構，這些為期三至十天不等的課程通常會在各大城市的飯店舉行，成員大約二十五至三十人。

　　華高先生是NTO的工作人員之一，他正在為某家公司規劃一個為期三天的訓練課程。11月10日這天，華高先生致電孟買兩家頗負盛名的飯店集團，以下是他們的對話：

A 飯店集團

華高：（對總機說）您好，我這裡是NTO國際訓練組織。

總機：先生您好！

華高：我想了解一下你們在海德拉堡那裡的飯店資料。

總機：我為您轉接訂房部，先生請稍等。

華高：好。

一個聲音：訂房部，您好！

華高：我想查詢你們在海德拉堡那裡的飯店資料。

聲音：好的，先生。

華高：單人房和雙人房的價格各是多少？

聲音：單人房一天是九百元，雙人房是一千兩百元。

華高：這是包括三餐和下午茶的價錢嗎？

聲音：請問是開會要用的嗎？

華高：是的。

聲音：那麻煩您稍等，我替您轉接負責團體訂房的
　　　人員。

華高：好吧。

第二個聲音：您好！

華高：我要問你們在海德拉堡那裡的飯店資料。

聲音：先生貴姓？

華高：我是 NTO 的華高。

聲音：喔！我認得您，先生，我曾經為了生意方面
　　　的事去拜訪過您。您是在籌備一場研習會
　　　嗎？

華高：是的。

聲音：時間是什麼時候呢？

華高：1 月 28 日到 30 日。

聲音：那麼有多少人呢？

華高：大約三十個人。

聲音：請問住單人房或雙人房？

華高：那要視房間的價格而定，所以我才打電話來
　　　問。

聲音：我必須先向海德拉堡飯店確認一下這幾天的
　　　空房數量及會議場地，我才想先通知他們，
　　　並向他們確認房間價格。海德拉堡在一月份
　　　通常都很忙。

華高：如果那幾天會議廳沒有空缺，我們可以改
　　　期，至於房間的話，我想在兩個月前預約三
　　　十個房間應該不是什麼大問題吧？

聲音：事情是這樣的，訂房作業並不是由我們這邊
　　　負責的，如果如您所說的，日期可以更改，

那麼我會先跟海德拉堡那邊聯繫，並且可以在今天下午告訴您房間的價格。

華高：拜託你一定要幫我問清楚，包含稅金及會議廳的服務費在內到底要多少錢。

聲音：好的，先生。

B飯店集團

華高：（對總機說）您好，我這裡是 NTO 國際訓練組織。

總機：先生您好。

華高：我想查詢你們在海德拉堡那裡的飯店資料。

總機：先生請稍等，我為您轉接訂房部。

華高：好。

聲音：訂房部，您好！

華高：我想查詢你們在海德拉堡那裡的飯店資料。

聲音：請問一共多少人要住？

華高：大約三十個人。

聲音：請問是開會要用的嗎？

華高：是的。

聲音：時間是什麼時候呢？

華高：1 月 28 日到 30 日。

聲音：我們的房價是單人房八百五十，雙人房一千三百元，包括所有附加費用。

華高：也包括下午茶和會議用的茶點嗎？

聲音：是的，全部包括在內。

華高：那我現在可以訂房嗎？

聲音：我必須先確認海德拉堡那邊有沒有問題，我

想應該是可以的。我今天下午就可以給您回
音，請問是三十間單人房嗎？先生。

華高：對。

聲音：我會盡快答覆您的，先生。

　　大印度汽車協會（Automobile Association of Upper India）專
門從事提供汽車道路緊急救援的服務，他們的宗旨是「一通電
話，援助就到」。同時，他們的會員卡上亦列有救援服務專線，
當會員需要幫助的時候，很容易就能尋求他們的服務；信用卡組
織宣稱他們的服務是「全年無休、暢行全球」的，無論持卡人身
在何處，當信用卡不小心遺失時，都能在二十四小時內獲得補
發，不過，爲了實踐這樣的保證，信用卡公司就必須派員全天候
接聽電話；至於較基本的服務方面，鐵路公司和航空公司都能二
十四小時供旅客查詢航班出發及抵達的相關訊息；自動錄音系統
可以同時處理大量來電，但是更新速度有限，而且如果錄音品質
不佳，人們根本聽不懂留言的內容。人工電話轉接系統的效率較
低，不過資料更新的速度卻較快。

　　當人們有事情必須聯繫相關單位及負責的人員時，往往會發
現服務取得不易，這是因爲人們通常都十分清楚自己的責任範
疇，卻吝於爲別人指點迷津。如果能夠做到以下幾點，那麼找維
修工來修東西就不再是件難事了：

- 將維修中心的電話及地址記錄下來，放在隨手可得的地
  方。
- 在第一次與維修商聯繫的時候就將談話細節記錄下來，並
  送一份副本至相關處理單位。

利用鐵路託運貨品的時候，所有的東西必須在抵達後的一段

時間內進行清關，如果超過時間而未完成相關手續，就必須付保管費。收件人之所以需要知道貨物抵達目的地的時間，不僅是為了要避免上述情況，更重要的是因為他需要那批貨物，不過無論透過電話或親自詢問，通常都不易取得這方面的資訊。收件人可能會在連問數人之後還是無法得到他想知道的事情。就這種情況來說，服務並不容易取得。

　　無論是上網型或家用型，如果電話無法立即撥通，服務的取得就十分困難。當你正在瀏覽網頁或記錄重要的資料時，電話連線卻突然中斷，你就只得重頭再來。在造成困擾的那一刻，服務就會令人不滿，此時困擾的來源正是因為服務的取得發生了問題。

　　有一位印度商人某次在美國旅行，有一晚他發現飯店的房間門鎖遭人撬開，於是飯店經理立刻賠償所有遭到損壞的物品，並請商人在保險文件上授權由飯店領取賠償金，同時清楚地告知他這是因為物品的賠償並未包括在保險範圍之內。在這個例子中，飯店所提供的服務就相當具有取得性。

　　另一位亦在異國旅遊的印度商人也遇上需要醫療服務的情況。這名商人在印度時就已加保，保險範圍包括他在國外就診時的所有費用，保險公司的人給了他幾個電話號碼，並告訴他有需要的時候可以撥這些號碼求助。當他在國外發生事情時，負責接聽這些電話的人員承諾會負擔當地醫院替他治療的費用。然而，醫院並未收到保險公司的授權，因此商人必須自費負擔所有的診療費。在這個例子中，服務的取得就顯得困難重重。雖然事後保險公司曾向這名商人提出解釋，但是任何解釋、道歉甚至金錢賠償都無法彌補服務的缺失。如果消費者無法得到服務，就更不用談到服務的可信度或品質了。

　　政府單位也是服務的提供者之一，他們的職責在於維持社會

的正常運作，而他們提供的服務以法律規定及行政部門為依歸；
一般的百姓則有獲得這些服務的需求。如果遇到下列這幾種情
況，那麼服務的取得就會益發困難：（a）對法律不熟悉、（b）政
府機關所在位置不夠便民、（c）有一大堆繁文縟節要遵守、（d）
需要服務的人太多，浪費許多時間。在這種情況之下就會衍生出
所謂的「顧問」這一行，只要有相當的酬勞，這些顧問就可以幫
助民眾取得服務。

　　如果能夠簡化下列幾項程序，政府單位的服務就能具有更高
的取得性：

- 待填的表格。
- 經手的人數。
- 各單位之間的距離。
- 完成的速度。
- 無謂的手續及例行公事。
- 從頭至尾的處理機制。
- 必須理解的法律條文。

影響服務品質的十大要素

　　學者帕拉蘇拉曼（Parasuraman）等人曾舉出影響服務品質的
十大要素，包括服務熱誠、專業能力、服務禮節、確實性、敏感
度、服務的取得性、安全性、外觀、可信度及溝通程度。

- 服務熱誠　是指為人們服務的意願。服務人員是業者的
代表，也是與顧客實地接觸的人，我們可以由他們的行為
觀察到其服務的熱誠。具有服務熱誠的人會十分願意而且
樂於為顧客服務，並且會以顧客的利益為重。他的熱心不

但會表現在行為與言語上，也會透過肢體語言傳達出來，尤其是透過他的眼睛及臉部表情，人們更能感受到他蓄勢待發的熱誠。這樣的服務人員不會對顧客的要視若無賭，也不會當面指出顧客的錯誤，讓顧客下不了台。這樣的服務熱誠來自對顧客的關心、處處為顧客的利益、舒適度及需求設想。在你向櫃檯人員換零錢的時候，往往就可以測試出他的服務熱誠。

- **專業能力** 是指服務人員具備的專業知識與技能。如果顧客看出服務人員對於該做的事情毫無概念、或對公司規定不甚了解，而且表現出支支吾吾的樣子，老是得去向別人請教，或不斷企圖掩飾自己的無知，那麼顧客對於該項服務必定不會感到滿意，這種服務表現等於不尊重顧客。當然，人不是萬能的，但是如果做事的人能認清自己在工作上的無知，並且能夠盡快糾正錯誤，讓顧客對服務感到滿意，這也能顯示這個人的辦事能力。從一個精明幹練的人所表現出來的肢體語言，我們往往可以看出他的歷練。

- **服務禮節** 是指在互動的過程中對顧客表現出來的禮貌與尊重。表現禮節並不表示一定得對人卑躬屈膝。即使是在陳述一項完全不同的觀點時，也可以對對方表現出謙恭有禮的態度。當別人的想法與自己相左時，我們不見得非得一針見血地說：「我不同意你的看法」或「你錯了！」此外，我們也可以很有禮貌地拒絕他人的要求。

- **確實性** 是指服務人員值得信任的程度。說到評估一個人的確實性，我們必須要問：「這個人是否說到做到？」，就服務人員的專業能力而言，這個問題也可以解讀為「他知道的是否真如他所說的那麼多？」

- **敏感度** 是指服務人員了解顧客的感受與需求之能力。心

思靈敏的人才不會對別人造成傷害,他們會顧及對方的感受與需求,就算是對不相干的人也一樣。這樣的人十分善於解讀肢體語言,會設身處地為他人著想。有些人可能十分敏感,但是不見得具有服務的熱誠,他們不願意助別人一臂之力;有些人可能很熱心,但是卻不夠敏感,要等別人主動求救之後才會幫忙。對於好的服務而言,服務熱誠與敏感度都是不可或缺的。如果書店的店員在客人挑好書籍或雜誌時就已經算好金額,讓客人可以在很短的時間內結完帳,那麼這樣的店員就具有極佳的敏感度。

- 服務的取得性 這部分已經在前面探討過,服務取得性的管道反映在服務場所的位置、營業時間及服務速度、等候的時間等方面。所謂的「取得性」並非取決於空間距離,現代化的電子系統已經為人們縮短了許多距離與時間。

- 安全性 是指服務所具備的安全、隱私、機密等性質。同樣的,所謂服務的安全性不只侷限於人們的身家財產,還包括了人們的名聲、身家背景及商業資料等。

- 外觀 這一點我們也已經討論過。引人入勝、討人喜歡的環境足以影響人們的知覺,加強人們的愉快經驗。

- 可信度 是指始終如一的服務表現。經驗會提昇人們的期望,如果下一次的經驗無法符合人們的期望,服務者的聲望會因此受到損害。表現於服務的一致性來自服務過程中對服務品質的嚴格控制。

- 溝通程度 是指顧客對服務了解的程度,這一部份與服務者提供給顧客的資訊——也就是對顧客的需求是否精確掌握有極大的關係。

關鍵時刻

　　從顧客開始與提供服務的店家產生聯繫之後,所謂的「關鍵時刻」(Moment of Truth)就一直存在著。在雙方接觸的每一刻裡,顧客都在體驗店家所提供的服務,並評斷服務的好壞程度,這段時間正是讓顧客感到滿意或不滿意的關鍵時刻。在這段黃金時間裡,任何差錯都可能發生,如果一切都沒有問題,就不會形成令人不滿的服務。顧客在這段時間內所得到的體驗也可能完全出乎其預料,因而驚喜地大嘆一聲「哇噢!」總而言之,這是一段決定成敗的關鍵時刻。

　　電話機本身並不屬於一種服務。關鍵的時刻是發生在人們拿起話筒開始打電話之後,如果電話撥通了,而且線路十分暢通,人們並不會因此覺得特別高興,因為這本來就是電話應該具備的功能,但是當人們拿起電話卻只聽見一陣嗶嗶作響,並且發現這是因為沒繳電話費而被暫時停話,那麼人們就會對電話服務感到失望,接下來可能會發生的所有事,無論是趕快去繳費、或向電信公司查詢自己明明已經繳過費,為何還被停話⋯⋯每一件事情代表的都是服務的關鍵時刻。在人們用大哥大講電話的時候,如果訊號莫名其妙突然中斷了,有人可能就會開始懷疑自己是不是該換支手機或換家電話公司,這時候就是一個關鍵時刻。

　　若以一間餐廳為例,其關鍵時刻可能就在於:

- (當顧客打電話訂位時),接電話的人說話的語調與用字遣詞、稱呼顧客姓名的方式、確認訂位時的速度等。
- (當客人在預定時間抵達餐廳之後),服務生對訂位顧客的接待方式、帶位的速度、餐桌的大小與位置、桌布和餐巾的乾淨程度、餐廳內的狀況與安靜程度、服務生遞送菜單的速度、擺放菜餚的位置與佈菜的方式、介紹菜色時的

表現、食物的品質（溫度、外觀、味道、口感等）、服務
生上菜時的舉動（包括是否彬彬有禮、小心謹慎）等。

　　服務者與顧客每一次的接觸都是關鍵時刻，顧客就是在這些
時候為服務、店家及服務者的表現下評語，並且在每一個關鍵時
刻修正自己對服務的期望，同時決定是否願意繼續接受服務。每
一個關鍵時刻都會影響顧客對整體服務的印象。一連串的關鍵時
刻構成了一個服務的週期，業者若能列出每一個關鍵時刻以及它
所對應的週期，就能更加了解顧客的需求，並且加強服務顧客的
方式。每一個關鍵時刻都掌握在工作人員的手中，這些工作人員
是主宰整個服務品質的重要因素。

顧客的抱怨

　　並不是每一位對服務不滿意的顧客都會提出申訴，有75%以
上的人會選擇到其他地方消費。有一項針對顧客消費習性所做的
調查指出，人們之所以更換光顧的地點，主要的原因包括：

- 搬家（3%）。
- 私人情誼（5%）。
- 較便宜（9%）。
- 對產品不滿意（14%）。
- 對工作人員的行為不滿意（68%）。

　　對這些心有不滿的顧客來說，他們最希望的是服務者能夠更
為客戶設想，其次才是得到賠償。當錯誤發生的時候，我們經常
可以聽到像這樣的顧客心聲：「我不要你的賠償，賠償算什麼？
但是我希望你能了解待客之道不應該是這樣子的。」如果服務者
只顧一昧地為自己辯解，會使場面愈來愈僵，讓顧客愈來愈不

滿，這樣的行爲只會讓顧客覺得服務者不夠敏感。如果要求顧客
以書面方式提出申訴，這種具有官僚意味的作風也會讓人覺得沒
有誠意。

　　顧客希望能看到管理者的確是認眞地在處理他們的申訴，除
非眞的遭受到不可理喩的待遇，否則很少有人會指名道姓地要求
店家對某位工作人員做出處分。一般來說，引起顧客抱怨的罪魁
禍首多半是人爲因素上的缺失。如果業者能主動因應顧客的申訴
而將缺點改善，並且對顧客的指正表示感激之意，那麼顧客就會
感到滿足；如果由高階主管出面致謝，那麼客人的滿意度會更
高。透過電話表示謝意則比用書信表達顯得更有誠意。

　　精明的主管會化顧客的抱怨爲改進的動力。沒有人提出申訴
不見得是一件好事，反而表示服務可能出現了非常大的問題，才
會使顧客對業者失去信心。因此，服務業者必須努力尋求顧客的
反應，以便找出不符合顧客期望之處，這麼做有助於讓管理者了
解顧客的需求爲何，並藉以不斷改良商品的特性。只要能針對顧
客的需求加以改進，除去任何不良的地方，就能夠提昇產品的品
質。舉例來說，車主將汽車送入工廠維修之後，多半不會喜歡愛
車修好之後還留有車廠的污漬與油垢，如果修理廠能主動留意到
這一點，就應該特別將已修好的車子停遠一點，並且在交車之前
先將車子清理乾淨。

讓客人等候時需注意的原則

1. 客人在等候接受服務的時間也是攸關滿意度的關鍵時
   刻。
2. 採行預約制度可以讓服務者與顧客的時間互相配合，
   並讓服務者在開始服務顧客之前先做好充分的準備。

3. 如果花費在某位顧客的時間過長，或臨時出現重要的緊急狀況時，即使下一位顧客有事先預約，難免還是得請他稍作等候。在這種情況下，如果等候的時間超出預期（亦即超過客人事先被告之的等候時間），客戶對服務的滿意度就會下降。因此，為了避免這樣的狀況，最好將需要等候的時間稍微增加之後再告知客人。

4. 若要讓客戶等候，必須告知他們可能要等多久，不要低估可能需要等候的時間。

5. 盡量做到讓顧客在等候的時候也能感到舒適自在，可以為他們準備安靜的座位、冷氣設備、書報雜誌等，這些都能表現出業者體貼顧客的一面，並且能夠影響顧客對服務的觀感。相對地，如果未能提供這方面的設備，就會使業者所提供的服務顯得不夠用心。

6. 等待的時間總是過得特別慢，所以必須盡量讓等候的顧客不會感到無聊，而這部分不見得要與業者所提供的服務內容有關。舉例來說，有些餐廳會提供替客人占卜、畫肖像等服務，讓客人在等候上菜的時間裡有事情可以做。除此之外，提供文學書籍、流行月刊、休閒雜誌、電視機、供應茶水飲料等都是很適合的額外服務。

7. 若有長短不一的兩條排隊人龍，即使隊伍較長的那一邊進行的速度較快，但是隊伍短一點會讓人們產生移動速度較快、等候時間較短的錯覺，因此，多設置一些結帳窗口或櫃檯是有助於提昇服務形象的。

8. 有移動的隊伍知覺上進行的速度比較快。如果服務需要經過許多程序才能完成，例如辦理登機就包含了驗

票、秤行李重量、收取超重費用、發標籤、發登機證、檢查護照、過海關等重重手續,一般可以採用兩種方式來進行,其中之一是在某個定點一次處理所有的登機手續,其二則是將所有的程序分成好幾個關卡,人們再按照順序依次辦理。這兩種方式所需花費的時間或許相差不遠,但是由於第二種方式的隊伍進行速度較快,所以會讓人覺得比較滿意。

9. 與其讓客人無所事事地等著,不如利用等待的空檔進行一些事前準備。在正式開始為客人服務之前,可能有些前置作業要做,如果能利用等候服務的時間先行完成,客人對服務的印象也會比較好。可以先進行的工作包括:

- 在餐廳裡——先請客人點餐。
- 在醫院或診所裡——先為病人紀錄病歷及量體重、血壓等。
- 進行面試之前,先收集應徵者的體檢表、畢業證明等。
- 公車進站前先發車票。
- 為排隊等候的人解答問題。

10. 排隊的人如果心情急躁,更容易覺得有排不完的隊。對在手術房外等候手術結果的家屬而言,等待簡直是無止盡的;對於正在趕時間的人而言,公車也似乎永遠都是遲到的。

11. 隔壁隊伍移動的速度看起來總是比自己這邊快。人們總會覺得別人得到的待遇比自己好,即使他們比較晚到,卻往往都能比自己搶先一步辦好事情,類似的事情在餐廳、醫院、飯店訂房櫃檯前……屢見不爽,業

者必須謹守先來先辦的原則，讓客人得以安心，這麼
一來才能扭轉人們對排隊的刻板印象。

12. 漫無目的的等候總是顯得更加煎熬。如果人們可以知
道必須等候的原因，並且了解自己快要得到服務，心
情就會比較好。不加理會只會讓顧客變得更焦躁。舉
例來說，如果醫生無法準時開始看診，最好要向正在
等候看診的病人解釋原因；隨時讓在手術房外等候的
家屬了解手術進行的狀況，否則他們只會不斷對手術
房內外的工作情形造成干擾；無論是任何原因，當飛
機在空中盤旋而不降落、班機延誤起飛、或支票到期
卻無法兌現等情況發生時，業者都應該主動告知真正
的原因，「技術問題」、「正在處理」……都不能做
為理由，「飛機起落架放不下來」、「飛行員還沒有
到」、「檔案無法追蹤」……才是真正的原因，隱藏
這些事實既無法紓解人們的疑慮，也無法避免引起恐
慌。某日在一個小型機場裡，外面的天氣狀況非常惡
劣，旅客們均站在無線電收發室附近等候飛機，他們
聽到管制人員與飛行員之間的對話，所以知道當時因
天氣不佳而影響飛機正常起降的時間，因為對實際狀
況有所了解，旅客們自然不會因不耐久候而引起騷
動。

13. 無止盡的等候比有限期的等待更難以忍受。當人們提
早到達時，他們可以很安心的等待約定的時候來到，
但是一旦過了時間還輪不到自己時，他們的情緒就會
開始焦躁不安。

14. 不公平的等待也會讓人無法忍受。在車站等車的人比
較容易感到不滿，他們會不斷催促、並且爭先恐後地

急著上車，這是因為在車站並不需要排隊，既然大家花一樣的時間等車，自然不希望自己上不了車，所以我們往往會在車站看到一擁而上、有人大發雷霆的場面；但是在站牌下排隊等車的人就顯得比較輕鬆了，因為排隊總有先來後到，人人都必須按順序上車，不會讓人覺得不公平。但是如果可以插隊，就會讓人覺得不公平，除非插隊的人有特殊的理由，並能得到大家的諒解。舉例來說，有些餐廳會基於人數的考量而不照排隊次序讓客人入座，雖然這種做法是為了符合餐廳本身的需求，不過是可以諒解的。

15.服務的代價愈高，人們會更願意花時間等候。舉例來說，病情愈嚴重、醫生的名聲愈高，人們愈願意不計代價地等候，但是遇到了要領藥的時候，就算只等15分鐘也會讓他們怨聲載道；長途飛行的旅客花10個小時坐在飛機上可能並不覺得難過，但是那區區幾分鐘等候下飛機的時間卻會讓人不耐煩；在餐廳等著買單的客人也常常會覺得浪費時間。

16.一個人等不如跟一群人一起等。一群人在一起多半會有活動、有事情可做，一個人就顯得無聊許多。在手術房外等候的家屬們彼此之間雖然並不認識，但是往往會在等待結果的時候一起聊天、彼此討論自身的經驗；飛機誤點的時候，等著搭機的旅客們也會開始交流、互相抒發對航空公司的觀感。只要有人一起打發時間，等待就不再是件痛苦的事情。

17.上述的原則當中，有些也可以應用在電話的使用上，例如等著接話、等著轉接、等著對方的回應等時機。沒有人喜歡一直聽著電話那頭傳來的音樂，接線生應

隨時注意是否有人等候的時間過長，並且應對打電話來的人解釋讓其久候的原因。

適用於打電話時的等候原則

請注意

大城市的電話線路往往十分壅塞，人們常常得重撥好幾次才能接通電話。

電話自動轉接系統的設計就是要在特定時限內（通常是二十秒），若沒有出現聲音會讓電話自動斷線，在這種情況下，打電話的人就必須再重撥一次。

打電話的人用的可能是收費較一般電話昂貴的手機，也可能是從外縣市打來的長途電話，甚或國際電話，他必須負擔的費用是以通話時間來計算，如果已經超過基本通話費，就算市內電話也一樣要計時付費。

因此

1. 當電話響起時，請盡快接聽。為了更有效率，許多公司都要求職員在鈴響四聲、或四至五秒以內接起電話。

2. 在尚未準備好接聽之前請勿接起電話。如果你接起電話之後說的是「請稍等一下」，然後就自顧自地忙別的事情，就是在浪費來電者的金錢，如果是在面對面的情況下，先請對方稍待片刻，事後再詳細解釋，這種做法並無傷大雅，但是不能夠用在電話連絡上。

3. 接起電話之後請馬上表明自己或公司的身分，否則，對方就必須再問一遍以確定自己沒有打錯電話，這麼一來又耽誤了幾秒鐘，也就等於多浪費了幾塊錢。

4. 無論在電話裡說什麼，請仔細說、慢慢說。透過電話系統之後，如果說話速度太快，聲音就會變得比較模糊，話筒與嘴巴之間最好保持適當的距離。

5. 打長途電話的時候，聲音傳送的速度會稍微慢一些，最好稍等幾秒以確定有把對方說的話聽完，急著打斷對方並不是明智之舉，因為你所說的話也需要時間才能傳送到對方的耳朵裡，如果你急著說話，當話傳到對方的時候，對方可能也還在說話，自然聽不清楚你說了什麼，而你也不知道對方接下來說了什麼。

6. 當你不在的時候，請指定代理人替你接聽電話，例如秘書、職員都可以，沒人接聽電話會使公司的形象大打折扣；如果接電話的是個不相干的人，對你的行蹤一問三不知，對來電者是一種不禮貌的行為。

7. 來電者必定期望接電話的人能回答他們的問題，請試著做到以下幾點：
   - 提供來電者想知道的訊息。
   - 請正確的人選來回答來電者的問題。
   - 將電話正確無誤地轉接給來電者要找的人。
   - 針對來電者想要的幫助提供正確的意見或求助管道。

8. 當電話經由總機轉接而來的時候，若沒有立刻接起電話，就會妨礙總機接聽其它來電。總機人員的辦事效率有賴於你的配合。

電話接線生應該要

1. 隨手準備一張各人員與部門的清單（記下每個人所屬的部門及分機號碼），並且時時注意是否需要更新。

2. 以最快的速度轉接電話。

3. 轉接電話之後，注意是否有人接聽電話，如果沒有，查明原因並向來電者解釋清楚，並且詢問對方要繼續等候還是要留話。這種關心來電者的態度也顯示了對對方的尊重。

4. 接聽電話時要避免魯莽，盡量保持有禮貌的說話聲音與語調。或許因為只聽見聲音，看不見其它肢體語言的緣故，人們對於接線生的粗魯語氣往往特別敏感。

第 五 章

服務業的行銷

行銷的目標

　　行銷乃是針對消費者的需求、慾望及習性進行研究，專門探討人們買些什麼、什麼時候買、為什麼買、一次或一段時間之內會花多少錢買東西、買哪些價位的東西、常不常買東西、到哪裡買……之類的問題，這些問題的答案可以幫助製造商決定該投資多少錢、在什麼時候製造什麼樣的產品，同時也能讓廠商知道該在哪些地方、用什麼樣的方式促銷其商品。

　　行銷概念的基礎是以消費者為所有產業活動的中心點。產業存在的目的是為了要爭取並留住顧客的心，不僅一般商業組織如此，政府組織及社會服務團體亦然。若非如此，這些組織團體就無法達到他們的目標，他們的存在也沒有意義。舉例來說，如果人們對於家庭計畫的概念及達成該計劃的方法一無所知，那麼政府花在籌備、宣導這項計劃的錢就等於白白浪費了。這種情況常常發生在過去的時代。

　　製造商必須做的決定包括原料的採購與使用，以及商品的製造與販售；原料的處理過程牽涉到人事、經費、製造、材料及販賣者等各個層面；消費者所做的決定則在於購買哪些產品或服務。行銷的目標在於分別研究消費者及製造者兩方面的決定過

程，並試圖透過自由、互惠的交易方式使雙方達到互相配合、各
取所需的目的。

　　沒有交易，就沒有行銷可言；如果交易是出於被迫，也同樣
沒有行銷可發揮的餘地。唯有消費者擁有選擇權，可以從條件相
當的選項（也就是競爭）當中做出消費決定，或能夠自由選擇
「買或不買」時，行銷才有意義。企業若要成功，就必須製造出
消費者需要或想要的產品與服務，並且以合理、具吸引力的價格
販售。

　　所謂的「無交易」或「無交易自由」即指受到控制、壟斷或
資源匱乏的經濟狀態。在這樣的經濟狀態中，行銷無足輕重，人
們只能有什麼買什麼，並沒有選擇的餘地。即使壟斷的市場也需
要盈餘才得以存活，如果人們根本不知道商品的存在、對商品並
沒有需求、對價格不滿意或無法方便地取得商品，就算廠商增加
產量也不可能提高收益；如果商品的實用性令人存疑，或取得不
易，即使有再大的市場需求，人們也不會有購買的慾望。

　　當印度於 1950 年開始推出家庭用桶裝液態瓦斯時，市場上
的購買情形並不踴躍，因為當時人們對這項產品的優點及安全性
仍抱持著懷疑的態度；印度地區很早以前就看得到 CNN 電視頻
道，但是收視戶並不多。 1991 年波斯灣戰爭爆發之後，該頻道
的需求量才陡增，造成這種情形的原因就是因為早期接收 CNN
頻道的設備並不普及，一般家庭收看該頻道的習慣自然不多。

行銷增加商品價值

　　行銷活動是產品製造過程與客戶需求之間的媒介。行銷的目
的是以顧客的利益為前提，設法使公司生產的商品符合顧客的需
求與慾望，並讓顧客對產品本身與其一切附加價值有所認識，因

此，顧客也就是整個行銷活動的核心。行銷的功能在：

- 藉由尋找更符合顧客需求的商品來為產品增加價值。
- 減少資源的浪費。如果商品本身或製造過程不符合客戶的需求，就會形成浪費。
- 透過更有效的溝通提高交易的效率。
- 透過更適當的銷售方式降低預算或花費。
- 促進製造商與消費者對彼此的了解。

下列範例即在強調全方位服務的重要性。

　　結婚禮堂的擁有人可以藉著出租禮堂做為結婚場地而賺錢；為了籌辦一場婚禮，承租禮堂的人還要負責裝潢場地、籌備酒席等事宜，如果結婚禮堂的所有人不但提供場地，還一併安排這些服務，就能為承租者減輕不少負擔，如此一來，他所提供的服務更具全面性，整體價值亦有所提昇，而顧客的滿意度自然也會提高。

概念的行銷

　　行銷牽涉的層面不僅止於物品與服務的銷售。人們在購物時，買的並非看得見的商品，事實上，他們所「**購買**」（獲得、認同）的只是一種想法或概念。當人們欣賞美麗的電影明星們在麗仕香皂廣告中的演出時，他所「消費」的是看到麗仕香皂而聯想到的美感。液態瓦斯的好處在於方便、容易操作、乾淨，這些並不是瓦斯桶表現出來的印象，而是人們心中對桶裝瓦斯的觀感。當人們覺得價錢合理，而且自己也負擔得起時，就會買下這些東西。印度政府之所以大力推行家庭計畫，就是希望能夠透過減少家庭人口及推行節育觀念讓人民感受到家庭的快樂，並且

「取得」計劃性生產的觀念。如果人們無法認同這樣的概念，家庭計畫也無從推廣起。選舉時，候選人發表的政見也是在向選民「推銷」他的理念，讓人們能夠「認同」該候選人當選將有利於國家的這個概念。所有的競選海報、政見發表會、沿街拜票及文宣活動都是在向選民宣傳候選人的「價值」。像這樣的行銷手法十分有助於提昇「買氣」，也就是能夠提高選民對於政府、政治家或候選人的認同感。

行銷導向

所謂「行銷導向」必須顧及以下幾點：

- 一切活動必須以顧客的長期利益為中心。
- 對外在環境中發生的事物必須抱持樂觀、敏感的態度。
- 了解如何利用現有資產賺取利潤，並同時兼顧未來的可能收益（公司的永續成長）。
- 保持積極、創新的買賣態度。

除了行銷導向外，商業活動中還有三種主要的經營導向，皆須以行銷為基礎。第一是產品導向，其理念與所謂的捕鼠器理論相同，強調只要有好的產品，自然能夠吸引顧客自動排隊上門。事實上，這種情況是不會發生的，以實際的捕鼠問題為例，如果家裡根本沒有老鼠，人們怎麼會想買捕鼠器？有些人寧可花少一點錢選購品質稍微差一些的捕鼠器，若是有人發明了更有效的捕鼠方法，例如用聲音或氣味驅趕家中的老鼠，那麼就算捕鼠器的品質再好，人們也不會花錢購買。

第二種經營導向的目標在降低原料與製造成本，以求取更高的邊際效益。唯有在有收入的情況下，降低成本這個方法才有助於增加公司利潤。為公司帶來收入的人是花錢買東西的顧客，我

們無法假設在降低成本之後，顧客可以用較低的費用獲得同樣品質的商品，也不能預設立場，認為所有顧客都喜歡撿便宜。有些人相信一分錢一分貨的道理，所以寧可挑貴一點的東西買，這就是舶來品較國貨吃香的原因之一。即使有些東西明明是在本地生產製造的，只要打著國外進口的名號，價格就可以相差一大截！由此可見，人們在消費的時候，價格的確很重要，但也不見得會是最主要的考量因素。

　　第三種經營導向則在強調大量製造與批發交易，這種理論的理念在於產量增加可以擴大市場規模、並壓低成本。要獲得大筆訂單，就必須開發更多的客源，因此也更需要藉助行銷。天下沒有白吃的午餐，如果不設法主動推銷商品，當然不可能自天外飛來大筆大筆的訂單，否則的話，業者只要能做到第一項經營導向就綽綽有餘了；同樣的，即使市場擴大、交易量提高或產量增加，也不代表可以降低商品的單位成本，這必須視市場需求與產品本身的情形而定。

行銷與銷售

　　在行銷的概念興起之前，廠商是透過以下各種方法來販售他們生產的商品：

- 藉廣告或宣傳吸引消費者購買。
- 促銷（例如購物送贈品）。
- 打折扣戰。
- 雇用推銷員販售產品。

　　在行銷的理論中，上述種種銷售方式雖然各有優點，但是各行其事不足以發揮最大的效用，反而會形成資源的浪費。市場是由一群各式各樣的人所組成的，不同的人又可依照其同質性區分

為幾個團體（同一類的人或許有類似的需求、習慣、地位等），因而形成不同的區域市場，每一個區域市場各自擁有不同的特性，根據其特性攻城掠地，便可達到更好的銷售績效，這是因為對市場的特性有所了解之後，就有助於：

- 設計及開發商品——可掌握商品能提供的優勢。
- 決定產品或服務的價格。
- 決定以何種方式呈現商品——如何讓顧客取得該產品或服務。
- 策劃促銷、宣傳等行銷活動。

上述這幾點對於商品的價值均有畫龍點睛之效，如果能善加利用，就有助於抓住消費者的荷包；若未能好好地規劃運用，就無法提高商品的價值，自然達不到預期的銷售狀況，也就浪費了所有的資源。**銷售強調的是業者該如何販賣商品，而行銷重視的則是該怎麼做才能吸引顧客來消費**。以下舉出的是銷售與行銷不同之處：

	銷售	行銷
以誰的利益與需求為主	賣方	買方
方法	將商品推銷給買方	使買方產生購買的慾望
獲利來源	銷售量	滿意度
產品開發是基於	生產者的資源	顧客的需求
商品生產順序	銷售之前	銷售之後
包裝的作用	盛裝或保護商品	增加商品的價值與吸引力

價格	視成本決定	可決定成本多寡
處理機制、儲藏 運送等	附加於商品之外	可影響顧客滿意度
地位	重要性次於商品 製造	行銷為商業活動的 中心
與顧客的關係	交易完成後幾乎 就無任何關聯	自始至終均十分重 視與顧客之間的 關係

市場的區隔

　　商人最重要的責任之一就是要了解自己的市場。「市場」是指包括現有主顧與潛在客戶在內的所有顧客，每個商人的市場客層不見得完全相同。假設在某處有一千個辦公室，所有的辦公室可能都是鉛筆與紙張的消費者，但是他們不見得全部都需要用到電腦報表紙、傳真紙之類的特殊紙張。**要做這些人的生意，就得摸清楚整個市場上有哪些客戶是主要的消費客層**。市場區分的概念在於如何將整個市場合理地劃分為不同的區塊，以使業者針對自己的目標區塊進行商業活動。

　　飯店的顧客通常是指那些為了出差或其他因素而必須離家背井的人，此外，對飯店而言，所謂的顧客亦包括：

- 利用大廳進行公事的人，例如開研討會、大型會議等。
- 利用大廳舉辦私人慶祝活動的人，例如開生日會、舉行婚禮等。
- 租用購物中心做生意的人。

- 到餐廳用餐的人。
- 長期或短期租用房間做為辦公室的人（例如公司用飯店房間進行面試）。
- 利用商務中心進行業務或商業活動的人。
- 使用健身房、游泳池等設施的人。

上述這些使用者利用的都是飯店提供的各項服務，每個人的職業、年齡層、生活型態、經濟能力、消費目的或任何其他方面的特質不盡相同；在此同時，每一位利用同一個健身房、商務中心、餐廳等設施或服務的顧客之間可能存在著些許類似之處。換句話說，同一種設施或服務的使用者之間可能有相似之處，反之則無。只要能找出這些相似點，就能將這些不同的個體歸類為一個團體，並且開發出潛在的客群；而每一個這樣的客群都是整個市場的一部份，整個消費市場就是由所有類型的顧客組成。

每個客層都是組成整個市場的一部份，彼此之間擁有全然不同的目的、需求、動機、利益與商業行為。舉例來說，同一個年齡層的人可能思想相近。同一個年代中，在自由環境下成長的人，其愛國熱誠可能無法與獨裁制度下長大的人相比，兩者的價值觀會因為經濟環境、生活型態、對他人的關懷、宗教信仰、物質條件等因素而有所不同。這樣的差異也就是人們口中常說的「代溝」。由此可知，如果以年齡做為劃分人們的基準，那麼在每個團體之內的人都會具有某些共同點。

市場的區隔通常以下列其中一項或多項特質為基準：

- 地理條件，例如地區、行政區、人口密集度、氣候、城市／鄉下等。
- 人口統計資料，例如家庭大小、年齡、性別、收入、職業、語言、教育程度等。

- 心理特質，例如價值觀、生活型態、個性等。
- 行為（與消費有關的），如消費數量、頻率、送貨需求、購物習慣等。

市場區分可提供的有：

- 顧客資料。
- 最終消費者與中間人。
- 顧客對商品、商店或製造商的忠誠度。
- 相關採購數量。
- 顧客喜愛的商品特性。
- 商場上的競爭經驗。

主力市場

　　沒有一個商人能夠迎合整個消費市場，就連公家機關也必須按照不同的機能或服務對象而設置許多不同的單位。公立醫院能為病人提供的服務必定與昂貴的私人大醫院有所不同，原因倒不盡然與醫療設施的多寡、好壞有關。事實上，一般公立醫院的醫師多半也兼任醫學院教授，在醫學方面有一定的學術地位。由於有各式各樣的病人到公立醫院求診，這些醫師們的臨床經驗也都十分豐富。

　　交通部門的作用就是提供各式各樣與交通有關的服務，他們的顧客（服務對象）包括計程車司機、汽車駕駛、行人……而所有顧客的需求與期望也不相同。土地開發商、小套房主人、專業建築師等人也都是屬於不同類型的顧客，因此在市場區分中必須設置都市計劃部門來為這些人服務。

　　有些飯店視大型會議活動（在同一段時間內，有大批旅客為

同樣的目的住進飯店，房間不需太大）為不可錯失的大好商機。
這個時候，飯店的顧客多半是一些專業機構或大公司，若要向這
些客戶進行宣傳，最好的方式是透過商業或專業雜誌的廣告或採
訪，而不是電視廣告。像這種情況，住宿價格就必須與顧客達成
協議，同時，飯店還必須提供進行會議所需的設備──如業務報
告配備、錄音裝置等，才有可能爭取到訂單。此外，飯店還要有
在短時間內服務一大群顧客的能力，如果有需要的話，還得安排
郊遊、餘興表演等活動。如果飯店沒有能力滿足這些需求，即使
有再大的空間，也無法應付這樣的生意。

　　市場經過區分之後，業者必須針對特定的一個或多個客層進
行研究，這些就是他的主力市場，所有的管理策略與規劃都必須
以該客層的特質為主要考量。業者提供的服務必須需符合該客層
的需求，否則就會影響顧客的滿意度。服務包含的各項特質必須
要能恰如其分地與顧客的需求和期望相符，進行服務的方式亦是
如此。做出市場區隔的優點在於幫業者集中所有的市場資源、以
最有效率的方式獲取最大的利潤。如果將飯店的客層設定為進行
國內旅遊的本國旅客，就沒有必要在外國雜誌刊登廣告，而標榜
提供豪華的異國美食也只是多此一舉罷了。

　　主力市場是業者依照其目標與資源、經過評估之後所選定
的。除了選擇最拿手的那一方面做為自己的主力市場之外，選擇
什麼樣的主力市場亦是決定人們下一步該做什麼的重要因素。一
般而言，主力市場應該是易於取得、大小適中、有利可圖的。業
者必須專精於某項服務，而服務的內容不但須取決於主力客層，
亦是決定主力市場的重要因素。就快遞業而言，有些公司專門處
理運送至美國的服裝，有些則只處理國內的鑽石遞送。縮小主力
市場有助於使業者熟悉該客層的特殊需求，並能發展出一套適合
這些需求的配套措施。一個業者也能同時擁有多個主力市場，在

這種情況下，每一個市場必須獨立經營、視爲不同的事業。要滿足眼光獨到的消費者十分困難，而當顧客是撙節支出的旅人、信仰堅定的教徒時，生意往往也特別難做。近來，印度的來來飯店發現接待杜恩學校校友會是一椿不錯的生意。在爲期四天的聚會中，他們爲某年度的各班校友們舉行各式各樣的趣味競賽與班際對抗，讓與會來賓們度過輕鬆愉快的假期。分門別類的週期性主力客層有助於彌補供需不均的狀態。

行銷組合

行銷觀念最初是源自於有形財貨的交易。行銷計劃的主要元素是由四個 P 構成的，也就是產品（Product）、價格（Price）、銷售管道（Place）及促銷（Promotion），唯有調整或改變這四個因素當中的部份或全部，才能夠提高商品或服務對顧客的吸引力。這四個 P 就是所謂的「行銷組合」，業者可以靈活運用這四大要素，以最大的效能達到顧客的需求，就像廚師以各種材料搭配烹調出一道道佳餚一般。

「產品」這項要素包括了產品的名稱、設計、特色、品質、操作靈活度、包裝、耐用性、外觀、等級、尺寸等，同時也包含一些售前或售後服務，例如訓練、修理、保養、更新等。本書將另闢章節探討這些與產品相關的問題。

「價格」包括最低售價、折扣、退款、記帳、分期付款、履行合約等。

「銷售管道」包括零售工廠、批發商、運輸、倉儲、存貨、訂單處理程序等

「促銷」包括宣傳、廣告、選擇傳媒、傳單、曝光率、公共關係、活動、促銷、門市展示、推銷規劃等。

　　就服務業而言，行銷組合還有額外的三個 P ── 人
（People）、程序（Process）及實體因素（Physical Factors）。服
務是由人表現的，因此，「人」構成了服務性商品中必要的一分
子。進行服務的過程與實體產品的製造程序類似，不過在服務業
中，服務過程是在顧客消費之後才開始（與第二章所提到的「不
可分割性」有關），顧客也是服務過程的一分子。服務進行的過
程將影響顧客的滿意度，就像人一般，過程也是服務性商品中不
可或缺的一部分。

　　服務的買賣通常是在服務提供者的地方進行，當然也有到府
服務的，但是並不多見。業者店面的硬體設備、聲音、裝潢、色
彩、家具、陳列等都能增加顧客對服務的滿意度。

　　行銷組合中的每一個因素都十分重要，它們都會對顧客產生
影響，業者不能疏忽任何一點，但是可以強調其中任何一項或幾
項要素，以樹立獨特的風格、建立自家商品在市場上的影響力。

價格

　　服務業的「售格」有數種不同的術語。看電影的時候要買門
票、求助於專業人士時要付酬金、請演講者要給車馬費、付代理
人佣金、交年費給工會、俱樂部收的是會員費、銀行收的是利
息、保險公司收的則是保費、房東收房租、員工領薪水、過橋要
繳通行費、使用公共服務要繳稅……凡此種種都可算是服務的價
格。

　　人們常常在不知道價格的情況下消費，例如在投宿飯店或到
醫院求診時，通常就不會先看價格表。人們通常是以對飯店的印
象來判斷是否負擔得起住宿的花費，而醫院的實際醫療費用也只
有在病人掛了號、看完病之後才知道；將車子或音響送修之前，

大多數的人並不會比較各家的估價。有些人特別喜歡享受昂貴的服務，這些人對「廉價」的東西根本不屑一顧。人們經常購買同一項商品的原因並不完全是因為價格，「昂貴」和「便宜」是因人的感覺而異，同樣的意見若由炙手可熱的法律顧問口中說出來，或許要索價上萬元，而較不知名的顧問可能只要一半的價錢，然而人們往往較喜歡聽前者的意見，這是因為人們認為前者說的話比較有價值。運用卓越的行銷可以提昇消費者對商品的價值感，進而模糊他們對價格的判斷，在這種情況下，降價不但無法吸引消費者，反而可能流失現有的顧客，因為他們會擔心服務品質也隨著降價而打折扣。

　　服務的價格與製造該服務的成本無關。就顧問業或娛樂業而言，花在服務上的成本就難以估計，他們花費在工作上的心力也無從計算，為達服務效果所花的時間和金錢也同樣難以衡量。即使某些服務業可以概略估算出成本──例如電影業，但是產品的價值與成本不見得會有絕對的關係。舉例來說，有些電影雖然是大手筆的製作，不但有許多大卡司擔任演出，更不惜耗費鉅資，不過票房結果卻一片黯淡；然而，一些小成本的獨立製作影片反而叫好又叫座，甚至得以揚威國際。服務的價格也不能以進行服務的時間長短來衡量。服務的品質與花費時間多寡並沒有關係，專家進行一項服務所需的時間可能比新手短得多，但是索價卻高出不少。製造廣告傳單、構思營業方針及解決問題所投注的心思都無法估計、也很難以金錢衡量。有個汽車工人只簡單地轉了轉螺絲起子，就排除了車子的故障問題，這項服務索價100元，他的解釋是其中90元是懂得該轉哪個螺絲，以及該轉幾下才能修好車子的代價。

　　服務的價格會因下列幾項因素而異：

■ 季節（旺季期間索價較高）。

- 地點（例如地方稅及演唱會的入場卷）。
- 消費頻率（主顧及定期通勤者多半享有特別折扣）。
- 數量（大量購買時，數量愈多單價愈低；使用電話或電力服務時，用量愈高價格愈高）。
- 團體（如運動團體、旅行團、學生戶外教學團）。
- 使用目的，依社會情況或其他條件而定（如銀行優惠貸款、農用電力優惠、津貼等）。
- 使用者的地位（例如醫院依病人家屬的收入而決定費用）。

這就稱為「差別訂價」。價格可能會因為某些因素而有高低，例如：

- 促銷，藉著打折的方式吸引消費者嘗試新商品。
- 降低購買慾——無論是減少搶購或避免浪費（打電話）。
- 排除不適合的客層。

最後兩項都是「轉移注意力」的訂價方式。有些商品的價格包含了顧客有所不滿時的部份或全部退款，條約上必須清楚記載這些規定，快遞服務就屬此類。在服務業中，價格也可能是「隨心所欲」、毫無規則可循的，當然，這時候顧客就有討價還價的餘地。

商品的價格可能包含或不包含某些相關服務，例如：

- 飯店住宿費——機場轉機及早餐。
- 旅行團或醫院——食物。
- 貿易——保險及運費。
- 租約——水電費。
- 電話及手機服務——免費電話。
- 空中交通——中途停留或沿途參觀。

- 手機租售——分期付款、訂金等。

由於服務的特性，任何服務業要擁有許多店面或銷路都是很困難的事情，然而，麥當勞卻得以突破這個困境，在世界各地成立據點。美國曼哈頓的所羅門博物館（Solomon B Guggenheim Museum）也試圖將其服務推及全球，他們摒棄傳統的巡迴展覽模式，轉而將展覽權開放給他們的姊妹館－位於西班牙及德國柏林的畢爾包博物館（Bilbao），結果發現當地廠商都十分樂意贊助這些展示點。印度的亞梅斯汽車貸款公司透過 9 個汽車代理商及 3 個授權汽車製造廠為顧客提供貸款服務，在印度，汽車貸款通常是直接由製造商辦理的，偶爾則由銀行承辦，麥斯塔其公司發現許多客戶會發生拖欠貸款的問題，於是就在孟買市中心靠近火車站、人潮聚集的鬧區設立許多收費處，自此之後，據說客戶滯付貸款的天數已由五十二天縮短為二十六天。

零售商是其他業者的銷售網路，同時其本身也是服務提供者。安麗公司（Amways）的郵購與直銷服務正是將零售服務發揮至淋漓盡致的代表之一——他們在顧客的家中進行商品銷售，將商品直接送到顧客的面前。連鎖店本身也是採用零售商店的銷售模式，大型連鎖商店在同一個城市開設數家分店的模式在國內外已經行之有年，其中亦不乏佔地廣闊的大型賣場。

促銷

促銷首重溝通，其目的在於：

- 將與產品或製造商的相關訊息告知潛在客戶。
- 將新產品的特色、價格及新的銷售管道等資訊告知現有顧客。
- 激發顧客對商品的興趣。

- 說服潛在顧客試用產品（首次購買）。
- 說服現有顧客繼續使用產品（再次購買）。

促銷產品是為了改變顧客對產品的看法、增加市場對產品的接受度，並且消除人們對產品的迷思。假設 A 代表整個市場，B 代表聽過某產品的人，C 代表用過該產品的人，而 D 代表用過且滿意該產品的人，那麼促銷的目的就在於提高 B/A、C/B 及 D/C 的比例。

促銷活動可能由各種不同的方式組合而成，包括：

- 打廣告。花錢以公開形式在平面或電子媒體呈現該產品，例如透過海報、看板、旗幟、貼紙、展覽、廣告信、傳單等。
- 宣傳。這也是溝通的一種，宣傳方式通常會公開，並且是透過業者本身所有資源以外的管道達成。
- 公共關係。
- 個人買賣。
- 業務推銷。

廣告的類型可分為視覺性（有圖片或照片）、聽覺性（例如廣播廣告）、靜態性（如平面或看板廣告）或動態性（如電視或電影廣告）、全國性或區域性等等，廣告訴求的對象則是一般雜誌讀者或閱讀醫藥、流行、運動、商業、財經等專業報刊的特定群眾……廣告成效端視收視或閱讀者的背景是否符合產品的主力客層。付給媒體的總費用除以可能看到或聽到廣告訊息的人數之後，即為廣告的成本。廣告創意是無限的，不過千萬要記住一句話：「不要只顧賣得多而忘了要賣得有深度。」

大型廣告不見得一定比小成本廣告有用，只要不是內容空泛、雜亂無章，有時候一封長信也能奏效。如果能在內文的前50

個字以內引起讀者的興趣，就能讓他們繼續看下去。簡潔有力的
文字能夠增加可信度，即使是世上最巧妙的創意，剛開始時也不
過是個簡單的念頭罷了。

一般而言，業者會利用媒體大肆宣傳自己的產品，為的就是
要提高商品的覆蓋率（Reach）。「覆蓋率」是指有可能看到這
則廣告的人數。自從商場上新添了網際網路這個生力軍之後，豐
富（Richness）的重要性已經逐漸凌駕於覆蓋率之上，一則廣告
的豐富性可由下列各方面加以衡量：

- 廣度：在一段時間內能夠流通的訊息有多少。
- 個人化的深度：訊息個人化的程度。
- 互動性：藉以引起討論。

拜網際網路之賜，廣告的豐富性愈來愈可觀。網路佈告欄上
的訊息不像印刷品或電視廣告只有短暫的壽命，在網友瀏覽之
前，它可以一直存在著，而不只是驚鴻一瞥就消失，如果人們對
於廣告中的介紹有疑問，也可以透過網際網路得到更詳細的說
明。網際網路上的廣告是互動的，它可以克服空間上的限制，將
訊息傳達至全球各地。

宣傳的可信度比廣告更高，因為人們可以直接透過新聞或報
告之類的媒介來了解商品。常見的宣傳工具如：

- 發布新聞稿給新聞媒體（包括電視新聞節目）。
- 召開記者會，讓當事人陳述事實，並回答他人的疑問。
- 採訪，安排使媒體工作者了解欲宣傳的商品。
- 實際解說，當面向媒體及代理商說明商品的細節。
- 選擇性地對某些人進行簡介或提供產品試用，請他們為商
  品撰寫文章。
- 贊助文宣。

　　只要能適時為商品做宣傳、並正確地將有益讀者或觀衆的訊息告訴媒體，他們就能將相關消息傳達給消費者。當工業局或貿易協會之類的單位頒發優良獎項給表現傑出的飯店或航空公司時，頒獎典禮也會成為媒體報導的新聞，自然也可以為受獎的業者達到宣傳的效果。

　　就服務而言，最有力的宣傳方式就是「好口碑」。當人們親身體驗過某項產品或服務之後，若覺得非常滿意，自然會向身邊的人大力推薦。一傳十、十傳百，受到稱讚的商品就會在消費群中建立起好口碑。像這樣的「好康道相報」，只要不是業者自行捏造出來的，通常都是十分可靠的品質保證。一般廣告上常見的品質保證大都是業者老王賣瓜之語，因此比較缺乏公信力，有鑑於此，「用過的人都說讚」反而才是最有力的宣傳方式，而這也是醫生、律師、顧問等人拓展客源的模式。像這種口耳相傳的宣傳方式，其可信度高低端視推薦人的誠信如何，下列將常見的推薦者依可信度由高至低排列：

- 親人。
- 朋友。
- 同事。
- 評論家。
- 零售商代表。
- 製造商代表。

　　使顧客表達自己的滿意度也是很好的宣傳策略。顧客應該勇於說出自己的想法，業者可以準備一些分送給客人的小東西（如原子筆、鑰匙圈、紙鎮、小手冊等），客人回家之後可能會將這些小禮物轉送給他人，這麼一來也達到了為產品或服務宣傳的目的。業者必須向顧客強調服務的方便性，一般顧客是不會留意到

每一個小細節的。以下幾點有助於加強業者與顧客之間的互動：

- 設置佈告欄，將任何對生意有幫助的消息公佈在上面，例如推出新產品、新措施或只是即興的塗鴉皆可。
- 打招呼、準備小禮物或紀念品等。
- 主動邀請顧客參與特殊活動。

業者必須特別留意一些能夠為店裡口頭宣傳的顧客，在這種宣傳策略中，意見領袖型的顧客格外重要。所謂意見領袖乃是指特別受到親朋好友或讀者等群眾信任的人，例如專欄作家、教區牧師、老師、長老、專家等等。

公共關係是指組織與群眾之間有計劃地建立並維繫彼此互惠的關係，其理論基礎在於：一旦失去群眾的支持，組織的維持與成長將出現危機。公共關係的目的在力求改變群眾原有的見解，也就是：

- 化敵意為理解。
- 化偏見為接受。
- 化冷漠為關心。
- 化忽視為認識。

群眾是由人組成的，業者與消費者都是群眾的一分子，就某種意義而言，公司職員也是群眾之一。公共關係的努力方向必須針對主要的關鍵人物，而其成效如何並不容易論定，因為公共關係的目標是人們的心態，我們無法窺見他人心中的想法，因此也無法衡量公共關係的成敗。

公共關係常運用的手段包括：

- 所有的宣傳工具。
- 報章雜誌。

- 贊助體育或其他活動。
- 特別宣傳。
- 會見利益團體。

個人買賣也是行銷組合的一部份，因為廣告與其他非個人的溝通方式都無法有效說服顧客做出選擇，顧客總是希望在消費之前有愈多資訊愈好。尤其在選擇服務性商品時，更會再三斟酌，擔心自己吃虧上當。人們決定要向哪一家銀行貸款時，需要考量的因素不僅是利率高低，偶爾也會遇到一些難以啓齒的問題，或擔心所謂的「萬一」。在這種情況下，人們不但需要解答，更需要「保障」。儘管一般財務公司使出渾身解術來多招攬客戶，結果往往還是事倍功半，最有效的辦法還是派人直接與顧客接觸溝通。然而，就算業務人員以電話聯絡或親自登門拜訪，人們還是容易對服務品質或公司整體產生不信任感。

服務是無形的，對顧客而言也就代表著許多不確定性，如果業務員看起來不可靠、不夠專業，顧客對公司的不信任感就更會更深。業務人員在顧客面前必須展現出可靠、親切與善意的一面，他們必須強調公司提供的服務對顧客有何便利性，同時也要詳細地為顧客解說使用上需注意的事項。優良的業務員懂得如何掌握顧客心理，而且會處處為顧客的利益著想，他們較容易為顧客所接納，同時也較能替顧客向公司爭取權益。

一個好的業務員在交易完成之後還是會時時與顧客保持聯絡，如此一來，他們才能夠做到：

- 了解顧客對服務的意見與滿意度。
- 加強顧客對此次消費的印象。
- 當顧客對於商品或服務仍有疑問時，可以再次提供保證。
- 抓住讓顧客再度光顧的機會，或請顧客推薦他人。

- 讓顧客了解公司的近況及新推出的產品，替公司做好公共關係。
- 加強推銷工作。

業務人員必許了解一點：無論對顧客做出任何承諾，都必須要確保能讓顧客親身體驗到。由於實際為顧客進行服務的另有他人，業務員很難保證這些服務員的素質完全一致。在電影院、美容院、洗衣店之類的服務業中，業者在進行服務的當下就能得知顧客的反應如何，但是像醫療、維修、快遞、訓練之類的服務，顧客要到交易結束後好一陣子才會有所反應。如果是替顧客安排會議或規劃旅遊行程，業務員也得等到交易結束之後，才能透過聯繫來了解顧客的感覺，就像拿業務員的信用作賭注一般。對公司的高層經理人而言，這種直接由顧客反映出來的意見也是相當珍貴的參考資料，唯有如此，他們才能隨時掌握住顧客的想法。

推銷的目的就是要消除顧客猶豫不決的消費心理，吸引顧客來購買自己的商品，就像業者為了促使顧客花錢消費而提供的一些誘因，例如：

- 紅利。
- 特別的服務。
- 折價、優待券、回饋金。
- 分期付款。
- 比賽及獎品。
- 贈品。

這些都是業者在一段特定時間之內可能推出的特別優惠。紅利的形式包括買一送一、配偶優待或免費票、特價優惠或免費檢查等；若同時有太多比賽，或比賽內容過於簡單，推銷的效果可能會適得其反；贈品對消費者具有很大的吸引力，就算只是一根

湯匙，往往也能令人滿意。為了得到原子筆之類的小贈品，孩童
們也經常纏著父母填寫讀者回函或參觀展覽等等；而常到鄉下地
區作戶外宣傳的人也會發現，以競賽活動為主的促銷方式最能夠
吸引人潮。

行銷規劃

　　銷售點（Point of Sale 或 Point of Purchase）的陳列方式或外
觀也是有效的溝通方式之一。在服務業中，潛在客戶對服務的第
一印象就來自於他們見到的硬體設備。如果在同一條街上有十家
商店販賣同樣的商品，消費者對這些店家都不熟悉，那麼他們通
常會挑看起來最順眼的一家進去參觀，從店面的外觀，消費者對
這家店可以得到一些初步的印象，包括：

- 商品種類較多。
- 有最新產品。
- 價錢合理。
- 符合他的需求。
- 能提供適當的建議。
- 有服務保證。
- 能迅速處理問題。

　　藉著店內擺設的硬體設施，顧客能夠預期可能的服務品質。
店家內外的環境也會影響人們的觀感，一家店的外觀與裝潢、櫃
檯的設計、玻璃、採光、工作人員的制服、店內的音樂、商品的
擺設……這些全都會提高（或降低）客人購買的意願。電影院裡
若通風不良、噪音過大、環境不夠衛生……觀眾看電影的興致也
會大受影響。這個道理就如同以貌取人一般，雖然眼見不全然為
真，但是人們的第一印象就是從這些小地方而來，一旦搞砸了，

除非出現更多值得令人改觀的地方，否則的確會對人們的反應造成不小的影響。如果公家機關的設備有所改善，雖然民眾的滿意度可能不會因此就大幅上升，但是抱怨的聲音必然會少一些才是。

程序

　　所謂處理程序也就是服務履行的程序。嚴格地說，整個程序共分為四大類，首先是管理，主要負責文書及記錄的處理，並且掌控整個規劃、會計、註冊商標、法律條文、商品安全及保障等事宜。第二是人事資源，包括員工訓練、資料處理、公共建設、工作環境等等。第三是產品，包括契約審核、產品開發、採購、包裝、處理順序。最後則是對產品的評估、測試、修正、審核。

　　以下這個例子取材自作者搭乘印度航空的親身經歷。

Access 表格

　　星期四早上，當我坐在由孟買飛德里的 IC 185 班機上讀著 SWAGAT 雜誌時，我看到印航總裁於 1998 年 5 月寫給旅客的一封信，信中宣佈該公司開始採行一項名為 ACCESS 的計劃，他們希望旅客能多多利用機上分發的新 ACCESS 表格，表達對印度航空的意見與建議。信上並信誓旦旦地保證該公司將「竭盡所能」按照旅客的意見加以改進。

　　我向空服小姐要了一份 ACESS 表格，但是她似乎不知道那是什麼東西，於是我便把雜誌上的內容翻給她看。那位空姐把信從頭到尾看了一遍，接著便跑去找她的上司確

認這件事情。大約五分鐘之後，她回來告訴我現在飛機上還沒有這種表格。

　　到了星期六，我在帕拉馬機場辦理登機手續，準備搭乘 IC － 405 班機。我看見所有櫃檯上都掛著一疊寫著「ACESS」的表格，這些表格遮住了櫃檯上顯示的班機號碼及目的地。總之，這代表現在已經可以拿到 ACCESS 表格了。進機艙之後，我看到航空公司公佈說這項計劃自星期五開始生效。我還看到佈告上寫著動人的標題：「將今天的感想告訴我們，明天我們會給您全新的體驗！」

　　ACESS 表格上共有十八道問題，旅客只要依次勾選「是」或「否」，以及從「優」到「劣」、「滿意」或「不滿意」等選項即可，與這家航空公司之前使用的意見表比起來，這個新表格似乎祇是問題變得更多了而已。在這兩次飛行經驗中，我有一些感觸，但是卻無法在這份制式表格中抒發出來，因為我想說的話並沒有出現在任何一個問題當中，而上面也沒有預留空白的意見欄。我想說的意見如下：

1. 機上開始供應早餐時，空姐告訴我非素食餐點到第三排就送完了（我的位置在第十九排），所以我只能選擇吃素食。在我用餐的時候，我聽到身後的空姐正從後排開始供應葷食餐點，於是我問她為什麼前面的空姐說葷食餐已經送完了，沒想到她十分驚訝地告訴我她那裡還有多餘的葷食餐呢！過了一會兒，當我快要吃完我那一份食物的時候，之前那一位空姐又過來告訴我，她設法替我從商務艙調來了幾份葷食餐，所以現在我可以再吃一份了！

2. 星期六，當我排著長長的隊伍等著辦理登機手續時，一位地勤人員說只有一件手提行李的旅客可以到另外一個剛開始受理的櫃檯報到，於是我就聽了她的話到那個櫃檯去。不過，整個報到手續一直被櫃檯人員的一位朋友打斷，因為那個人想插隊先辦理登機手續。櫃檯上沒有準備行李標籤，我得自己去向櫃檯人員要，而且還是在我要了第二次以後，他們才拿給我。

3. 在飛機上，我看到20C及18C這兩個座位前方的托盤不太好拉開，因為兩個托盤之間被一些布卡住了，之前大概有人扯壞了那塊布，所以使托盤變得更難使用。

這個故事讓我們警覺到細心滿足顧客的需求比任何服務都來得重要，若是無法讓顧客感受到服務業者的體貼，縱有再多事前規劃與安排都徒勞無功。

市場研究

為了妥善規劃行銷活動，業者有必要對市場的各種特性先行了解。市場研究就是針對市場及市場特性所蒐集到的資訊。市場研究得到的資料必須先經過分析、研究及評估之後，方能做為行銷決策的參考依據。

市場研究可以透過回答特定問題、或歸納一般資訊而來，而研究的內容可包括：

- 市場大小 —— 以顯示市場在顧客人數、產品數量、收入、

市場佔有率、經濟條件等方面的規模、範圍及成長空間。

■ 消費者──以了解消費者的型態，消費的等級、習性、偏好、期望及感覺等。

■ 各家產品與價格──以了解各家產品的市場接受度、特色、技術、價格及包裝等。

■ 促銷與銷售研究──以了解消費者對商品陳列方式及管道、銷售人員的辦事能力及促銷活動之反應。

■ 產品銷售──是否有倉庫、店面及展示架；進行銷售的可能性。

■ 評估與品質管制──藉顧客滿意度了解產品的市場表現。

市場研究所得的資料將做為行銷策略中的決策依據。每做一個決定，決策者只會選擇與該決策有關的結果作為參考。地理學及人口統計學方面的資料似乎是最容易理解、也最實用的資訊，不過這倒也未必，舉例來說，出國遠行的旅客常常會透過旅行社投保海外醫療保險，在這種情況下，旅客本身所屬國家的地理資料就派不上用場了；快遞公司的客戶若大多是公司行號，也就不需要花時間研究年齡、性別等個人資料，不過與各公司業務承辦人有關的資料倒十分重要。

研究方法論

由於消費市場如此龐大而分散，人們很難針對一個完整的市場進行研究。**市場調查首重抽樣技巧**。樣本並不足以代表全體，但是適當的抽樣方法可以大大提高抽樣研究的準確度。

在第一階段的辦公室內研究（桌面研究）中，透過觀察數據及銷售報告、商業分析、貿易資訊或報章雜誌剪報之類的調查報告，我們可以蒐集整理出許多有用的資料。只要撥一通電話，消

費者通常可以輕易地取得各式各樣的免費資訊，不過在提供資料之前，對方必定會先詢問一些基本資料，這就是在蒐集與「市場」相關的資料。在一般商店、展覽會場、寺廟或購物中心等地，消費者都有機會碰上類似的調查訪談。類似這樣先提出一些精心設計的假設狀況，並要求消費者回答相關問題的調查方式，十分有助於探詢人們對生活、工作或世界的觀感與態度，同時業者也可以從中觀察到人們的消費型態。

在這些調查中，有些屬於量化研究（Quantitative Studies），有些則屬於質性研究（Qualitative Studies）；有些可以持續不斷地做下去，有些則只是週期性的研究。如果定期從事一些研究，就可以看出市場的潮流與改變。

市場研究的可信度端視其設計與執行方式。由於研究所得的結論是公司決策的重要基礎，因此它的影響力是長期的。抽樣技巧、問卷設計與進行方式都歷經了許多研究才發展出來，這些心得經常被用於表決及選情預測上。研究目的不同，就必須引用不同的研究技巧。為了掌握不同電視節目或頻道的收視群，廣告商至今仍致力於研究各種能夠提高 TRP 收視調查可信度的方法。

量化研究的數據資料總讓人覺得比較客觀、可靠，然而，任何研究所得的數字是否可靠，必須視問卷的題目、詢問的方式、資料的用途、各種資料的比重……而定，因此也不能貿然認定數字資料具有較高的準確度。若要正確解讀與評估研究所得的數據，就必須知道這些數據的取得方法，也必須審慎判斷研究的內容及研究的進行方式等。唯有深具洞察力的人才能夠做出正確的評估。以下就是一些很好的例子。

一台機器的停機時間若達到 20% 就表示其故障率太高，或維修人員修理機器的速度太慢；某位經理才剛接管一間飯店就得以大幅提高過夜旅客的住房率，其中的緣故

就在於他將每天的每個時段都當做一天來計算；根據印度
科學研究院於 1996 年所做的一項研究顯示，在 1987 年至
1994 年之間，印度的貧窮指數降低了 6~7 個百分點，而該
國的計劃委員會在約莫同一時期、以同一個研究方法所做
的同一項研究卻顯示貧窮指數只下降了 2 個百分點；產品
銷路不好的真正原因無法以數字來衡量，4 個顏色當中之
所以有一種特別受歡迎，可能只是因為沒有第 5 個顏色可
以選；某家全天候營業的工廠每天必須由三百輛卡車負責
運載貨物，根據一項調查所得到的數據，每輛卡車每天在
工廠裡逗留的時間可由九十分鐘至七小時不等。後來經過
詳細的複查之後發現，有些卡車之所以在廠內待得比較
久，是因為卡車司機趁卸貨的時間跑去睡覺了。

　　與一般商品的買賣比較起來，服務業市場研究必須蒐集及評
估的資料比較抽象，而且大多偏向質性研究。在看得到實際商品
的情況下，消費者比較容易表達出自己的意見，而服務業既無法
以樣本示人，顧客每一次接受服務的經驗也不會完全相同，因此
在做市場研究時自然也不容易取得顧客的回應。再者，消費者的
「滿意度」與「期望」都很難以三言兩語表達清楚，完全視乎當
事人的感覺。看完一部電影之後，除了說出自己「喜歡」或「不
喜歡」之外，人們還能如何表達自己心中對影片的感想？每個人
的體驗各有不同，我們當然不能以「喜不喜歡」來判斷什麼樣的
電影比較符合大眾口味。「喜歡」一部電影或某個服務生的態度
都只是個人感覺，旁人無法因此而對這部電影或服務生更多加
解，而個人感覺更非客觀的參考依據。

　　人的體驗具有整體性，我們很難抽絲剝繭地分析出到底哪一
部份的經驗為我們帶來喜悅或其他的感覺。即使某次經驗具有特
別重要的意義，也可能是因為一連串微不足道的原因促成的。顧

客之所以在吃早餐的時候發脾氣，可能有各種不同的理由，無論是服務生的態度不好、咖啡冷掉了、燕麥片不好吃、隔壁桌的客人太吵、早上要開會壓力太大、前晚熬夜沒睡好、甚或店裡的音樂不好聽……都可能是導火線之一。病人按鈴呼叫護士時，護士要在幾分鐘之內抵達病房才算合理？保險費降幅若達 5%~10%，能夠增加多少保單？體育館開放時間若有更改，會對使用者的生活造成多大的影響？這些都是難以解答的問題，因為所有參考資料都是無法衡量的客觀現象。

質性資料的記錄需要藉助非常複雜精密的技巧與工具，其中包括：

■ 聽取討論小組的意見，所謂的討論小組，職責就是在聽取人們對某一問題、產品、或政策之想法。

■ 個別訪談，鼓勵受訪者表達自己的想法。

■ 以交易或強迫的方式要求受訪者選擇自己認為較重要的。

為學術性研究作答與現實生活中可能出現的反應是兩回事，因為後者是出於當下的直覺，而前者則是經過設想的結果。人們經常做出口是心非或信口雌黃的事情，看見路邊有人需要急救的時候，幾乎每個人都說自己不會見死不救，但是很少人肯承認自己也擔心會因此惹禍上身。遇到要為自己做的事情找藉口時，人們的反應都是很快的。

請專家設計一份市場調查非常輕而易舉，不過並不是人人都具有洞悉研究主題的能力，這是累積經驗的結果。市場研究的解讀與評估要靠專門的知識，更要依賴專業的遠見，不僅在設計市場調查時是如此，評估調查結果時亦是。**經驗不足只會解讀錯誤，並且做出不正確的決策。**

在服務業中，90%的工作人員必須與顧客有所接觸，當客服

人員與顧客面對面的時候，就能由對方的話語和肢體語言得到顧
客的反應，這些都是十分珍貴的資料，業者可自其中了解消費者
的體驗、期望與滿意度。服務業者可以多訓練客服人員在這方面
的敏銳度，而客服人員也必須將這些反應傳達給公司的行銷部
門。比起以樣本及問卷爲基礎的市場調查，這類資料的可信度與
完整性均較高。

行銷組織

　　行銷組織的結構爲何端視行銷目的與行銷活動的內容而定。
組織當中各種職責（角色）層層相屬、環環相扣，誰該進行什麼
樣的工作、誰需負責什麼樣的結果……完全一目了然，每個角色
的從屬關係也十分明確。

　　行銷組織牽涉到的工作包括：

- 市場研究。
- 持續蒐集市場活動的現況。
- 監督顧客的滿意度。
- 廣告、促銷及宣傳。
- 安排銷售通路及倉儲等。
- 銷售。

　　並非每一個企業都能靠內部的力量獨立從事這些工作，有些
事情可以委託專業的行銷公司處理。在孟買就有一些代理公司專
門負責推廣與買賣位於印度其他地區的飯店。廣告公司則可以爲
一些未設置宣傳部門的公司行號處理包括公共關係在內的促銷活
動。大部分的經銷商都負責產品銷售及鋪貨。另外，出口商則是
專門與國外建立管道，將國內的新產品推銷至世界各地。

　　有些時候，行銷組織與製造商之間的關係顯得特別緊密。舉

例來說，大型的購物商場欲銷售某項產品之前，通常要先確定製造商的產品能夠符合消費者的標準，因此，業界的新產品若能在這些地方上市，也較容易爲市場接受。

行銷策略

行銷運用的策略必須涵蓋所有行銷活動，包括：

- 根據產品本身的優勢及外在環境可掌握的機會來設定行銷目的。
- 規劃行銷目標與計劃。
- 規劃詳細的活動內容，包括所有的促銷、廣告等。
- 監控每一項活動進行的程序，隨時檢討。
- 決定預算、收入與邊際效益。
- 確保各部門之間的協調。

行銷計劃之根本在於對整個市場環境的了解，這必須仰賴市場研究及其他管道所得來的資料。經過法律、政治、財政、社會、經濟等各方面的分析比較之後，這些資料才能在各種不同的情況下派上用場。從事行銷活動的人必須要抓住正確的時機，才能夠達到目標、完成任務。

機會　如果人們能以最宏觀的角度看待自己的業務，自然能夠發現機會就近在眼前。舉例來說，如果執事者能夠認清鐵路公司不但具有運輸或郵政服務的功能，亦屬傳播行業之一，就能發掘更多拓展業務的機會；若以財務金融業來看待保險業，那麼保險公司也能夠整合其他更利民的財務服務，以增加市場競爭力；餐廳若自視爲飲食業，就會致力於提供更豐富、更多樣化的美食，或不斷增加分店，但是如果能以服務業爲自我期許，自然就會多多加強住宿、娛樂、旅遊……等屬於服務業的營業項目。機

會是多元的。電話公司是傳播業的一份子,因此他們的服務不會侷限在國內通訊,而是將範圍擴大至國際通訊。某家水泥公司的總裁視自己的公司為礦產與材料業,因此原本只是用來運輸水泥的港口也拓展為多用途港口,後來他更發現這個港口本身的條件足以有更好的發展,可同時具有多樣化的用途,這就是拓展商機的大好機會。

另外一個發掘機會的途徑就是想辦法增加現有產品的附加價值。一家銀行可同時發行許多不同的信用卡;在飯店住宿豪華套房還可使用附設的健身房等設施;飛機上有不同等級的艙別,各艙的機艙服務、登機手續、行李處理順序……也不盡相同;戲院裡可以附設特別包廂;加入圖書館會員可以獲得一手的圖書情報……各種不同的價值組合可以為產品創造出無限的發展機會。

威脅　就現實面而言,在探查市場現況時,除了要找尋發展的機會之外,還必須對可能存在的威脅保持高度警覺。若說機會是需要掌握的,那麼威脅則是要小心閃避或沉著以對的。任何一個環境都可能潛藏著危機,在目前的市場上,來自科技與商業競爭方面的威脅特別令人感到難以克服。

優點／缺點　審慎評估自己的能力也是非常重要的一點。機會與威脅都是外在的變數,而優缺點則是企業本身的特質;企業內部的優點有助於發掘機會、避開威脅,而缺點則是阻撓企業進步的障礙。一個企業無論在經營手腕(遊說斡旋的能力)、財務、技術或組織(包括員工、供應商等人事問題)、行銷(鋪貨通路、顧客忠誠度……)等各方面都有其優缺點,缺點是可以克服的,只不過是時間早晚的問題,唯有面對現實、清楚了解企業本身的優缺點,才能夠規劃出一個有效的行銷策略。**不論是個人或團體,都必須了解自己能力所及與不及之處。**

策略　行銷策略包括以下幾項重點:

- 行銷目標。
- 標的劃分。
- 行銷組合。
- 生產組合。
- 做好萬全準備，以因應不可抗拒的變數。

　　目標是一切努力的終點，它不但是一切行動的指標，也是控制協調的基礎。因此，行銷目標必須具有精確性、可預測性及時間性。「改善生意」這個目標過於模糊與籠統，如果能夠明確指出預期的進步幅度多大（例如20％）、欲改進哪一個地區的市場、需改進的地方為何（如生產量、總收入、敏銳度等）、達成目標的期限……就可以訂出更具體、更精確的目標。據稱美國3M公司設定的目標是每年的總收入中必須有20％來自新產品。像這樣細部的行銷目標就有助於資源的分配與生產程序的確認。

　　如果產品不只一項，公司就必須分別為每一種產品訂定行銷目標。若將每一門學科視為一項產品，那麼一所大學裡就等於有著許多不同等級的產品。位於邦加羅爾的印度國家科學研究院跨足四十二項專業領域，包括航太科學、生物物理學及結構化學等，每一項領域都提供下列幾種專門學科：（a）博士課程、（b）研究、（c）為產業開發新的藥物、療法及疫苗、（d）提供能源方案、城市結構、地質學等方面的諮詢。總的來說，該科學院的「產品」共有上百種之多。

　　為了發展行銷策略，大型企業可以將不同產品視為個別的生意，分別設置獨立的作業單位，以提高行銷目標的明確性。旅行社可為以下各業務訂定不同的收入目標：（a）國內訂房、（b）代訂國外機票、（c）飯店佣金、（d）歐洲團、（e）亞洲團、（f）非洲團、（g）國內旅遊及（h）額外服務，例如代辦保險或護照等；同屬一個集團旗下的不同飯店也可以視為不同的業務，而在

同一家飯店內，每一個餐廳又是獨立的業務，可以設定自己的預算與營業目標，然後規劃出自己的策略；如果將研發部門視為獨立的個體，工程師們的專業技能也可以待價而沽，成為市場的一分子。

財務公司的服務對象可能包括個人、本土或外商公司等，這些單位分別屬於不同的領域，因此他們需要服務的數量、複雜度及限制也有差別。若在不同的服務中做出區隔、分別設定出目標與行銷策略，也是一個可行的方式。

行銷策略必須要：

- 清楚明確。
- 充分利用外在環境的機會。
- 與公司能力與資源相互配合。
- 在合理的風險範圍之內。
- 刺激企業奮發圖強的決心。

每個公司行號必須選擇自己的策略。有些企業可能力求穩坐該產業的龍頭寶座，因此會替旗下的每一項事業設定高標準、遠遠趕在其他同業的前方。這些企業往往認為自己的地位是無可取代的。以快遞業來說，聯邦快遞（Federal）及 DHL 就是這類企業的典型代表。

有些企業則想挑戰市場老大，為自己爭取公平競爭的機會。這是屬於對抗與進攻的策略，訴求在於直接或間接標榜自家產品過人之處、強調自己的優點並攻擊對手的缺點。汽車、電器、飲料、電腦及報紙等行業均常出現這種情形。

有些公司選擇不追隨市場潮流，專門提供市面上少見的產品。一般來說，這種做法多半是小公司的作風，收入不多，交易量也不大，但是非常有賺頭，這種做法就是只求安身的行銷策

略。印度某家歷史最悠久的快遞公司就是其中的一個例子，該公司從以前就僅靠著遞送股票憑證而在市場佔有一席之地。

有些公司十分滿意現狀，因此會力求保持目前的疆土，避免遭到同行的攻略。這是一種防衛性的策略，訴求重點在於保持過去的績效，強調始終維持令客戶滿意的服務，藉此加強顧客的忠誠度。

策略規劃是高階經理人的職責，因為它左右了公司資源的運籌帷幄。在服務業中，公司策略與行銷策略密不可分，前者關係著公司能否達成對內及對外的目標，而後者關係到公司在市場上的行銷成效。服務業的這兩項策略之所以密不可分，主要是因為服務業的製造程序、銷售管道及履行程序都是一體的。

計劃與活動

行銷計劃與活動是一連串了解策略及達成目標的行動，包括下列幾點：

- **銷售** 包括組成及訓練銷售人員的買賣技巧、制定銷售領域或其他目標、監督銷售人員的工作等等。
- **銷售管道** 即指顧客取得服務的方式，以及制定履行服務的方式。
- **廣告及促銷** 進行宣傳活動及聯絡顧客等等。
- **研究** 作為市場區隔、制定目標及改進缺點的參考。

規劃行銷計劃時須注意的三項因素包括：

協調性 行銷組合中的所有元素皆須符合邏輯、發揮功效。例如：不要在低劣的場地販賣高品質的產品。

整體性 注意各元素在活動配合時的和諧度。例如：以強力的宣傳方式促銷高價位的產品，達到市場區隔的目的。

　　槓桿作用　必須善加運用行銷組合中的每一項元素，將產品的優勢發揮到極致。例如：如果產品價格具有極大的競爭力，就應該進行折扣促銷，而不是強調包裝或猛打廣告。

產品的生命週期

　　每一項產品都有其生命週期，就如同每個生物都要經歷生死循環一般。產品的生命週期可分為：

- 誕生或推出。
- 成長或發展。
- 成熟。
- 衰退或死亡。

　　這些階段代表著產品在市場上受歡迎的程度。

　　在第一個階段中，產品是全新的，人們對它一無所知，也未曾接觸過，因此不會有很多人購買。漸漸地，透過大力的促銷推廣、以及使用者的推薦之後，產品在市場上的知名度逐漸打開，於是銷售量就會持續增加，這就是產品的成長期。到了第三階段，產品已經廣為人知，而且市場接受度也有所提高，顧客的需求量與日俱增，而該產品的收益也相當令人滿意，這個時候可以促銷活動減到最低，充其量只是一種提醒的作用而已。過一段時間之後，可能由於有更好的新產品問世，或消費者的品味與風格有所改變，該產品的市場需求量會開始走下坡。

　　自從成藥出現之後，藥房藥劑師的職務就開始出現供過於求的情形；電腦的發展仍處於日新月異的成長階段，市面上不斷有更新穎的軟硬體問世；在印度，微波爐與洗衣機都還處於生命週期的第一階段，雖然印度民眾對這兩項電器的功能耳熟能詳，但是時至今日他們仍未養成使用這些東西的習慣。1950~1960 年代

在孟買市區隨處可見的伊朗餐廳，如今已經日漸蕭條，而速食店正處於突飛猛進的階段；在印度地區，酒吧是 90 年代興起的新鮮玩意兒，但是在1998年左右就已經進入成熟階段；網際網路正處於狂飆的成長期；股票市場與相關行業才剛要進入成熟期。

在誕生／推出階段，投資與促銷的預算都十分充裕，幾乎無法與回收成正比，公司甚至也可能因此虧損，必須等到成長階段及成熟階段之後，利潤才會逐漸增加。在前兩個階段中，業者必須投入大筆資金在商品的展示、抽樣、陳列、管理權等事務上，才可望於成熟階段嚐到豐碩的成果。

產品一旦進入衰退期，會有兩種下場。其一是爲了減少損失而停產，如果該產品還無法得到相對的回收，表示產品本身不夠好。其二是藉由以下幾種方式使該產品的銷售量起死回生：

- 加入能夠提升產品吸引力與價值的新特色。
- 強調產品的新用法。
- 尋找新的市場／使用者。

在印度，一種叫做Burnol的燙傷藥膏在市場上銷售過一段很長的時間，後來這個東西還被當作一般的防腐劑來販賣，一樣廣爲消費者所接受；過去一向被視爲牛奶副產品的奶精，如今也廣泛地被應用在製作甜點上；1980年錄影帶與電視在印度大受歡迎之際，電影院也開始走入衰退期，許多電影院結束營業之後，複合式購物商場在原址取而代之。然而，近來電影院的衰退期似乎出現了轉機，因爲人們發現電視無法取代電影院的聲光效果，於是，在某些地區，電影院又開始成爲全家大小共享天倫之樂的絕佳場所；只要增添一些更具吸引力的設施，例如主題公園或仿古建築，那麼一些舊的觀光景點也能有「再」成長的機會，而且還能兼具教育與娛樂價值。

產品生命週期的四個階段並沒有一定的長度，有些產品才推出不久就宣布停產，根本沒有經歷成長期，就連知名品牌也會發生這種情況。也有些產品似乎永遠不會進入衰退期，始終得以在市場上歷久彌新，一直是消費者心目中的最愛，高露潔牙膏就是其中之一。產品在市場表現不佳的可能原因如下：

- 產品特性與消費者的需求不符。
- 儘管產品有其優點，但就是無法得到顧客的青睞。
- 行銷不力，導致產品的知名度低或取得不易。

以下例子即可說明上述幾點。

　　史賓塞集團（Spencer）旗下有許多位於印度各大城市的飯店，而且都曾紅極一時（成熟期），然而卻在70年代中期開始進入衰退期，使史賓塞虧損連連。太極（Taj）集團接手這些飯店之後，開始全面更改所有裝潢與擺設，重新規劃這些飯店的市場定位，並且積極進行宣傳。如今，這些飯店又重新回到了成熟期。舉例來說，烏地（Ooty）飯店原本是印度南部有錢商人的避暑勝地，太極接手之後卻將它重新定位為商務型飯店。對許多忙碌的生意人而言，渡假只不過是換個地點辦公而已，他們通常是攜家帶眷的年輕企業家，想暫時離開擁擠的城市，尋找一個可以娛樂、又可以享受各種美食的地方，因此，太極大幅改造飯店的廚房、房間裡也裝上了電話設備，另外他們還規劃了遊樂設施與郊遊行程。旅客可以透過太極集團各辦事處訂房，於是許多太極集團的客戶都成了烏地飯店的顧客。

　　產品生命週期的概念對行銷策略的規劃十分有幫助，如果某項產品在一個蓬勃發展的市場上佔有重要的一席之地，就值得做進一步的投資。雖然產品本身並沒有持續成長，但是它的銷售市

場在日益壯大，這個時候的行銷重點應該在於推動產品的買氣或增加產品的特色，同時要懂得善加利用市場的成長期。

產品生命週期各階段應把握的重點如下表所列：

	推出期	成長期	成熟期	衰退期
產品	設計與顧客反應是成功關鍵	生產技術與市場表現產生區隔	建立最佳品質—較少大幅變動	與對手無明顯區別
行銷	高行銷成本—廣告／銷售比較高	廣告／銷售比重開始降低	市場定位擴大—努力延長生命週期	低行銷及其他成本
生產	產量過剩、生產成本高、生產線少	產量控制在能力範圍之內，轉型為大量生產	略有生產過剩，製程穩定，生產線多	產量過剩
銷售通路	特殊管道	大眾管道	因品牌形象，多採實體配銷	管道有限
市場競爭	少	有許多新對手	價格競爭	激烈
邊際效益	高	高	下降但穩定	低
利潤	低	高	稍低	低
買方行為	觀望、需被勸服	人數倍增	大量銷售—重複購買。挑選品牌	老顧客

產品定位

　　行銷的另一個重要概念就是「產品定位」，其理論基礎是同一樣產品不可能滿足所有顧客的需求。每個人都會受不同產品的某些特性所吸引，因而奠定該產品在顧客心目中的形象。說到凱悅飯店，就讓人聯想到高貴豪華、非一般人所能負擔的高價位，因此住宿該飯店也成為一種地位的象徵；小吃店是低消費的地方，人們通常不會到這些地方慶祝或宴客；美琪藥皂可以殺菌、麗仕香皂則標榜美容功效；嬌生產品有一定的品質保證；BBC新聞具有公信力，八卦雜誌可信度多半較低；儂儂月刊是女性雜誌；印度的配給商店是窮人才會去的地方……這些都是深植於消費者心中的商品形象，對其消費行為具有一定的影響力。印度人多半不喜歡在配給商店門外大排長龍，免得讓人覺得自己一幅窮酸相。而大多數的男生也不會拿儂儂雜誌來打發時間。

　　人們之所以會對商品產生既定的印象，部分是源自於自身的經驗。不過，這不見得是主要的因素，有些人雖然沒坐過飛機，但對各家航空公司也都耳熟能詳，廠商所透露的行銷訊息才是讓這些形象深入人心的主要原因。

　　透過行銷手法而深植人心的商品形象也就是產品的「市場定位」。市場定位可以影響顧客消費的意願，有些餐廳總是給人不愉快的感覺，有些電影院因為常放三流電影而聲名狼藉，有些電影院則因為只放映最新、最高品質的影片而樹立良好名聲，人們想看電影而不知哪一家電影院上映哪些影片時，就會依據這樣的形象做出選擇。

　　產品的市場定位可以具有區隔性，也可以獨樹一格。一項產品可以專門定位在男性用品、青少年用品或老年人用品。無論如何為產品做出市場定位，都必須鎖定最終的銷售目標。舉例來

說，某個巧克力品牌長期以來一向被定位為兒童食品（其製品均含有兩杯牛奶），目前廠商則將該商品重新定位為「休閒食品」，並開始拓展至成人市場。

市場定位是行銷組合的目標及溝通協調的成果，也是最主要的溝通程序，然而，產品的價格與銷售通路亦能傳達出其價值與市場定位。小雜貨店裡就不太可能販賣高價位產品。

市場競爭的壓力可能會模糊、甚至扭曲產品在消費者心中的形象。舉例來說，人壽保險的立意是在為可能的風險提供保障，但是許多人卻將它定位為「投資工具」，因為保險還具有節稅的附加價值，這種做法轉移了人壽保險真正的價值，使保險客戶的定義重新被定位為那些需要節稅或有閒錢投資的人，不需要節稅或沒有錢可以投資的絕大多數人反而被排除在保險對象之外。

在大眾的心目中，公家機關多半是讓人碰釘子的地方，人人避而遠之，結果常常導致不遵守公共法規的情形。事實上，只要能夠配合適當的行銷手法，這些不良的刻板印象是可以消除的。一旦公家機關的形象改善之後，人們自然就樂意配合公共行政。公家醫療院所有許多疾病預防措施未能有效執行或充份利用，就是因為政府對這些措施的市場定位有問題。

建立品牌

當產品的特色、優點等特質在消費者心中建立起深刻的印象之後，該產品的品牌就誕生了。所謂的品牌也就是：

- 可供消費者辨別的符號，如名稱、標誌、設計、顏色、口號等。
- 建立顧客對產品的關心、熟悉與認可。
- 影響顧客的喜好。

- 為商品提供品質、價值及滿意度保證。
- 培養顧客忠誠度及再度消費的習性。

　　產品必須經過持續性的促銷、並且始終堅持一定水準之後，才能創造出屬於自己的品牌。**所謂「品牌」乃指某項產品在同類型市場上與眾不同之處。**除了一般商品以外，服務性商品亦可自創品牌。大型賣場中的家樂福或萬客隆、餐飲中的台塑牛排、快遞業中的 UPS 或 DHL、船運業當中的長榮貨運、新聞媒體中的 BBC 或 CNN……均為服務業中頗負盛名的品牌。這些公司的形象之所以在社會大眾心目中留下深刻印象，不外乎與他們的服務、人們對這些服務的期望、公司的可信度及服務的價格公道與否等因素有關，消費者只消看到具代表性的獨特標誌、包裝風格及制服，就能夠辨別出這些公司的服務。美國知名影星席維斯史特龍（Sylvester Stallone）、阿諾史瓦辛格（Arnold Schwarzenegger）、布魯斯威利（Bruce Willis）與黛咪摩兒（Demi Moore）等人投資開設的「好萊塢星球」（Hollywood Planet）就是餐飲業中頗受歡迎的品牌之一，在這樣的餐廳裡用餐彷彿讓人有更貼近超級巨星的感覺。

　　建立起產品的品牌之後，代表該產品已經有一定的顧客群，因此行銷策略就不需在品質及特色等方面著墨太多。既然顧客的忠誠度已有提高，產品就會有基本的銷售量，行銷成本會隨之降低，而現金的流量會增加。建立品牌亦可避免些許市場競爭，由於產品所具有的附加價值並非競爭對手的類似產品所能匹敵，因此也就沒有打價格戰的必要。**廠商生產的是產品，而消費者所購買的則是品牌**，這是消費者判斷產品價值的依據。市場上有許多人人耳熟能詳的知名品牌，例如香奈兒、希爾頓、凱悅、飛利浦、皮爾卡登、凱文克來……其中亦不乏歷史悠久的牌子，如資生堂、聲寶等。

　　品牌結合了許多不同的特色，一般而言，一個品牌必定有合法的名稱、享有專利權、並且受到商標法的保護。品牌的建立必經過持續不斷的行銷，一旦建立之後就具有獨樹一格的價值。品牌也可以被視為財產而進行買賣，舉例來說，菲力普墨利斯公司（Philip Morris）就以一百三十億美元的代價併購卡夫特乳製品公司（Kraft）、可口可樂公司以十八億盧比併購印度的巴里製品公司（Parle Product）、而德國BMW公司也花了六千六百萬美元自福斯汽車（Volkswagen）手中買下勞斯萊斯汽車（Rolls-Royce）的商標。

　　有效的品牌建立端賴在不同階段持續進行產品與其他對手之間的區隔。舉例來說，美容美粧品牌「美體小舖」（The Body Shop）一向標榜對地球環境的保護，因此他們堅持的品牌特色包括不在動物身上做實驗、為保護雨林盡力、首創空瓶罐回收再利用、號召大眾拯救鯨魚、協助開發替代能源、讓員工穿上印有愛惜社會標語的T恤、並且只使用回收紙張。「哈根大使冰淇淋」（Haagen Dazs）始終維持比一般冰淇淋高出30%~40的售價，即使在經濟蕭條時期亦是如此，但他們給客戶的保證則是味道最香濃、品質最純正的冰淇淋。同時，他們除了在人潮稠密的地段開設專賣店外，更進駐高級飯店及餐廳、在一般的大型商店擺設專屬的冰淇淋冷凍櫃、大量贊助文化活動、並在許多電影劇本中插上一腳。在百家爭鳴的服裝品牌當中，Hugo Boss在一級方程式賽車裡贊助保時捷汽車，象徵獨一無二的形象與國際地位，而班尼頓（Benetton）則代表了年輕、多元文化、種族融合及世界和平。在某次由該品牌舉辦的反愛滋宣傳活動裡，出現了愛滋病患親吻牧師、以及在嬰兒臀部印上「愛滋病毒陽性」字樣的畫面，這種特立獨行的宣傳招式使班尼頓與其他同類型品牌產生極大的區隔性。雖然他們倡導的意識型態在消費者心中留下極大的印

象,不過也引起許多反感,有些零售商甚至對該品牌的產品進行
杯葛行動。

　　要爲品牌打知名度,不只可以透過廣告,也可以善加利用銷
貨通路及產品價格。這種宣傳手法所強調的就是在消費者心目中
留下印象,將品牌的各種信念與創意深植於消費者的心中。各品
牌的經理人必須相當重視這些觀念。產品販售的場所、該場所的
環境及其他元素(人、空間、噪音等)都是建立這些印象的要素
之一,它們能夠透露出產品的形象與人們對產品的印象,因此必
須傳達出積極正面、始終如一的理念。

　　知名度大的品牌通常會成爲該類產品的代名詞,就算這些產
品爲了突破現狀而需要重新定位,它們維持的一貫理念也不會有
所改變。

　　無論品牌的名氣多大,廠商都不能夠因此而自滿,必須不斷
堅持產品的品質及創新的理念。有感於食用油的重要性在新生代
消費者的生活型態中已有改變,因此印度某家知名椰子油製造商
於 1997 年開始力圖轉型,開始以椰子含有的各種好處作爲訴求
重點;經過六十七年的悠久歷史之後,某品牌的肥皂也被重新定
位爲藥草護膚香皂,強調製造成分當中的各種藥草菁華,並以家
庭主婦與兒童作爲主要的銷售對象。

　　服務業者必須以建立產品的品牌爲目標,與同一陣線的其它
品牌聯盟就是可行的策略之一,尤其是在業者的財力或服務規模
不足以獨撐大局時,這也是一個變通的方法。聯盟的模式可以以
技術爲主,也可以共享客源,本書第九章將有更進一步的探討。

關係行銷

　　目前市場操作的目標之一就是建立產品與顧客之間的關係,

因為人們相信開發新客戶比留住老主顧更花時間。客戶一旦流失，也等於將公司獲利的潛力一併帶走因此，有人認為與其開發新客源，不如將精力花在與現有主顧建立長期、穩定的關係，以鞏固他們對產品的忠誠度。假設原有的客戶流失率為25%，只要能設法降低5%，就可因為提昇購買率、降低工作成本而增加收入。根據全印度管理協會（All India Management Association）所做的一項研究，對服務業而言，只需減少5%的客戶流失，就能有效提高獲利達25%~30%。

　　相同的理論也可以應用在供應商身上。供應商若能始終如一，保持忠實，業者就可以降低品管、存貨等成本，對目前及未來的發展趨勢而言，這一點相當重要。由於網際網路的興起，市場範疇突破了時間與空間的限制，消費者的選擇性也相對擴大許多。唯有仰賴良好的服務品質，才能鞏固產品與顧客之間的關係。

　　一段關係之所以能歷久彌新，必須是奠基於彼此的互信互賴，剝削行為嚴重違反了這樣的信條。如果業者不屑以佔顧客便宜為經營手段，消費者的信任感也會隨之增加。在人們阮囊羞澀的時候，第一個念頭往往是向銀行週轉，然而當公司的財務真正陷入危機時，卻多半無法得到銀行的體諒與寬待，**正所謂屋漏偏逢連夜雨**。

　　關係行銷亦可稱為顧客關係管理（Customer Relationship Management, CRM），其中每一個顧客都被視為獨立的個體，而不是以平均數來看待。正如傳統小雜貨店及家庭醫生對待客戶的態度，業者與顧客之間的關係必須建立在他們傳達給每一個顧客的訊息、認同、關心、信任及想要伸出援手的心意。拜現代科技所賜，就連大型企業也能以獨立的客戶為基礎而運作。郵差就是個能為顧客個別服務的例子。對每個人而言，郵差就像專屬信差

一樣，能按照顧客的需求將郵件遞送到指定的地點。業者能做的
事情就是將顧客的喜好與特質記錄下來，透過任何能與顧客聯繫
的方式，隨時更新這些資料，藉以爲每一個顧客提供個人化的服
務。過去市面上有所謂「代客錄音」的服務，能替客人將自己喜
歡的歌曲收錄在一捲錄音帶裡，這麼一來，不但能使顧客心甘情
願地掏出錢來，也讓唱片公司得以充分掌握大衆喜歡的音樂型
態。

法國雀巢公司（Nestle）曾經做過以下這項實驗：

雀巢（法國公司）於高速公路設置許多休息站，裡面
的服務人員會提供免費的試用食品及嬰兒紙尿布。每年他
們記錄下上萬名旅客的資料，此外還提供免費電話供消費
者對食品的營養成分提出意見。這兩項措施使他們得以掌
握近二十萬名母親及小孩的資料。每到小孩生日時，他們
就會主動寄上一份生日禮物，七年下來，該公司產品在市
場上的佔有率已由19%攀升爲43%。

關係行銷要求的重點是，即使在交易完成之後，業者仍應持
續與消費者保持聯繫。在購物之後，消費者偶爾會出現「認知不
一」的現象，原因就是因爲他們對於自己所購買的產品有所疑
慮。如果顧客花錢之後所得到的結果不能完全符合當初的期望，
認知不一的程度就會更加嚴重。就服務業而言，由於消費型態是
先付出後享受，因此消費者在花錢的同時本來就會存著一些疑
慮，相形之下，事後的追蹤顯得更重要，不但能讓顧客更加確信
自己的選擇正確，也可以避免發生認知不一的情形。研究指出業
者經常會疏忽這一點。一般而言，賣方通常只會汲汲於拉攏大客
戶，對小客戶則顯得較不用心，有些行業即使提供售後服務，但
是對於既成顧客的關心程度往往也不如達成交易之前那麼積極。

以電腦業為例，幾乎有半數以上的廠商都將年度維修工作外包給第三者，而不是由當初進行交易的人負責，其中的可能原因恐怕不僅是貪圖較低廉的維修成本而已，而是廠商是否能夠遵守口頭承諾的問題。在保險業中，最成功的保險業務員必定是那些能夠與客戶維持良好關係的人，他們願意時時與顧客保持聯繫、適時表達對顧客的關懷，而這些顧客們自然也會願意推薦其他客戶作為回報。

顧客與商家之間的關係奠基於彼此的親近與信任，地方性的零售商店就佔有這項優勢，因此他們的顧客均有極高的忠誠度。這些商店可以直接向知名製造商進貨，以當地的品牌售出，藉以用本土品牌取代國際品牌，這在許多國家都是常見的方式。像航空公司酬賓哩程方案這樣的計劃是屬於促銷活動，而非關係行銷，因為在這種情況下，業者對顧客的喜好可說一無所知。

印度「海濱書報攤」的做法就足以代表成功的關係行銷，以下文章摘錄自印度某報刊：

該書報攤的老闆對顧客喜好瞭如指掌，而其顧客群當中亦不乏各行各業的知名人物。這名老闆會特別為顧客採購某方面的書刊，在向顧客推薦新書之前，他會親自讀過每一本書，而且在那裡買書可以得到很好的折扣。結果，「男人的地位」（Ascent of Man）這本書光是在該書報攤就締造了令全球各書店望塵莫及的銷售量。老闆向麥格羅希爾（McGraw-Hill）出版社購進1000套「科技百科全書」（Encyclopedia on Science and Technology）（每套20冊），將它們以每套12,000元盧比賣出，每售出一套可得利潤500盧比。短短4天之內，他就輕鬆賺進500,000元盧比。

業者不僅要與產品使用者建立良好的關係，也要與其他所有

關係人建立關係。過去製造商一向視零售商與批發商為瓜分利潤
的「成本項目」之一，如今卻將他們視為合作夥伴，並且十分看
重其忠誠與承諾。然而，零售商與批發商對製造商的期望可能正
好與消費者背道而馳，他們是否願意為滿足消費者而投資？大部
分製造商可能必須在零售商的設備上投下資本，以確保能符合消
費者的滿意度，唯有在製造商與零售商之間長期擁有鞏固關係的
情況下，才有可能達到這樣的目標。

　　此外，製造商亦須與原料供應商和販賣店家建立良好的關
係，不僅要在他們身上投入資本，如有必要也須提供技術上的支
援，如此才能確保原料來源的品質穩定。否則，三不五時更換更
便宜的供應商也是一椿吃力不討好的事，既浪費品管成本、又可
能得冒著無法按時出貨的風險。行銷法則可適用於以上所提到的
所有情況。

第 六 章

追求高品質

爲何重視品質？

本書第一章曾提到，在各行各業中，進入服務業的門檻是最低的，若想在這樣的市場競爭中脫穎而出，最好的方法就是以最優良的品質取勝。品質越佳就越能夠「取悅」顧客，現在已經有愈來愈多業者領悟到「取悅顧客」意味著：

- 顧客流失率低。
- 不必浪費許多時間與金錢來彌補對服務不滿意的顧客。
- 不必浪費許多時間與金錢為開發新客戶而宣傳及行銷。
- 可以減少花大錢打折扣戰以吸引新顧客的次數。
- 可花較多時間致力於滿足最忠實的顧客。
- 最忠實的顧客等於是免費的宣傳工具。

追求高品質服務的主要「關鍵」在於以下三點：

1. 顧客──必須透過觀察、意見回覆、申訴及正式的市場調查了解顧客的期望及想法。
2. 經理人──必須有適當的領導人才，並且擁有組織團隊的能力，這樣的人才能培訓出有經驗、有擔當、能解決問題、願意關心顧客需求的工作人員。

3.程序——時時檢閱工作程序，以提高工作的效率與準確性，並能有效控制預算，以達到完美的成果。

市面上各種產品的特性（就服務方面而言）多半大同小異，舉例來說，每一家快遞公司都能做到二十四小時收發郵件；所有的葬儀社都備有各種棺木及靈車可供選擇，也能安排全套的殯葬服務；各家傳訊服務都能在幾分鐘之內將訊息傳送至手機或呼叫器；每一家旅行社的套裝行程都差不多，安排的各項設施也都相去不遠；保險公司承保的項目幾乎一模一樣；各家銀行的貸款利率或其他條件也都差不了多少。這些都是看得見的產品特色，同一個行業的公司行號能提供的服務鮮少有太大的差異，只要其中一家出現創新的做法，馬上就會有其他同行跟進。任何技術都可以模仿，唯有服務的品質與履行的方式才能真正使不同的服務產生區隔。某家銀行能夠提供又快又好的服務，這就是它與其它銀行不同之處。最能提供競爭力的服務特色就在於服務人員的行為與誠意、以及他們對顧客的體貼與熱忱等等，這些都是第四章提到過的重點，而它們正是最能滿足客人的地方。

品質能夠提高顧客滿意度的附加價值，也是吸引顧客再度光臨的原因。對於建立長久的顧客忠誠度而言，穩定的品質是最基本的要素。面臨同業競爭的威脅時，只要擁有高品質的服務，自然能夠藉口耳相傳的方式達到宣傳的目的，因此也有助於提高產品的市場佔有率。要開創出這樣的局面不僅需要時間與努力，還需要配合適當的策略。

服務業者最基本的認知在於：

- 高品質的服務能吸引顧客並創造利潤。
- 無論代價為何，都必須維持一定的品質。
- 高品質意味著願意為顧客付出。

- 品質是可以超越的。
- 高品質是人表現出來的。
- 第一線及後勤人員都必須維持高品質的服務水準。

如果業者抱持著以下的認知,就會誤把低品質當作常模:

- 世上沒有人是十全十美的。
- 犯錯是人之常情。
- 職員對工作沒興趣。
- 追求高品質得付出昂貴的代價。
- 消費者只想撿便宜、不在乎品質好壞。
- 這套理論在別的地方可能行得通,但在我們國家/公司/
  這一行可行不通。
- 只要有政客與工會存在的一天,我們就無能為力。
- 我們的申訴部門就足以應付顧客了。

何謂高品質

品質好壞是以顧客的認定為主,而不是業者說了就算。如果
全班同學都覺得老師很無趣,在他們的心目中,這就是個「壞老
師」;只要觀眾不欣賞某部電影,那就是部「大爛片」。服務提
供者到底灌輸了什麼並不重要,那位「壞」老師上課所講的內容
有可能是學生不容易瞭解的新觀念,而那部「大爛片」也可能是
一部耗資千萬、場景豪華、卡司堅強、意義深遠的鉅作,這些都
是服務者所投入的技術性細節,它們並不能決定品質的好壞。一
盤菠菜美味與否的關鍵並不在於做菜的人有沒有按部就班地照著
食譜依樣畫葫蘆,就算這樣煮出來的菜能通過美食家的考驗,但
是對只吃了一口又將菜吐出來的小孩而言,這就是一道難吃的東

西。有個製造商認為自己所生產的地毯完全符合最好的材料及規格，堪稱上品之作，沒想到產品竟會遭到退貨，而他根本不知道退貨的原因只是因為那張地毯沒有通過顧客的測試 —— 他把一張辦公椅放在地毯上旋轉了 3000 次！

　　品質好壞須以顧客的滿意度來衡量。除此之外別無其它衡量方法，顧客越滿意，產品的品質越好。服務的品質是無形的，我們無法加以估計，它是一種經歷，也是一種體驗，更是顧客對服務的反應與意見。護士在病人按下呼叫鈴後一分鐘之內來到病房，這一分鐘是「快」是「慢」完全取決於病人需要護士協助的緊急程度。有時候，一分鐘可能是很漫長的，長得足以讓病人連續按著呼叫鈴，甚至等得破口大罵。服務品質是期望與實際體驗之間的差距，關於這一點，請參閱第四章的「滿意與期待」一節。每一次不如人意的表現都會降低服務品質的層次。

　　除非業者提供的服務有品質可言，否則顧客根本無從感受到服務的品質。如果服務生對客人沒有禮貌，那麼客人自然也感受不到業者的禮節何在。實際上的品質與感覺上的品質必須產生加乘作用，而非相加，如果其中一方面的表現是零分，即使另一方面得到了 100 分，最後的結果也還是零分。業者必須特別注重能討顧客歡心的「現實面」，這也就是構成服務的要素。此外，業者必須注意到一點，所謂的「現實面」並不一定是贏得顧客滿意度的保證。服務的要素就如同產品設計，業者必須從這裡開始講究品質的好壞，技術細節（如重量、強度、安全性等）固然重要，風格、外在、美觀、色彩、操作及維修的難易度等非技術細節亦不可等閒視之。就服務業而言，非技術性的心理因素往往是自服務的產生或進行階段開始，一直延續到消費者接受服務為止。

　　產品的內在效能（例如更有效地利用資源、更高的產

量……）可以提昇製造程序或履行機制的品質，但是不見得有助
於提昇整體服務的品質。人們之所以會到小旅館消費，可能只是
爲了得到短暫的服務，但是五星級飯店裡就不能依樣畫葫蘆，只
爲顧客提供和小旅館相等的待遇，因爲顧客到這種地方消費的目
的可能就是要花時間盡情享受；醫生或許有能力不經過詳細檢
查、不需要問太多問題、也不必聽病人描述他的病史，就能夠很
快的診斷出病人的病情，但是這麼做只會讓病人感覺這個醫生是
因爲「想快點擺脫病人，好多賺一筆錢」而敷衍了事。

　　印度計劃利用「孟買港口信託」（Mumbai Port Trust）投資990
億盧比進行潛水艇管道更新及防波堤現代化的工程，這項投資已
獲得亞洲開發銀行（Asia Development Bank）的准許及將近1000
萬美元的贊助。然而，如果船隻仍然需要等待數天才能停泊，或
得花一天以上才能夠轉向行駛，那麼這項工程計劃一樣沒有辦法
提昇港口的服務品質。

品質的等級

　　摩托羅拉公司執行委員會的主席羅伯・蓋文先生曾說，令人
滿意的服務可分爲四個等級——「好」、「很好」、「接近完美」
及「太棒了」。來自英國的管理顧問約翰・漢柏先生則以「令人
喜悅」一詞取代「太棒了」。無論「令人喜悅」或「太棒了」，
兩者都是人們在遠超出意料之外的情況下才會出現的情緒。

　　人們通常會大肆談論令人不滿的經驗，對於自己感到滿意的
經驗則常略而不提，這是因爲人們認爲後者是理所當然的。但是
一個令人直呼「太棒了」的經驗是不會被忘記的，人們會不厭其
煩地大談這樣的經歷。如果某人去公家機關辦事之前就已經準備
好將浪費整個上午在一堆瑣事上，結果竟然能在兩小時之內就辦

妥所有的事情,那麼他就會對這一次的經驗大感滿意,或許他不會對整個體制多加褒賞,但是絕對會將替他辦事的人記在心裡。只有在「太棒了」的經驗中,人們才會記住事情的光明面。

人們通常期望在飯店裡能受到殷勤的招呼與關切,但是過度的禮貌並不能讓人感到更滿意。如果飯店經理能在你進入房間之後立刻到訪,並且致上誠摯的歡迎之意 —— 這些可能都是在你意料之外的事情,或許你會對這樣的待遇印象深刻,但是仍稱不上「太棒了」。然而,如果當天碰巧是你的生日,而樂隊竟然就在當晚為你奏出了生日快樂歌,那可真的是「太棒了」!

在航空公司櫃檯被告知他們並未保留你的訂位,這真的是一個很糟糕的經驗;輪到你走向櫃檯的時候,如果服務人員能如久候大駕般地歡迎你,而不是匆匆忙忙的喊一聲「下一位」,這就是個「好」的經驗;在你一走進大門後就立刻有服務工作人員過來迎接你,並且特別全程為你辦理所有手續,這可稱得上是個「太棒了」的經驗;打個電話卻只不斷聽到代表轉接中的音樂,不知道你要找的人到底有沒有空接電話,這就是個不好的經驗。如果有人讓你知道你要找的人不在,並且請你留話,感覺就會好一些;如果圖書館工作人員十分了解你偏愛的閱讀習慣,所以一進新書就直接交到你的手上,這也稱得上是個「太棒了」的經驗。

高品質的代價

重視生產力的業者會設法拉低成本。在製造業中,生產程序所降低的任何成本都是使用者看不見的。但是在服務業中,只要一出現裁員的動作,就會立刻反映在服務的品質上,因為服務是當著消費者的面「製造」出來的。在服務的履行機制中,「人」

這個元素非常重要，任何關於人事上的刪減都看在消費者的眼中，而且容易讓人產生服務品質也跟著縮水的感覺。**生產力更好不見得代表品質會更高。**

廠商對工作的投入降低而導致重新調整工作時程及體制，可能會使員工產生不適應新體制、無法負荷額外工作量、得重新認識新同事等來自各方面的壓力，而這些壓力很可能會直接影響到他們對顧客的服務，結果引發顧客的抱怨或憤怒，更是在原有的壓力之下雪上加霜，這可說是惡性循環。

削減投資可以降低成本，增加營業額一樣能達到相同的目的。就製造業而言，當銷售量遞增時，每生產單位的間接成本就會隨之遞減；而服務業主要的開銷都是屬於間接成本，為了整體表現而投入的設備或人工並不會受到實際銷售數字的影響，因此，服務業最需要擔心的多是設備或人員耗損問題，如果設備或人員的效能降低，而工作量卻增加了，那麼呈現出來的服務必定低於原來的水準。舉例來說，如果快遞公司承接了一宗大生意，卻沒有適當的郵遞系統可以調配，後果可想而知。這個例子中的郵遞系統就是上述的生財設備，對服務業來說，成本降低就如同在原料成本減少了的情況下，仍期望維持產品的數量與品質一般。

印度政府最為人詬病的地方就在於施政品質，因為他們對於經濟方面的標準常規似乎總是：

- 限制新進職員的人數，枉顧單位規模日益擴大與職員流失的情形。
- 中央緊抓著採購及回收權不放，顯然是為了避免浪費。

人們一般認為權力若是集中在高層手上，處理的速度就會減緩，而基層人員就得學著利用有限的資源做事，這正是印度政府

處理經濟問題的模式。事實上,這種做法只會增加額外的開銷。就行為觀點來看,基層人員必定會為了打擊體制而故意浮報需求、浪費多餘的公帑,同時還可能會錯失機會、使服務品質低落,因而更增加成本。一間餐廳的營運不能僅靠老闆個人的熱誠與體力,必須有人幫忙擺設桌椅、上菜、收碗盤等工作。即使老闆可以獨立支撐大局,恐怕也會因為壓力過大而提早放棄。更糟的是,在老闆放棄之前,顧客可能就先放棄了,這家餐廳的問題遲早都會浮現出來,員工的士氣會變得更低落。不良的士氣與高服務品質不可能並存。類似的例子也可能出現在一家因為不合格而缺乏基本醫療器材、藥物與員工的醫院裡。公家機關是如此,私人機構更擺脫不了這樣的問題。**業者不應該為了計較成本而模糊了對顧客的用心。**

為了達到、維持及改善品質等目的可能要付出的成本可概分為四大類:

- **預防措施** 為避免失敗、進行系統檢閱、測試及控制及人事訓練從事調查及規劃所需的花費。
- **評估或檢驗** 用在接近、監督、測試既有品質及了解顧客反映的花費。
- **內部失誤** 當產品在送交顧客之前出錯時,進行修正、重做、報銷等花費。
- **外部失誤** 產品送交顧客之後才出錯,用來彌償、擔保、罰金、撤銷、賠償的花費,還包括失去客戶的損失。

與實體商品比較之下,在評估或檢驗上花錢對服務性商品的幫助不大,因為服務具有「不可分割」這個特性。當服務不夠好時,顧客當場就能察覺得到。服務業必須重視的是做好預防措施,這些代價終將得到很好的回收。服務業必須嚴守「第一次就

做對」的信條，發現並修正問題所花的時間與精力遠高於事先防範，無論對會計、烹飪、製造及服務等行業而言，這個觀念都十分受用，「預防勝於治療」這句俗諺不僅適用於日常生活，也適用於各行各業。

如果能將發生缺點、意外及故障的機率降到零，就能夠有效減少成本。任何一項牽涉到成本的問題都會對顧客滿意度、產品品質、品牌信用及股東權益帶來影響，能夠降低成本而提昇效率的時機最常發生在採購、盤點、準備出貨等階段，這些全都屬於服務的範圍。

成本計算

衡量成本時，應該要根據部門的性質、機能、產品、目標、供應商、設備及人員等因素加以分析。許多作業必須耗費成本才能達成，例如每一個部門的運作都需要編列行政預算、資料處理及會計預算。依照傳統做法，像這一類的經常費用均有其編制標準，例如按照工作人數的多寡、每項成果能夠帶來的收入等，這些都是屬於特別配置的預算，不列入投資報酬的計算。有些人會運用特別的計算方式衡量出這些成本與實際作業之間的關聯性，以求出更符合實際情形的價值。一般而言，無論旅客預定哪一個艙等的機位，旅行社所花的成本都是固定的，因此他們只能按照售出的機票數量來制定不同等級的服務價格。但是服務人員的薪資以及維修飛機的費用並不能以同樣的模式來計算。頭等艙的票價較高，而旅客的數量較少，成本編列的依據將是決定各項作業協調與否的關鍵，同時也將顯示出尚待改善或節制的空間。

當間接成本攀升的幅度遽增（相對於直接成本而言），成本計算最能夠派上用場，這個時候就有必要針對市場方向與產品組

合的正確性、需要加強的特色及優點、產品的競爭力等重點加以
探討。

　　為了達到品質控制系統化的目標，法蘭克‧普萊斯（Frank
Price）先生在他的著作《一蹴即成》（Right First Time）中提出下
列幾項建議：

- 計算之前必先記錄。
- 記錄之前必先分析。
- 分析之前必先行動。

　　價值分析概念可以應用於服務業品質及成本的研究與改進
上。以一家醫院為例，我們可以準備一張如下所列的圖表，並要
求每一個工作人員以兩三句話簡單描述自己的工作（機能）。

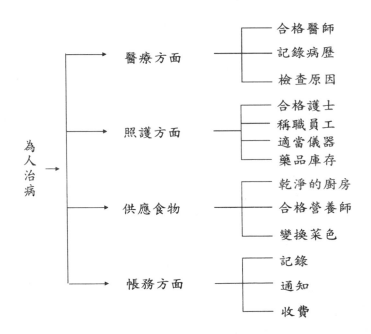

由右至左解讀上表，我們可以得到「怎麼做？」的答案，而由左至右來看，則能告訴我們「為什麼？」各個分支的功能都是由消費者的觀點出發、以其重要性及可靠度來加以評估，而成本的分配也大致按照這樣的模式決定，如此一來我們就可以決定最終目的是要增加消費顧客利益？減少成本？亦或兩者兼具，從而思考出得以發揮個別機能的運作方式。我們思考的重點可參照以下幾點：

- 這項工作的目的是什麼？
- 它能帶來什麼好處？
- 這工作是否有達到原有的功能？
- 是否有其它類似的工作？
- 可否刪減這個機能？
- 可否與其它工作結合？
- 是否能以其他方式達到相同的目的？

茲舉例闡述以上這些觀點：

　　在印度德里的帕拉馬機場內，所有的車子要離開停車場之前，必須依序在一個崗哨前面暫停、出示停車憑證、繳清停車費用、領取電腦收據、等柵欄升起、然後將車子開離停車場，接著柵欄再度放下，下一輛車子再依相同程序離開。平均每輛車子必須在這道關卡花上 30 秒，而停車的費用是每 4 小時 10 元盧比。每當有車子經過，崗哨裡的工作人員就得伸手向顧客收取停車證，然後按下電腦按鍵，再伸手將收據遞給顧客、按下柵欄開關、轉身看車子是否已完全通過，接著再按開關放下柵欄。這一道道程序都得耗費時間、設備器材，還要付給員工薪資、添購辦公文具等等，這些都會增加成本的負擔。孟買機場的停車費

用一樣是 10 塊錢盧比，但是他們是在入口處收費，相形之下就比帕拉馬機場減少了一部份開銷。

　　印度地區有 50% 的電信成本是花在寄送帳單及重新啟用號碼。當地 23 家行動電話業者面對的滯納金額共計高達數 10 億盧比。在以上這些例子中，如果採用固定成本作為支出方式，就能夠減少許多後續的困擾。

　　成本低廉經常成為品質不佳的推託之詞，人們常常說「這太貴了」，但是很少人會去思考「多少錢才算是貴？」也不會花太多心思在他們認為太昂貴的事物上。事實上，高品質不一定代表高成本，日本就是最好的證明。追求高品質的代價或許不低，但是品質低劣的產品可能更花成本。如果所有工作都能在不犯錯的情形之下完成，據估至少可以替製造商省下 30% 的生產成本，根據 1991 年的資料，美國平均每 1 塊錢銷售金額當中，花在維修的費用大約是 1.5~3 毛錢左右，而日本則是 5 毛錢左右。麥肯錫公司於 1984 年所做的一項研究指出，一般公司至少有 30% 的產品能夠以低於平均的成本達到高水準的品質。如果因為產品品質不良而導致損害，製造商必須因此付出賠償或喪失信譽，那麼他所付出的代價可是相當昂貴的，即便有保險給付，恐怕也無法彌補一切的虧損。

　　以下舉印度山達拉‧克萊頓股份有限公司（Sundaram Clayton Limited）作為實例。

　　1998 年榮獲印度德明獎（Deming Prize）的山達拉‧克萊頓股份有限公司號稱能夠「適時適所為顧客提供高品質的產品與服務」，說到「打掃住家、清潔機器或店面、擁有百分之百確實除錯的技術、保障最多、開發新產品速度最快、永遠追求進步」等特點，該公司可稱得上是箇中翹楚。

如果無法讓顧客感到滿意，誰能計算出需要賠上多少成本？就保險業而言，要將買賣訴諸文字的代價是很高的，如果保戶提前解約，表示保險公司之前付出的成本無法完全回收。若因服務不佳而流失顧客，更有可能會動搖整個公司的根本。即使在其他行業裡，開發新客戶的成本也比留住現有顧客高出許多，兩者之間的差別就代表著品質的成本或收益。

品質的要素

服務品質的經營之道在於多注意一些與品質相關的問題，例如如何定義與衡量顧客滿意度、如何評估顧客的反應、如何處理申訴問題、如何控管服務的品質、如何設定及達成服務的標準、如何檢討履行服務方面的問題、如何應對固有的顧客、如何訓練員工，並利用團隊工作提高服務的品質等等。

產品是經歷一連串製造程序所得來的成果，在服務業也是如此。就服務業而言，製造產品的程序著重於機能性與互動性，其中包括了系統、技術與人員等要素。製造程序的成果、系統、技術及人員都與品質息息相關。若以汽車修理廠為例，所謂的成果就是修理汽車，如果能夠順利完成這件工作，並排除引擎故障的原因，就是一項好服務。當汽車主人在現場觀看整個修車程序，那麼他所見到的作為將影響他對這項服務的「經驗」，因而使他對技術人員的認真程度與專業能力留下某種印象。如果主人等了很久都沒有人能開始替他修車，可能就會覺得這家車廠的工作人員工作態度不夠好，浪費許多時間。如果主人看到維修人員十分粗魯地敲打車子，自然也不會好受。此外，結帳程序也是服務的一部份。在這個例子中，無論修車的品質如何，上述任何一個程

序都能嚴重影響顧客對整體經驗的感覺。

　　麥爾坎‧巴瑞吉認為構成高品質的要素可分為七大領域，那就是領導能力、策略計劃、顧客與市場焦點、資料分析、人力資源焦點、程序的管理及管理成果等。其它能夠影響最終成果的變數大都不出這些範疇。

需謹慎應付的五大隔閡

　　在服務業中，業者可能須面臨五種足以影響服務品質的隔閡，因此在擬定策略以提昇品質的時候，必須盡可能將這些問題減到最低。

　　第一種隔閡是經理人的認知（MCE）與顧客期望（CEE）之間的差距。我們可透過對顧客的了解來消弭這樣的隔閡。民意調查、顧客反應、申訴……均有助於解決這個問題。

　　第二種隔閡是MCE與產品優勢（DPB）之間的差距。所謂的DPB亦包含服務的履行機制在內，發生這種問題的時機多半是在向顧客闡述產品的優點時，如果出現強迫推銷或做不實廣告的話，MCE與DPB兩者之間的隔閡就更深了。

　　第三種隔閡是DPB與產品實際優點APB之間的差距。發生這種問題的原因可能是不同機制之間無法協調、實際運作時出現變化，或在履行服務的程序出現錯誤。透過中階經理人進行的監督、溝通、系統控制及訓練，應可消弭這層障礙。

　　第四種隔閡是APB與宣傳服務優點（CPB）之間的差距。這一點與上述第三種隔閡有些差別，因為這個問題主要出現在為顧客履行服務時。無論消費者是由業者或其他使用者口中得知某項服務，他對服務內容、優點的了解程度絕對會影響他對這項服務的觀感。有一名專門從事銷售紙箱的商人，長久以來他從來不曾

延誤過把貨交到顧客手上的時間,自從他在發票上以粗體字新增一個欄位,在上面詳列顧客指定的送貨時間,以及貨物實際抵達的時間之後,他的生意量就明顯激增許多。

　　第五種隔閡是顧客對服務的實際體驗(CAE)及 CEE 之間的差距。當 CAE 大於 CEE 的時候,就代表服務品質是好的。

　　一般而言,業者必須假設這些隔閡是存在的,唯有如此,業者才會時時注意到這些問題,一旦稍有疏忽,這些隔閡就會更加嚴重,但是只要能夠加以留意,問題還是有解決知道。無論由產品設計、製造程序、生產設備或工作人員方面著手進行修正都是方法之一。

　　雖然品質如何取決於基層人員的運作——也就是服務的製造及履行,但是品質控制是屬於高階經理人的責任。人們通常以為品質是操於「第一線人員」之手,但事實並非如此。雖然錯誤經常出現在與顧客最接近的「第一線」,但是有 80% 以上的錯誤均肇因於體制問題,能夠改變體制的唯有高階經理人而已。即使有 20% 以下的肇禍責任在於第一線的員工,經理人還是得負起訓練這些人的責任,勢必要讓他們勝任自己的工作,並且要建立起品質至上的服務精神。在五星級飯店裡,如果服務生沒有注意到客人缺少餐具、水杯已經見底、或自助餐台上的食物供應不足等細節,通常都是因為缺乏適當的訓練,而不是服務生的態度問題。服務並不只是叫一個新手換上制服去服侍全場就可以了事的;有時候,餐廳明明已經客滿了,而廚房人員還只顧著與服務生聊天,這就是缺乏完善的訓練。許多公司為新進員工安排的訓練比中階經理人還多,**業者必須將這些訓練當作為提昇品質所作的投資**。

避免顧客介入

在一般實體商品的買賣當中，顧客必須等到開始使用產品時才會知道它的品質好不好。如果顧客接觸到產品的製造程序，並且親身經歷其中的乾淨或髒亂程度，對顧客來說，該產品就失去了吸引力；就服務業而言，顧客通常即置身於產品的製造程序之中，為了減少因製造程序而引起的不滿，業者可採行的方法之一就是避免顧客的介入。如果工作人員為了該如何回答問題而當場在顧客面前起爭執，那麼顧客對整家店的信賴感恐怕也會大大降低。工作人員的桌上堆滿了待簽字處理的文件、廚房裡正在準備食物的員工是用手拿冰塊⋯⋯這些都是不需要讓顧客見到的部分；醫生在進行急診的時候，總是不忘將「閒雜人等」隔離在外，有時甚至連醫生之間的討論也會避免讓旁人聽到；律師在擬定對策計劃的時候，通常也沒有客戶插手的餘地，以避免節外生枝。人們對司法體制的失望多多少少得歸咎於電視上時興的法院開庭現場實況轉播。如果對於事情發生的經過不了解太多，或許就可以少一些厭惡感。

業者應避免顧客涉入製造程序到何種程度？這端視顧客必須知道的有多少。洗衣、快遞、維修、廣告、倉儲、銀行、保險、市場調查等服務都是可以視情況不對外開放的行業，只要是不需讓顧客親自跑一趟的地方，就要盡可能地避免，可以讓顧客直接看到成果就好。醫生在動手術時，不是將病人麻醉，就是將病人的注意力分散到其他地方；理髮師在為客人剪頭髮時，也會藉著閒聊談天來分散其注意力。在保險公司裡，保險經紀人和理賠調查員就是公司與顧客之間最好的緩衝劑。

在避免顧客介入太多之餘，業者還是必須尊重顧客知的權利——也就是要盡到讓顧客充分了解的責任。如果成果是令人滿意

的，顧客就不會有所抱怨，但若成果令人不滿，業者與顧客之間就需要好好的溝通。畢竟只有在出現失誤的情況下，顧客才會尋求合理的解釋，例如火車遲遲不開動、大排長龍的隊伍析豪沒有移動跡象、求診病人在診間等待太久，或檢查結果沒有按時出來……唯有發生這樣的狀況時，人們才會想知道到底發生了什麼事。

運用器材

在製造程序中運用器材有助於提高成果的穩定度。許多種服務都可以機械化，例如鐵路和航空公司就安裝了許多設備，供民眾查詢正確的班次時刻；辦公室常見的電話轉接系統也是自動化與具有互動性的。目前電腦已普遍運用在許多地方，就連開業醫生及占星家也經常藉助電腦器材；有了電腦的協助之後，印表機可以精準的判斷標準色彩，而船運及其它快遞服務也常借重電腦作為貨物追蹤、分類及存放的工具，部分美容業及電影製作更是大量倚賴電腦繪圖。不久的將來，電腦勢必將成為一般人日常生活當中不可或缺的好幫手。

理論上，器材的運作會完全按照預先的規格及設定，然而，電腦系統偶爾還是會因機件故障或人為疏忽而出現錯誤，如果未能及時發現並糾正問題，就有可能釀成大錯，或不斷重複同樣的錯誤。機器故障比人們生病更麻煩，如果有人在凌晨兩點打電話來留言，而答錄機卻出了問題，你就算對著機器大吼大叫也無法知道裡面到底錄了些什麼訊息；某家銀行的客戶寫了 22 封信到銀行去，但沒有收到任何回應，而另一位客戶只寄了一封信卻收到了 40 封答覆信函；某位投保人在一天之內收到了 400 封保費催繳書，而且都屬於同一張保單，這些顯然都是機器故障惹的禍。

自動化服務並不會自動修正錯誤，業者必須定期維護機器才行。

關鍵時刻

正如第四章提過的，決定品質的重要因素是所謂的「關鍵時刻」，也就是一些能夠讓顧客感受到「服務」的事件或時機。這些是構成服務的基本元素，是能傳達至顧客心中的小細節，如果業者渾渾噩噩地錯過了這些時刻，無法妥善加以利用，就有可能出現失敗的服務。

若將一連串的關鍵時刻連結在一起，就成了服務的週期。在一次服務當中，可能有不同的人員或部門會面臨到這些時機，但是對顧客而言，一次服務就是一個單一的程序，業者眼中所看到的整體印象必須與顧客所見到的一致，如果兩方的觀感出現落差，就會造成隔閡，連帶導致服務的失敗，也造成顧客的不滿與服務品質的低落。

關鍵時刻的經營之道在於注意微小的細節。舉例來說，受僱前來處理洗手台水管阻塞問題的水電工人可能會犯以下幾種錯誤：

- 在客戶正準備吃午餐的時候上門拜訪。
- 走進浴室時，一雙不乾淨的腳大剌剌地踏在地毯上。
- 忘了帶扳手而向客戶借。
- 走出門口，過30分鐘後才又帶著工具回來，腳也變得更髒了。
- 拆開水管的時候讓許多髒東西濺在地板和牆上。
- 將髒東西指給客戶看，彷彿是在指責客戶不該將那裡弄髒。
- 沒有將水管準確地接回原來的地方，還被客戶注意到。

■ 用鐵鎚想把水管敲回正確位置。

這些問題大多與工人的專業技術無關，從事水電服務的工人除了要有一手精良的專業功夫之外，還需具備一些其它的服務特質。如果服務週期的目的在於滿足客人，他們就必須能敏銳地查覺到每一個關鍵時刻。交易的進行是由數個服務週期組成的，在上述這個例子中，受理維修電話及結帳程序都可算是同一個交易中的不同服務週期。

零失誤

在某些服務行為中，有限度的錯誤並不會引起不可彌補的傷害。如果服務人員對顧客的態度不好，只要能適時做出令人滿意的補救與賠償，還是有挽回的餘地；顧客買回去的東西一旦出了問題，就該無條件換新作為補償，顧客通常都願意接受道歉；而打折應算是最能表現歉意的一種補償方式。曾經聽過這麼一個例子：有個專門代辦宴客事宜的人，某次在籌備一個生日派對的時候，突然被告知當天宴會上要用的東西沒辦法準時送到會場，於是他只好緊急從別處調派需要的東西，不但不加收費用，而且還致贈每位賓客一份特別的小禮物。這個人充分地表現出誠摯的歉意，而且也認真地遵守了他對顧客的承諾。

顧客買到瑕疵品時，店家提供的退款保證是有很好的立意，然而，這一套並非對所有服務行為都行的通。在某些情況下，失誤也可能會造成無法彌補的傷害。人們常常以為只要多付點利息就可以解決延遲付款的問題，但是若只因為晚點拿到保險金（或貸款）而搞砸一場婚禮，那可就得不償失了；如果員工退休的時候無法準時領到退休金，可能就會錯失善用退稅規定的大好時機，這金錢上的損失也是難以補救的。

　　有些服務行爲更是絕對不容許出錯，每一次都必須保持盡善盡美，因爲他們只能抓住一次機會，在客戶的心目中留下良好的第一印象。這正是摩托羅拉公司標榜的服務宗旨。如果小孩失足掉進沒有加蓋的下水道，就算有再多的撫恤金也不足以賠償小孩的父母，在這種節骨眼上，追究肇事責任也於事無補。像這樣的錯誤根本就不應該發生。以保險爲例，有些狀況並不包含在保險範圍以內，而保險人卻是到事情發生以後才知道這些情況，或發現自己不符合理賠的條件，在這樣的情況下，保險公司根本不會理賠，就算業務員到這個時候才說抱歉或退回保費也都無濟於事；如果因爲醫生誤診而鋸錯了病人的腿，那更是無可挽救的遺憾；快遞公司若犯了延誤投遞的錯，後果甚至有可能大到足以毀了一個人的事業或其他要事。印度一家快遞公司就曾因爲延誤送件致使顧客喪失到海外就業的機會，結果遭到消費者法庭的重罰。

　　努力追求服務零失誤是個很好的經營方針，業者不應該容許任何出錯的可能。就算失誤率只有百分之一，也可能代表了每天出錯多達一百次，對這一百位顧客而言，業者的失誤就是百分之百，而不是百分之一。如果婦產科醫師在接生時出差錯，即使他向失望的準父母解釋這只是百萬分之一的錯誤，恐怕也無法安慰他們失去孩子的痛苦；路透社所發布的全球財經新聞都是由許多金融機構的會計部門提供的，只要數字上出了任何一點小差錯，就有可能引發一場經濟大恐慌；如果飯店計算出他們的失誤率爲百分之一，那就表示每天會有一位旅客不必付賬、20份炒蛋裡面有頭髮、15張桌子的桌巾是髒的、250個碗盤是破的、40位客人的飲料會被搞混、20位客人拿不到送洗的衣物。要做到服務零失誤，方法之一就是要先找出每個已經發生的錯誤、將它們記錄下來、詳細分析引起這些錯誤的原因，然後再透過系統、設

備或人員行為的改善，設法將這些錯誤排除掉。**這個方法必須以高階經理人的支持為後盾，但是更需要基層工作人員的配合。**

波音公司生產的飛機是不容出現瑕疵的，這也是製造商的保證。777 客機是該公司製造過的飛機中最龐大的機種，也是 15 萬個特殊機件及 300 萬個零件的綜合體，其中每一個零件都必須結合得完美無缺，才能展現出精心設計的電子機械系統。從一架飛機的設計到測試階段，其中經歷的一切規劃、設計、製造及組合等程序，在在都需要結合每一位工程師、設計師、製造者、機械師、供應商、引擎製造商、技術人員、業務人員，甚至顧客的努力與配合，有些機件還是在千里之外的國家製造完成的。同樣的情形也發生在太空梭的製造上，這種複雜的工作更需要所有相關人員的協力合作，並嚴格遵守任何一個標準規格，才能確保提供零失誤的服務。

審核清單與步驟

國際顧問兼作家約翰・漢柏先生與歐洲管理中心合作發展出一套清單，供企業與一般主管迅速審視自己對服務的責任，該清單是根據以下幾個概念擬定而成的：

1. 服務與產品的主要特色，也就是決定價值的關鍵，其中包含兩個構成要素：
   - 服務或產品的表現，亦即其品質、可靠性、設計及可得性。
   - 受重視的感覺，亦即解決問題的能力、服務的態度、能否接納顧客意見等等。
2. 主要的買賣行為包括：
   - 外在的，亦即銷售與推廣、位置、銷貨通路、進行方

式、準時性、主顧關係、顧客服務機制及形象。

- 內在的，亦即企業文化、人力資源與能力、團隊合作、生產成效、組織、資訊技術、品質標準與管制、創新。

3. 服務的履行是主要買賣行為的結果，同時將影響顧客的滿意度及顧客感受到的價值，也是留住顧客及製造利潤的關鍵。

審核清單乃針對以下幾個層面提出問題：

- 品質與服務在公司目標所佔的比重是多少？
- 顧客標準（目標）、品質及服務的定義與衡量有多明確？
- 追蹤顧客需求的方法。
- 交易完成前後對顧客的關心程度。
- 確認服務的可靠性是否與承諾相符。
- 管理及訓練員工的手段。
- 營業地點及履行安排的便利性。
- 銷售點的服務審核。
- 原料及零組件的輸入管制。
- 使員工充分了解公司的資訊及決策。
- 顧客抱怨時的處理。
- 創新的程度。
- 科技的運用。
- 對競爭有所察覺。

上述各原則可決定目前的經營狀況，以及將來希望達成的目標，業者必須做的就是設法拉近兩者之間的差距，而每一項行動計劃都必須將負責人員及每人應負責的部分包括在內。

高階經理人為提昇服務品質而進行的步驟包括：

- 決定策略性目的。
- 掌握顧客的需求及期望。
- 衡量服務的品質與顧客滿意度。
- 以顧客為主，重新擬定組織結構。
- 為中階經理人尋找新的定位。
- 達成優良的生產力。
- 計算收益，提供划算的服務。
- 鞏固顧客的忠誠度。

策略方針

策略方針之制定必須根據各公司的目標及詳細的作業體制。某家公司將顧客排在組織圖的第一位，接下來是直接與顧客有接觸的第一線人員或單位，例如業務員、服務員、分公司等，再下一層是公司的行政人員或單位，而位於最底層的則是總裁及董事會；在另一家公司裡，一切皆以顧客為最高宗旨，而將營業額、新產品、體制的提升、產量、減少預算等視為其次，所有的作業指示均在確保公司上下嚴格遵守以客為尊的信條；第三家公司是在店面貼滿了各種標榜「以客為尊」的標語海報，不過他們還出現了以下幾種情形：

- 裁撤部分服務人員。
- 提醒員工留意「蠻不講理」的顧客。
- 員工在思考如何為顧客服務時，時常會不經意地皺起眉頭。

面對顧客突然提出的意外要求時，主管的態度是當機立斷決

定處理方式，還是在壓力下顯露出怒氣沖沖的樣子？由這一點就可以看出該公司的策略方針；從汽車公司裡負責調度車輛的人員身上，我們也可以了解到他們的策略方針是什麼。一家公司對員工的獎賞及為提供服務所做的設施……在在都代表了該公司的方針是什麼。如果清道夫只有在大官來臨之前才特別用心打掃街道或公共設施，那麼我們也可以清楚地知道政府的策略方針到底如何。

　　並不是每個從事服務工作的公司都必須爭作該行業的龍頭老大，各行各業都應該依照其目標市場來訂定品質標準。如果飯店接待的是一群來參觀廟宇的信徒，那麼為他們準備一頓紮實簡便的餐點要比豐富的豪華大餐來得實惠。舉例來說，印度是宗教聖地，經常有許多信徒到當地朝聖，有一家旅館就設置了保管箱供旅客寄物，並提供乾淨的衛浴設備、全天候供應熱水，還有床位供朝聖者休息。這些服務對一群白天經過舟車勞頓、希望找一家安全舒適的旅店稍作休息，並能在朝聖前先梳洗乾淨的信徒而言，算是相當不錯的選擇；一般住宅區不像某些大人物般需要密不透風的保護，因此保全公司在分配人力的時候也沒有必要配置太複雜的高科技電腦警衛系統；小鎮的汽車客運不需要像國際航空公司那麼注重外觀，但一樣可以讓乘客享受到高品質的服務。

　　一旦釐清目標市場為何，業者就必須思考其服務能夠滿足哪一種程度的市場需求與期望，這個問題的答案也就是形成策略方針的關鍵。接下來，業者必須將既定的策略方針轉化成可衡量的品質標準，透過與同業之間的比較，業者就可以得到一個基準點。雖然基準點可以顯示出該行業可能達成的目標，不過業者不見得要以此作為服務等級的準則。選定服務的等級之後，業者所提供的服務就必須盡善盡美、讓顧客滿意。以上一段提到的旅店為例，業者必須提供操作簡便的寄物箱、隨時保持環境的清潔衛

生、至少在特定時段內，熱水的供應不能間斷……如此一來，該店的服務才能符合朝聖者的需求、替他們帶來方便。除此之外，業者必須時時關切朝聖者的需求，訂房手續要力求簡便迅速，而且要避免過於擁擠等問題。

　　服務業者必須經常捫心自問：「顧客為什麼選擇來我們這裡消費？」、「我們有什麼與眾不同之處？」策略方針也就是這兩個問題的解答。一般而言，策略方針的目的是在傳達品牌的獨特性，每家公司都有與其他同業不同之處，顧客可以由品牌聯想到其服務性質，進而選擇自己需要的服務。例如在印度，人人都知道「Subhash Ghai」這家電影院專門放映熱門的豪華鉅片，而想看娛樂片就得到「Rajshri」去。

掌握顧客的需求與期望

　　業者可以透過下列方式掌握住顧客的需求與期望：

- 市場研究與調查。
- 觀察顧客行為與反應。
- 蒐集對手資料。
- 客戶申訴。
- 直接與顧客聯繫。
- 成立意見小組。
- 顧客擲回的意見表。

　　掌握顧客的需求與期望有助於使業者找出顧客期望中最重要的部分，並且思考該在產品特色或服務程序當中加入哪些要素才能符合這些期望，而這些要素也將成為影響品質的變數。

　　只有具備足夠的敏銳性、能夠看穿各種明示、暗示的人才有辦法掌握住顧客透露出來的訊息。大多數顧客並不會直接了當地

說出他們要什麼，但是一旦得不到自己想要的東西，每位顧客的
反應可能會不一樣。業者必須從顧客不經意的話語、行為及動作
中解讀他們的心思。據說印度歐貝羅（Oberoi）連鎖飯店的創始
人歐貝羅先生過去經常在餐廳裡觀察客人的表情，如果看到有客
人在皺眉頭，他就會走到那位客人的身旁詢問是不是有什麼地方
出錯。如果演講者一直在櫃檯附近徘徊躊躇，主辦單位的人就該
馬上想到可能是演講終點費算錯了；如果客戶一遍又一遍地讀著
顧問提出的建議書，而且不斷問著無關緊要的問題，顯然是因為
他對建議書的內容有些意見，顧問應當立即了解客戶的難言之
隱。

進行評估

　　評估產品品質與顧客滿意度是掌握顧客需求與期望的基本條
件。掌握顧客需求與期望可以指出必須加強的要素，而對品質及
滿意度進行評估則可顯示出這些要素得以發揮的程度。因此，具
體地說，業者必須針對先前發現的品質變數加以衡量，特別是近
期內進行的改變或補強之處。

　　由於服務是無形的，對服務品質進行評估似乎是件「不可能
的任務」，然而，差勁的服務及由此引發的不滿還是會反映在打
架、抱怨、提早走人等行為上，我們可以對這些行為進行觀察及
衡量。

　　進行評估必須要有一定的度量方式。衡量顧客滿意度並無精
確的尺度可依循，意見表上所提供的選項有限，通常消費者只能
從「非常滿意」、「很好」至「非常不滿意」或「糟糕」等五個
選項中選擇其一。意見調查表的設計應該要讓顧客針對問題點暢
所欲言，讓人們可以自由寫下任何感想。選項或自由作答都稱不

上是完美的評估方式，但是它們或多或少還是可以讓業者了解到顧客的想法。若能定期對一大群顧客進行意見調查，得到的結果就足以成爲流行趨勢的指標，也可以指出問題所在之處。

找出影響滿意度的關鍵因素之後，最好可以依據這些因素找出「顧客滿意指數 CSI」（Customer Satisfaction Index）。CSI 的製作方法包括連續記錄和定期記錄，兩種方法都可以得到珍貴的資料。

無論針對服務整體或近日更動的部分進行評估，都是可行的方法，最重要的是要讓顧客注意到店家改變之處，而且確保他們都能親自體驗到其中的不同，顧客會對這些改變印象深刻，同時他們也等於見證了店家爲提昇服務品質所作的努力。

進行定期評估也可以反映出不經意的改變。世事變化總是難以預料的，有許多事情的進展都不是人所能控制的。隨著主事者以及環境的變遷，許多體制會慢慢出現變化。透過定期的評估，業者可以掌握到這些變化，並且隨時加以改進。

要檢驗服務品質，最好的方式就是派人喬裝成顧客到店裡光顧，並且將結果回報給公司。業者可以要喬裝者故意製造一些意外狀況，藉以測試體制的運作以及員工靈機應變的能力。

重新檢視組織結構

這裡所謂的「結構」是指責任與機能的安排及劃分，它可以釐清：

- 誰該做什麼事。
- 誰該向誰負責。
- 個人的責任歸屬。
- 誰擁有哪些權力。

　　責任是爲了達成目標而制定的，權力的分配則是爲了確保組織的正常運作。這意味著握有權力的人可以指示他人做事、可以下達命令，同時也能決定處理事情及行使資源的方式。

　　有人認爲組織結構是隨公司策略而定的，然而，要反過來說公司策略隨組織結構而定，也不無道理。如果結構與策略之間不能互相配合，彼此之間就無法相輔相成，在這種情況下得到的結果，恐怕也會與業者當初的構想大相逕庭。一旦定出服務的策略之後，就有必要確認組織的結構是否適當，這麼一來業者才能洞悉策略，並且採取適當的行動。

　　如果某信用卡公司標榜能在數小時內完成核卡，該公司的整個組織結構及體制就必須全力配合這個目標，以實現對客戶的承諾。如果核卡手續過於複雜，相關文件甚至得在兩個距離遙遠、又無法傳眞或收發電子郵件的辦事處之間往返，那麼他們勢必不可能完成在數小時內核卡的保證；如果退換瑕疵品得先經過核准，無法當場完成，或倉庫根本沒有足夠的存貨可供退換，那麼「如有瑕疵可當面退換」這項保證就失去了意義；在強而有力的組織結構支持下，專門的客服人員可以處理客戶申訴、並且有權依照先後順序調派最近的人手前往工作，店家才能提出兩小時之內維修妥當的服務保證。

　　如果組織結構配合相關的策略，員工的工作態度也會隨之改變。自從印度 LIC 公司改變內部組織的結構，並將部分機能分配至數家分公司之後，工作進度落後的情形就有了大幅改善。公司情報的正確性提高，而員工工作時的態度也由原先的「等我們分公司有消息回報時才能通知你」轉變爲「把問題告訴我，我現在就可以替你解決」。

　　組織結構與特定的顧客需求和市場定位必須緊密結合。業者若能將顧客依特性區分成幾個族群，由數個不同的小組負責接

待，同時賦予這些小組足夠的資源與明確的目標，這麼一來，不但可以分工合作完成使命，或許也可以促進小組之間的良性競爭，提升工作的效率。組織結構的存在應該是在幫助員工面對陌生或意外的情況，而不是對他們的工作造成妨礙。需要處理大量文件的工作機制容易將業者的注意力由人的身上轉移至其它部分，這對服務性工作而言是不利的。

在建構一個組織的時候，人們必須認清：

- 能夠產生成果的主要活動，也就是那些需要表現得盡善盡美、不容出錯的地方。
- 有助於主要活動的其它活動。

主要活動會對顧客造成直接的影響。原則上，**主要活動不能次於非主要活動，創造主要收入的活動亦不能次於其它非主要營收的活動**。構成組織價值觀的活動更必須優於所有活動之上，這些都是最高經理階層的職責所在。

在許多組織裡，主要活動受到的重視反而不如次要活動。舉例來說，船隻明明急著出航，船公司的採購部門卻還在為急需的零件招標；公司為了讓信用部門蒐集完整的資料，而將協商重大決定的會議延後；醫院的主要活動應該是與醫療有關的事情，這也是醫院主要的收入來源，然而現在填表、先繳費後看診之類的程序問題似乎反而成為醫院的重心，程序上的疏忽可能會引起許多問題，但醫療上的疏失卻較不受重視。許多醫院放著昂貴的醫療設備不用，只因為尚未得到批准，或缺乏維修或使用經費。在這種情況下，非主要活動消耗的費用似乎比主要活動來的多。在印度，受限於保護法的規定，幾乎所有政府機構都砸下大筆經費在北印度語（Hindi）的翻譯上，只為了應付國會議員的質詢等類似情況。相形之下，一些重大事務反而沒有得到應有的關切。如

果連公司裡的資深經理人都因爲「不合規定」而無法爲顧客做出適當的服務，這可以說是結構不當及本末倒置、強調內部規定（控制）更甚顧客需求（結果）的受害者。

　　組織的結構包括幾項特點：

- 集中化──由組織內部數個不同等級的單位共同承擔決策。
- 形式化──公司的活動及關係均受限於規定、程序及合約等。
- 專門化／區隔化──將所有工作細分爲數個特定的要素。

而這些特點可能造成的影響包括：

- 成效──目標的成敗。
- 效率──投資與結果之間的關係。
- 適應力──適應環境變遷的能力。

　　組織越集中，公司的控制力及協調力越強。越強調形式的公司，辦事效率越高。當環境穩定、工作重複性質高時，組織的集中化及形式化愈高會愈有幫助。工作的專門化或區隔化越精細，越有助於適應力的提升。有鑑於環境變遷之迅速，企業組織必須保持高度的適應力，否則就難以在競爭中倖存。雖然效率很重要，但是成效如何是最不容忽視的，因爲這是公司降低成本的關鍵。集中化及形式化都會影響組織的適應力。一般而言，專門化有助於提升效率及成效，但是往往會因爲環境的變遷而有所更動。業者必須在這幾個方向中求取適度的平衡狀態。

　　日本某位管理學教授曾應邀至印度的孟買管理協會（Mumbai Management Association）演講，他在會中指出下列幾項被日本企業奉爲圭臬的內部組織及市場經營原則：

- 人員，包括主管及員工在內，公司在決定營運的方針時，必須優先考慮到這些為組織奉獻知識及心力的人，而不是出錢的股東。
- 金錢、外來的力量及資訊、技術等，這些必須是公司上下共用的資源，而不是集中在少數人的身上，對公司內部的人際關係及倫理結構造成不良影響。
- 互為供應商及買主的公司之間往往希望能建立起長期的合作關係，這類公司的數量不會有明顯的成長。

　　無論營運的規模是大是小，服務良好的組織應具有的結構不僅包括旺盛的進取心與事業心，還有處處以客為尊的精神。業者必須審慎安排公司內部流通的資訊，若能少一點「坐而言」、多一些「起而行」，顧客對服務的滿意度會更高。電腦網路經過適當的規劃、連結與維護，可以為服務業帶來許多新的商機。業者可以利用電腦中的資訊同時處理多項作業，從而把握住服務客戶的關鍵時刻。換句話說，大型的運作組織可以劃分為多個較小的單位，獨立進行每天的例行工作。

中階經理人

　　按照一般企業的習慣，中階經理人所扮演的角色一向是介於高階決策單位與基層員工之間的協調者，因此，他們的職責主要是在監督下屬的工作情況、管理員工及解決問題。

　　在服務業中，主管必須藉由維持生產程序來達到管理的目的，這樣才能得到令人滿意的結果。要解決問題則必須在員工進行服務的當下處理。此外，在問題獲得解決之後，服務品質也必須持續有所提升。每一個與顧客接觸的機會都是能使顧客滿意的關鍵，同時也可能是引發問題的時刻，中階經理人的角色就在

於：

- 分析服務的運作與程序。
- 找出與顧客接觸的時間點。
- 決定如何管理上述的時間點，以及該維持哪種程度的品質。
- 想像可能發生的失誤及可能出錯的地方。
- 找出避免失誤的方法。
- 如果無法避免失誤，找出可能的彌補方式。

如果中階經理人在思考及擬定策略時能一併考慮到員工，就能將上述幾點做到最好，因為員工對狀況的了解可能比主管還要清楚、深入，他們知道所有應該或可能會發生的事情。事實上，員工本身就可以促使某些事情的發生，而他們可能也樂見其成，因此他們需要知道事情發生的原因，以及這麼做必須擔負的風險。

中階經理人必須像醫生或護士一樣設身處地為人著想、像推銷員不怕遭到拒絕、像婚姻顧問精於排解糾紛、像心裡治療師善於傾聽、像教練擁有領導的能力、像老師或記者能與人溝通觀念。

「多領導少管理」是中階經理人的信條。領導者能夠增進團隊之間的溝通與互信，而管理者只能倚重命令與控制。**經理人應該與員工分享公司的資訊與決策**，讓員工成為管理程序的一份子，讓他們了解並接受以公司上級的目標作為品質的標準。只有讓員工接受這個事實，才能確保服務的品質，否則的話，服務就毫無品質可言。

在服務業中，中階經理人的職責就是要找出何謂「好」、「很好」及「太棒了」，並了解如何讓整個服務程序不斷達到「太

棒了」的境界。中階經理人必須將「服務品質」列入所有會議的
討論議程當中，絕對不可以説出「算了吧！客人又不會注意到」
這樣的話，就算無心之過也不容寬貸；不要只因爲某項建議帶來
的進步有限，就不予採納，即使只有一點點的進步也不可以輕忽
怠慢，只要能夠積少成多，日後自然能夠見到令人滿意的成果。
如果顧客將表格塡得亂七八糟，這就是值得改進的機會，因爲這
可能顯示出表格上的問題不夠明確，也或許這些問題根本沒有答
案。

　　中階經理人必須對顧客的行爲保持高度敏感，並且要懂得解
讀顧客的表情與話語。此外，經理人也應訓練員工，使其具有同
樣的敏鋭性，還要讓他們勇於提出意見、發表創意、自動自發、
保持顧客至上的心態。經理人應鼓勵員工報告他們對顧客所做的
觀察，並且提出他們對顧客意見的看法，如此一來，員工也會更
重視顧客對服務的反應與期望。掌握顧客反應應該被視爲每一位
員工的責任，然而其動機不應該是出於上級的壓力，而是要使每
個員工都能發自內心地希望讓顧客滿意。讓所有基層員工共同商
討提升服務之道絕對能夠：

- 培養顧客至上的觀念。
- 加強經理階層重視服務品質的信念。

　　中階經理人可以利用定期會議的時間讓大家知道員工在服務
上的特殊表現，或讓顧客感覺到「太棒了」的經驗，這麼做有助
於增加內部的溝通，並且也能激勵其它員工見賢思齊。同時，這
種做法也可以使「我們的服務能夠迎合顧客的需求」或「我們會
竭盡所能爲您服務」之類的公司口號顯得更有意義，它可以激發
追求卓越的競爭力，而不是鉤心鬥角的惡性對抗。

　　中階經理人必須以身作則。他們應該經常在顧客可能接觸到

的部門走動，要在出現問題時進行協調，並且將這樣的場面化爲提供更好服務的機會。有一項法則是這麼說的：在100項市場活動與100個結果當中，有80%的結果操縱於20%的活動，僅有其餘20%的結果是由其它80%的活動決定，這就是所謂的「帕雷脫原理」(Pareto's Principle)，或稱「80-20法則」(80-20 Rule)。舉例來說，國家有80%的稅收是來自20%的納稅人；80%的問題是因20%的員工或顧客而起；80%的交通量集中於20%的道路上；公司有80%的營收來自20%的產品。這個法則應該可以幫助經理人認清最需要關切的重點爲何。

切實執行表現標準就是需要持續關切的重點之一。48小時內完成退款、鈴響4聲內接電話、旅客抵達飯店大廳2分鐘內完成住房手續，顛峰時段不超過6分鐘、每個出口排隊不超過2個人、6小時內回信、客人坐定後60秒內有服務生上前接待、客人點餐後20分鐘內上菜、顧客來電查詢時轉接不得超過2個人，飛機抵達後10分鐘內將旅客的行李送達入境處、每顆枕頭的重量須達1.8公斤……這都是些必須嚴格遵守的標準或規定。對銀行業來說，在數分鐘之內核發即期匯票或新的支票簿也並非做不到的事情。

上述這些都是不容易貫徹的標準，每一項都需要重整體制加以配合。業者必須將任何一個因爲遵守標準而發生的失誤視爲公司整體——而不僅是失職員工——的損失，並要因此對顧客心存感激。爲了遵守公司標準而出現的錯誤必須被視爲體制上的問題加以研究，即使是個人的失誤，仍有必要檢討管理方面的疏失，一旦這些標準成爲例行公事，業者更須盡力做出進一步的改進。

美國西雅圖一家商場某次在印製購物目錄的時候出了差錯，新力牌5片式CD音響原價美金199元，當時原定的折扣價應爲179元，在該商場發現錯誤並將共計72頁的目錄重新印製之前，

他們都是以目錄上誤植的99元賣出該音響。這部音響的成本是每部149元,當該商場次日早上開門營業時,門外已有顧客大排長龍等著買每部99元的音響,於是他們總共以九十九元的價格售出了4,000部音響,庫存出清之後還得追加訂貨。這個小錯誤使該商場承受了一筆不小的虧損,但是後來反而成了一個優勢,這項印刷上的過失迅速成為廣為人知的消息,紐約時報(The New York Times)甚至為此做了相關報導,這20萬美金的虧損後來反而因為該商場的優良信譽得以回收。這件事情反映出這家公司所重視的「價值」。

　　有些公司會因為微不足道的小事而喪失形象。這些公司的錯誤也可能間接對他們的顧客造成影響,然而顧客卻未能自這些公司感受到任何歉意。某次一場極負聲名的會議假印度某個山中避暑勝地舉行。參與者一行60人,其中有來自印度及世界各地者,然而後來卻因為當地電力短缺而成了一場失敗的會議。那個地方沒有發電機,窗戶也因為暴風雨而無法開啓,而該飯店卻只是以一句簡單的「抱歉」來表示他們的歉意。有些公司可能會低估了某些花費,於是就攔住顧客要收取額外費用,還推說是工作人員的疏失或臨時多出的費用,例如醫院就有可能會出現這樣的情況。

　　服務品質須視個人的行為而定,而人的行為可能又是許多心理及生理因素的交互結果。中階經理人的職責就是要監督服務人員的心理及生理狀態,不僅如此,他們必須長期在這方面關心員工,如果只是三天曬網兩天打漁,就顯得不夠誠懇、也不會有任何幫助。當員工的生理或心理狀況不佳時,就必須盡快幫他們調整回到最好的狀態,否則最好要他們暫時停止從事第一線的服務工作。

　　有些顧客的確不值得尊重與以禮相對,然而,服務工作者仍

然要以應有的關懷對之。在這種情況下,難免會造成一些緊張的局面,中階經理人必須注意到這樣的情形,並且適時阻止問題惡化。這也就是為什麼在服務業當中,**管理的重點必須以幫助員工超越現狀為主,而不是過於注重對工作表現的控制。**

　　中階經理人的另一項職責是維護現有的資料。尚待研究的問題及需要改進的地方必須透過比較及分析的方式來進行,這個時候必須藉助適當的文件資料。文件可說是公司組織的記憶,即使人們關心的重點有所改變,公司的學習經驗還是得以藉此延續下去。與一些用來報告管理活動及評估的文件相較之下,記錄用的文件較不容易發生遭到竄改的問題。

品質管制的方法

　　有許多方法可以幫助人們進行分析、了解及採取行動,以維護服務的品質,如果中階經理人能夠熟悉這些技巧,必然可以有較佳的表現,如果能讓員工也了解這些技巧,對品質管制的助益就會更大。

　　透過帕雷脫原理(80-20法則)的運用,許多資料都可以藉由圖表的輔助進行分析。透過長條圖、分散圖、及其它的統計圖,我們可以清楚看出趨勢的變化;關係圖、相互關係表、樹狀圖、矩陣圖、流程圖等工具有助於分析事情的因果關係。關係圖是以連結關係為基礎,做出資料的篩選,並且有助於利用大量資料來決定適當的模式。人們經常以腦力激盪的方式發掘事情之間的關聯,然後再慢慢歸類成型。

　　相互關係表則是用來建立先後次序的工具。任何一個想法或問題都可能使許多構想受到影響,而影響的程度也有所不同,每一個想法/問題以箭號相互連結,箭頭所指利益最大的地方就代

表最應該受重視之處。如果問題太多,就可以應用矩陣方法來釐清彼此之間的相互關係。

就服務而言,看得見的部分少之又少,而且它們並不是主要的關鍵之處,因此,處理數據資料的統計方法就少有用武之地。其它的圖表式做法則有助於找出問題點,並提供可能的解決之道。

有時候,編制索引可以幫助人們快點進入狀況。舉例來說,定期製作顧客滿意指數表(CSI)就可以顯示出當前流行的趨勢。此外,顧客忠誠度指數(Customer Loyalty Index, CLI)則可顯示出重複光臨的顧客人數。新來的客戶有時也會透露他們是經其它客戶介紹而來的,像這樣的推薦方式也能夠顯示出顧客的忠誠度。製作這些索引的時候,必須審慎選擇參考的依據,同時也必須定期確認其有效性。有許多研究就是因為誤用了不正確的資料而產生誤導。俗話說「坐而言不如起而行」,就資料的判斷而言,的確是非常重要的一點。

顧客的特權

由於消費者長久以來對可靠、透明化及高品質的服務有著殷切的需求,印度多達 33 個政府部門(計算至 1997 年底為止)及包括醫院、銀行、保險公司之類的公共機構開始規劃滿足所謂的「特權」,也就是顧客的權利。這是現行的服務標準,也是這些機構保證奉行的原則。德里開發局(Delhi Development Authority)就誓言要為消費者提供「有效、迅速及殷勤的服務,致力於廉明公正,以合理的價格提供高品質的服務」。不過,這些陳述均十分籠統,很難在特定的情況下加以闡釋,因此也就顯得格外空洞。

顧客的特權包括特定的承諾,例如保證在將所有權狀交給買方之前60天內完成一切手續,收到訂金和文件後15天內交出所有權,60天內完成核發憑證的程序等。印度新德里市政府(NDMC)向市民開出一連串支票,保證將在一天以內填補所有的道路坑洞、15天內更換有問題的水錶、48小時內修復漏水的水管,這些承諾必須得到所有職員的理解及重視。若想維持完美的服務品質,就必須將這一條一條的承諾視爲外來的限制,並且持續加以改進。

處理顧客的不滿

當顧客覺得自己沒有得到應得的待遇時,就會產生不滿。如果令人不滿的事情並不是發生在顧客本身,而是在其它顧客的身上,目睹其中程序的顧客也可能會引起不平之鳴。舉例來說,當客人聽到收銀員與顧客爲了帳單的問題而大聲爭執,在這情況下,其它人或許不了解事實眞相究竟如何,但是直覺的反應總是讓人聯想到錯的一定是賣方。

顧客的不滿象徵著服務仍有值得改進之處,業者必須嚴肅地看待顧客的申訴,因爲:

- 它可提醒業者出錯的地方。
- 它指出了顧客的期待。
- 如果不加檢討改進,恐有流失顧客之虞。

顧客的不滿是業者重新檢討及修正體制或程序失誤之處的機會。處理顧客不滿時所用的方法必須要(a)讓不滿的人在最終能感到滿意(這就稱爲「補償」)、(b)能夠讓體制/程序有所改進。抱怨者能否得到滿足,端視他對以下幾點的感受:

- 分配上的正義，是指最終解決之道或結果的公平性。
- 程序上的正義，是指業者處理顧客不滿的方法（速度、彈性），以及抱怨者對處理程序的參與程度。
- 互動上的正義，是指顧客所得到的解釋、業者所表現的誠實、禮貌與努力、相關人員的態度及為客人設想的程度等。

　　顧客主動提出不滿之處，就是在向業者申訴。申訴代表的是指控及索償。對服務感到不滿的人當中，大約只有5%會提出申訴，其他人則是直接否定了店家檢討改進的機會，而他們可能也會將自己不滿的經歷轉達給自己的親朋好友。會向熟人訴苦的人遠比會與他們討論愉快經驗的人多，除非人們感受到令他們覺得「太棒了」的經歷，否則他們對於不好的記憶總是較難淡忘。此外，不好的經驗也會抹煞之前令人滿意的經驗。

　　如果業者能夠迅速並認真地處理顧客的不滿，客人就會感到滿意，繼而將先前不愉快的經驗拋諸腦後，而不愉快的經驗就會被當作是偶爾的失常，很快就會被人們遺忘。

　　顧客的不滿並不見得都理直氣壯，有時可能是顧客自己咎由自取，但是業者還是不能將過錯完全推到顧客的身上。只要有錯就不能否認，也不能視而不見，仔細說明當時的情況或許可以安撫其它目睹事情經過的顧客，但是並不能使不滿的當事人息怒，承認錯誤並採取行動以避免重蹈覆轍較可能令人滿意。如果情況允許，用賠償的方式彌補錯誤或許能讓客人了解業者所犯的只是無心之過，而且也真的有悔過之意。

　　國際管理集團（International Management Group）主席馬克・麥科邁先生有一個關於送花的小故事。有家花店每個月都會重複將一束花送到錯誤的地址，每次顧客向店家指出這個錯誤的時候，花店的人都會連連道歉，並保證不會再弄錯，然後再送另一

束花到正確的地址去，經過十二個月以後，該名顧客一共收到了兩倍的花、十二個抱歉及十二個保證，然而店家卻沒有一次將錯誤改過來。**一昧表達歉意及補償是無法令人滿意的。**

由於顧客的不滿代表非常重要的價值，而且大部分的顧客並不會主動表達出他們的不滿，因此許多服務業者都設法發現並聽取顧客的不滿之處。即使被問及自己的意見時，大多數的顧客可能還是**會語多保留**，他們並不想「怪罪」或傷害到某個人。醫院負責人每晚巡視病房，並問到病人感受的時候，大多數的病患多會以微笑或一句「還好」作為回應。附有評量選項的意見表可以讓人們表達大略的感受，但還不夠詳細到能讓人們舉出尚待改進的部分。如果顧客能夠感覺到店家急於改善服務品質並了解不足之處的決心，他們就會願意表達自己的想法。事過境遷之後，人們就較願意談論他們不滿的經驗，這可能會發生在接受服務的當下，或已是經完成服務時。飛機旅客可能在等行李的時候互相攀談、火車旅客可能在長途跋涉時攀談……在學校裡，光和家長或學生談話是不夠的，因為前者了解的可能不多，而後者則是不想說。過去教過的舊學生往往會成為最佳的意見回饋來源。

某家醫院安排醫生到出院兩、三星期的病患家中會面，他會詢問的問題包括：

- 病人出院後的進展。
- 在醫院時的感受。

而關於病人經驗的問題則包括：

- 是否對自己所患的疾病與接受的治療有足夠的了解？
- 在醫院的時候是否有受到醫護人員的照顧，還是被當作無謂的閒人？
- 其它病患的狀況／行為是否對他造成干擾？

- 醫院的整潔度、醫護工作及工作人員的行為有多好？
- 住、出院手續有多方便或多不方便？

日本某個著名的機車製造商針對購買各型機車的人做了一項調查，調查中還包括店家對待顧客的態度、顧客對維修品質的評價等資料。

顧客並不想提出抱怨，然而，他們並不反對幫忙提供訊息讓店家進行修正與改進。和之前提到的那家醫院一樣，這家機車製造商也在服務結束之後與顧客接觸，同時讓顧客充分感受到他們力圖進步的慾望。

有些企業另外設立了專門處理顧客申訴的小單位，有些單位的處理方式不錯，有些則是一點忙也幫不上。其中一些毫無助益的做法包括：

- 張貼一張告示，按照階級次序，列出負責處理申訴的職員姓名，並且詳細標明每個人接受申訴的日期與時間。業者不能等到有空時才處理顧客的申訴。像這樣的告示，只會讓人們覺得顧客的問題似乎不比公司的方便來得重要。同時告示中也透露出該公司實行的是官僚體制，這樣僵化的程序並不能對顧客的申訴做出適當的處置。
- 堅持顧客必須以書面方式提出申訴。沒有一個申訴或補救措施是寫在紙上才能算數的，人們必須有所行動。提供錯誤並不重要，重要的是發現錯誤之處在哪裡，這麼做並不需要用到書面文件。
- 強調受理的申訴與已解決的申訴。所謂的處理包括許多涵義，當店家說「我們正在處理當中」，他的意思可能是指單純的「知道這回事」、已交由專人評估與報告、已對某人提出警告、已寄出道歉信、已解釋相關的規定、程序或

　　　　法律、或已因為「顧客本人未出面提出申訴」而結束審
　　　　理。只有在業者能夠迅速做出補償並改善錯誤的時候，才
　　　　是真正的在處理問題。

有用的做法包括下列幾點：

- 將申訴視為對公司有益的寶藏。
- 在不滿尚未惡化為正式申訴之前及時加以注意。顧客的肢
  體語言可以透露出不滿的情緒。
- 提供免付費的顧客申訴電話。
- 處理申訴的時候，要牢記：（a）「補償」顧客的必要性，
  以及（b）重點是改善體制而不是處罰某人。

　　「補償」的意義是在找回顧客對公司的忠誠度，達到補償目
的的方式包括道歉、為顧客著想、緊急補救、象徵性的和解及／
或採取進一步的行動。前兩項適用於各種情況，其它三項則須視
情況而定。

　　補償的動作愈迅速，成效也就愈大，以下就是一個例子。

　　　　福特汽車公司（Ford Motor Company）曾經回收了3100
　　萬輛 Taurus 及 Mercury Sable 這兩款車子（1986-1995 出產車
　　種），原因是發生了7起因為引擎及傳動裝置腐蝕造成零件
　　掉落，致使駕駛人無法順利控制方向盤而造成的意外事
　　件。經過該公司的詳細檢驗，這批車輛的故障率只有1%。
　　而在 1993-94 出產的 Taurus、Sable 及 Lincoln Mark VIII 車
　　款則因為懷疑斷路器故障導致大燈產生間歇性閃爍，同樣
　　有將近 50 萬輛遭到回收。

　　有時候，顧客對業者的處理結果不滿意，進而尋求第三者
（如審判法庭、仲裁人等）的協調，希望能得到指點，採取進一

步的行動。會出現這種情況，表示顧客與公司之間的關係已宣告
破裂，因此業者應該盡可能避免這種場面。然而，這種狀況還是
難免的。

　　印度於 1986 年制定「消費者保護法案」(Consumer Protection
Act)，為民眾提供快速、廉價的求償服務，當顧客的權益因服
務缺失及不公平的處理方式而受損，這項法案便能為消費者提供
相當的保障。有些事務所也願意義務協助消費者討回公道，為他
們提供精神上、法律上及財務上的支援。透過法律的制定，消費
者的權利已受到更多保護。當消費者不需要為了維護自己的權益
而找第三者居中協調時，對服務品質的真正考驗才算是正式展
開。

第 七 章

發揮員工的潛力

最重要的關鍵

　　服務是由人提供的，也是某個公司或組織的員工與其顧客之間的互動。而這個互動的本身即決定了顧客對服務滿意的程度。顧客滿意度與服務品質是服務者與顧客互動的結果，因此所有與服務有關的人均成為影響服務品質的重要關鍵。本書第四章裡提過帕拉蘇拉曼（Parasuraman）等人舉出十大影響服務品質的要素，這些要素全都跟人與人的行為有關。某家旅行社負責人就說過，該公司永遠將顧客擺在第一位，但是他們更重視員工，他們所抱持的理念就是：只有「太棒了」的員工才能為顧客提供「太棒了」的服務。

　　顧客對服務品質的感覺就來自服務體制當中直接面對客戶的那個人。在服務性質的組織裡，有許多員工均在從事這種直接接觸客戶的工作，他們所扮演的角色都具有「打破界限」的作用。有些研究更認為這是服務工作者最主要的工作性質。所謂服務工作者指的不僅是能與顧客面對面的人員，如接待員、服務生或郵差等，更包括那些隱身在第一線後、同樣在為顧客服務的人，例如清潔人員（在飯店裡）、會計人員（如果算錯帳就會引起問

題）、接線生、**實驗室助理（檢驗血液樣本的人）**、機場的行李搬運工、資料建檔員、修車廠的技工、花店員工（若筆跡潦草可能導致送錯花）、舞台下的燈光師、音效師（稍有疏忽就會使廣播出錯）……這些都是能提升或降低服務品質的人。雖然有不同的人同時在爲完成一項服務而盡心盡力，但是能讓顧客感受到服務的只有最直接與其接觸的人，而顧客也就是根據這個人的服務來決定服務的品質好壞，這恐怕是不變的定律。

人是管理者

根據統計，拒絕再度光顧某個店家的顧客當中，大約有68%是對服務者的態度或行爲感到不滿，只有14%是覺得服務產品的本身不夠好，這就表示在服務業中，員工是留住顧客忠誠度的重要元素。有時候，人們原本準備到某家店購物，卻因爲銷售員的態度而打消念頭。員工的行爲舉止可以影響顧客再度上門的意願，此外，若能讓顧客感到滿意，他們也會口耳相傳，爲店家帶來更多生意。每一位員工都是讓生意成功與成長的推手。事實上，服務業的每一個員工都是管理者，包括遞送包裹的信差也一樣，他們都能夠爲公司帶來更多的生意機會，他們也都是使公司具競爭力的主要關鍵。

整體經驗是由許多小事累積而成的，其中任何一個環節都有出錯的可能，出錯的原因就是人爲疏失，而這個錯誤也將爲整體經驗蒙上一層陰影，這就稱爲最弱環節點理論（the weakest link theory）。科技、設備、系統等因素都無法加強這些弱點，它們或許只能取代人工的機能而避免掉部分弱點，銀行的ATM自動櫃員機就是其中一個例子。然而，這些機器還是得由人來進行控制與維修，這麼一來，許多弱點還是存在著。舉例來說，雖然飯

店號稱住宿頭等房可以享有商務中心及健身房等設施的使用權，如果負責管理這些服務的人無法確認來賓的身分或使用資格，那麼即使身為頭等房的住客也無法享有自己應得的權益。

　　科技、設備及系統無法取代人與人接觸時所產生的認同感。健康中心的身體檢查報告若完全採行自動化，就會像電腦自動輸出的占星結果一樣，無法讓顧客感到滿意，醫生或占星師都必須對結果加以解讀，要解釋報告內容所代表的涵意，並且回答人們所提出來的問題。對人們而言，書籍資料建檔完整卻沒有圖書管理員的圖書館，或沒有銷售員的自助式商店，都一樣缺乏親切感。

人是資源

　　企業組織通常會在建築、設備及機器上投下可觀的成本，但是對人卻沒有適當的投資。幾乎所有的公司行號都宣稱員工是最重要的資源，有一位高階經理人就簡潔而有力地表示：他最珍貴的資產都會在每天下班以後離開公司。然而，這些主管們似乎總是言過於實，大部分都只是空口說白話而沒有身體力行。

　　唯有在人員控制得當之下，昂貴的設備與機器才能派得上用場。愈昂貴的設備愈需要妥善的維護與精良的技術。建築的外觀並不能反映出公司內部的素質，或體制的公正性。

　　擁有技術的人或許不會將所有技巧運用在工作上，這是**監督者／經理人無法掌控的部分**。近來人們在工作上運用知識的機會比體力高出許多，這個趨勢也將隨時間而提高。**監督知識型工作是件極其困難、幾乎可說是不可能的事情**，即便員工明明發現機器出了問題卻還故意裝傻，監督者也無從察覺。某公司就曾發生過員工自己找人研究修正機器設備的設計，於是使機器阻塞或熱

度流失問題迎刃而解的情形。有些簡單的機器問題其實只要稍作更動就可以恢復正常，而且事後回想也會發現這不是件難事，但是就是非得要有人找出問題點不可。也有些員工早已注意到這些問題卻始終不聞不問。

　　就生產能力來說，人的潛力（無論高低）是無法預測的，一個人的能力也可能出現變化。今天還是個小小打字員的人，明天可能就搖身一變成了公關專家。人們會學習，可以創造新的知識，他們有創意，可以為其它資源加上新的功能與生產力。人也可能因為價值觀、態度或身體狀況的改變而墮落。不滿現狀或鬱鬱寡歡的員工可能無法全力投入工作，如果正在氣頭上，他更有可能會利用自己的技術對工作造成破壞。換句話說，人的潛力是不穩定的，他們的起伏變化甚大。經理人不能將員工對工作的奉獻視為理所當然，這可能是一個不但不會貶值，還會讓人喜出望外的資源。

人是生產的要素

　　由於人是服務業中不可或缺的構成要素，「人是最珍貴的資源」這句話也顯得特別有意義。與顧客產生互動的人就等於處在買賣雙方之間的交界。在進行服務時，他不僅是獨立的個體，也代表了提供該服務的公司組織。如果這個人在為顧客服務時顯得手足無措，或完全不按牌理出牌，就會有損公司在顧客心目中的印象。顧客所見到的行為就代表了該公司所提供的整體服務。服務者的行為是產品不可或缺的一部份。

　　標準程序並不是解決這個問題最好的方法。對理髮師來說，每個顧客的頭都不一樣；對醫生來說，每一位病人的盲腸也不一樣；對老師而言，每一個班級與每一個學生都有所不同；每一位

客人、每一個病患、每一個旅客……不一樣，沒有人能將同一個標準套用在每個人身上。面對顧客時，服務者必須根據不同之處而有所調整，這需要技巧、斟酌與事前的準備，光會照本宣科是沒有用的。學者亞柏瑞克（Albrecht）認為規則手冊就像服務業的七條原罪之一，而其它的六條則是漠不關心、不理不睬、冷酷無情、行為呆板、推諉責任及態度傲慢。

以下的例子就足以說明上述這一點：

孟買火車站的電腦訂票系統在 1988 年 1 月 10 日暫停使用一天。站務人員須於當天進行軟體更新，以「提供更好的服務」。在那一天，所有業務都是以人工方式處理，不過服務對象僅限搭乘 11 日中午以前車班的旅客。有一位乘客原本訂了 12 日早上 7 點鐘的車票，結果卻不能以人工方式取消，如果這麼做，他得付 30 盧比的手續費，因此，他只能等 11 日再取消訂票。根據規定，這位乘客只能拿回 75% 的退款。然而，到了 11 日，當他去退票的時候，站務人員告訴他「系統當機了」，如果他不能在當天退票，退票手續費會再提高到票價的一半。這位乘客拜託站務人員幫他開一張退票證明，讓他可以晚一點再持證明去退款，但是這又不合規定，只有收票員才有權力證明那張票未經使用。除了火車站的規定、程序及站務人員的愛莫能助之外，沒有任何人能夠幫得上一點忙。

在與顧客產生互動的時候，服務者是獨立的，在整個互動程序中，他不能求助於工作規章、操作手冊或其指導老師，否則的話，顧客就會覺得這個人沒有能力、知識不足，以及不能勝任，要顧客和這樣的人交涉，只會讓他們對公司的服務缺乏認同感。讓不適任的人為顧客進行服務，會突顯出業者不在乎顧客的心

態,也暴露出其無能之處,於是,顧客就會不信任服務者所做的事情,而需要頻頻進行確認。有些服務是具有信託性質的,例如投資、科技或工程方面的諮詢服務,以及保險、銀行或旅行社之類的代理公司,顧客對這些服務的信賴感是重要的關鍵。員工可以加強這些顧客對公司的信任,當然也加以可以摧毀。

　　基於以上所有原因,與顧客面對面接觸的工作人員不僅要注意公司的政策是什麼,更要了解爲什麼,這麼一來,員工才能夠透過思考而做出最適當的判斷。因此,公司不應該派遣未經訓練的新手去爲客人服務。即使員工經過了適當的訓練,在正式上場時,還是需要有資深人員在一旁加以督導,以確保他們能夠適任工作並遵守公司的規定。就算新來的員工已有豐富的相關資歷,還是得經過這一個關卡才行,這是因爲每家公司的政策及方針不盡相同。舉例來說,每家飯店接待旅客及接受訂房的規定都不一樣;不同的快遞公司也有各種營運方式。同一家銀行裡,會有不同的顧客服務,就算是同一家銀行的不同分行之間也會有相異之處。某家銀行可能只因爲支票上的一點小問題就拒絕兌現,而另外一家銀行可能就會先承兌這張支票,然後很快地在發現錯誤之後請持有人再到銀行更改。每家公司給予員工的自由及權利也有所不同,這些不同之處將會影響顧客對服務的感覺,因爲這些都會表現在員工的行爲上,同時,它們都是服務的重要要素之一。

釋放潛力

　　即使人們在工作上擁有充分的自由與權力,可能也無法將其發揮地淋漓盡致,箇中原因或許是與個人對企業組織的天份、恐懼與才能等因素有關。在各種足以影響個人判斷的組織運作中,最常見的就是害怕因「錯誤」而起不良結果,在這種情況下,人

的潛力自然會受到壓抑。能夠以「錯誤」為借鏡，並且從中學習的公司才能夠幫助人們釋放潛力。

出身於麻省理工學院（MIT）的學者彼得・辛吉（Peter Singe）先生認為，與其一昧使用命令與控制，不如增加學習的機會，也就是創造與分享新的知識，人們不再是盲目地順從規定，而是要有使命感，好好地發揮自己的想像力、勇氣、耐心與堅毅不懈的精神。管理工作的挑戰就在於如何妥善運用每一個員工的智慧與勇氣。

一旦所有的員工都能擁有並行使自己的自由，公司就能夠更人性化、更關注顧客的需求。組織內部的結構及管理也不會過於僵化，工作時間可以變得更有彈性，人們可以在自己的領域內工作得更有效率，而不再需要頻頻確認其它人的工作或決策，「我所做的事」與「我能做的事」之間的差距得以拉近許多。

如果人們出現以下的狀況，就無法有效釋放自己在工作上的潛能：

- 不了解公司的目標與意圖。
- 無法得到對工作成果及進展的回應。
- 得到限制其工作成果的不良回應，而不是成長的機會。
- 害怕與上司分享關懷與個人的目標，以免對自己不利。

A.P.J. Abdul Kalam博士在其著作《火焰之翼》（Wings of Fire）中以下這段話描述他的個人經驗：「為了想出解決的方法，我們必須創新。我懷疑自己該從哪裡開始著手。後來我決定向四周的同事們尋求解決之道，我也向一些最不可能幫上忙的人討教。有些朋友擔心我想得太天真，而我只是不斷地將每個人的意見記下來……我們用一年的時間完成在歐洲的對手們花三年還做不到的事情。我想我們的長處就在於我們每一個人都願意與公司上下的

人合作。我堅持每個星期至少要開一次小組會議,雖然這麼做要
耗費不少時間與精力,我還是覺得這麼做十分重要。」

必要的技巧

在具服務性質的公司裡,每一個從業人員都要懂得與顧客維
繫關係的技巧。他們必須:

- 樂於助人。
- 懂得取悅別人的技巧。
- 認為滿足顧客是一件好事。
- 確定能傳達正確的訊息給顧客。
- 不可用錯誤的訊息掩飾自己的無知。
- 以公司的利益為己任。

所有由人管理的活動都必須加強的態度與技巧包括:

- 知人善用。
- 適當訓練。
- 獎勵制度。
- 內部溝通。
- 其它與人力資源發展(HRD)相關的事項。

知人善任

雇主通常偏好僱用已有類似資歷的員工,認為他們應該都已
經具備擔任該工作所需的技術與技巧。事實上,人們在工作上學
到的並不只是專業的能力,還有公司的企業文化。學習會讓人產
生慣性與固定的模式,包括在不同場合的適當行為,而行為的適

當與否會因公司而異，須視其營運方式為何。各公司對顧客、品
質、員工、倫理及禮節等方面的定義可能都不一樣，因此，在某
公司學習到的技巧可能無法完全適用於另一家企業文化不同的公
司裡，如果不能拋去在前一家公司的學習經驗，可能會對現在的
工作造成妨礙。

　　在專業技術與樂於助人、有禮貌、能為他人著想之類的社交
技巧之間，前者較容易透過訓練課程而灌輸給員工，後者則是經
由個人在各方面經驗的累積，而且也是個人性格的一部份。有些
人經常滿臉笑意、常保一副精神奕奕的模樣，而有些人看起來總
是非常地嚴肅；在思想和行為上比較有想法的人或許比那些唯命
是從的人更適合從事服務顧客的工作；喜歡一個人獨處，討厭受
到打擾的人就不適合從事必須向人示好、重視他人感受的工作。
這些習慣是很難改變的，公司在挑選員工的時候，最好將重點放
在對方的社交技巧，而不是專業技術上。經理人應該盡量任用具
有以下特質的員工：

- 充滿活力。
- 對「人」有興趣。
- 擁有穩重的專業本能，願意為了讓顧客滿意而努力。
- 有良好的工作習慣，也就是能夠貫徹自己的使命。
- 具有鑑別細節之處的能力。
- 能適應條件、環境、工作狀況及人的變化。
- 能發現問題，並做出果斷的決定。
- 能優先配合工作，以準時完成任務及達到目標為己任。
- 不會因為怕被挑剔而逃避責任。
- 能明確的表達自己的想法，而不傷害他人的感受。
- 能正視他人。
- 有愉快友善的表情。

- 能讓他人感覺受重視。
- 能觀察他人的肢體語言而正確地判斷他人的感覺與需要。
- 願意傾聽。

公司主管最好能透過面試、小組討論、角色扮演、模擬演練等方式來判斷員工是否具有以上這些特質。

員工訓練

服務業的員工訓練必須大幅偏重人際互動與社交關係、如何討人喜歡而不傷人、了解肢體語言、為顧客提供舒適的感覺、對他人的情緒培養敏銳之觀察力等等。這些都是服務業從業人員必須不斷加強及重視的基本條件。

人的行為是許多原因所造成的結果，包括他的信仰、態度、想法、價值觀、期望等，從而形成了一個人的行為與思考模式，唯有改變這些模式，人的行為才會產生轉變。要改造一個人的行為及思考模式，就必須以新知識取代過去的一些學習經驗。唯有捨棄舊經驗，才有可能造成改變。

行為發生在情境當中，人在某些情況下會分別表現出粗魯或彬彬有禮等完全迥異的態度。我們可以由當下的情況了解人們的行為。有時候，服務人員的行為可能是顧客引起的，無論顧客的行為好壞，都有可能對服務人員的行為產生影響，而服務人員的行為表現更可以減少他人不愉快的行為。服務業的從業人員必須了解這些變化，並且學習如何調整自己對他人的影響力，以及如何避免受到他人行為的影響。光是了解並不足夠，必須經過實地演練，並將這些知識轉化為自己的行為習慣才行。

員工訓練不僅要著重於激發人際的互動，還要兼顧公司的營運。舉例來說，機場出境處的海關人員就必須知道如何判斷旅客

入境理由的真實性；醫院裡的警衛必須認清不同部門所發出的各種出入証，否則就可能因為攔錯人而引起紛爭。守衛員要能分得出真假出入証的不同，還要熟悉各種緊急的訊號、發生緊急事件時的應變措施、應急工具所在位置等。這些都需要定期的練習。

　　據說在英國，訓練一個管家通常要花上4年的時間，其中必須教導的包括哪些事不能做（例如與客人握手、反駁主人的意見、與主人太親近、工作時喝酒、直呼主人的姓名），哪些事應該做（明確地以「是的，先生」或「沒問題，先生」表示回應、女士在場時，只能直視其眼睛、微微鞠躬）、以及該怎麼做（摺報紙而不弄皺、上菜、斟酒不濺出來、開香檳）等。為了達到更好的顧客服務品質，任何公司的員工訓練細節也不少於此。

　　除了保持服裝儀容、面帶微笑、控制音量、常說「謝謝您」、誠心地打招呼等簡單的動作，員工訓練的內容也必須確保員工對設備的優點、風險及預防措施等方面的了解。美國飯店旅館協會（American Hotel and Motels Association）與萬事達國際刷卡組織（Master Card International）合作發展了一套大規模的訓練課程，以應付飯店業各方面的營運作業，包括櫃檯、客房禮儀訓練（Guest Room Exceptional Attitude Training）等。在這套訓練中，工作人員必須遵守所有的規則與程序，嚴格執行各項指示，並要針對他們的行為給予顧客滿意的答覆，讓顧客知道這麼做有其理由與意義，而不只是「照章行事」。

　　訓練的內容必須包括各種可能出現在公司內部的狀況，以及這些狀況的應對之道。這需要觀察並研究每一個能讓顧客滿意或不滿意的細節，而每一個與顧客接觸的人都必須負責蒐集這些細節資訊。也就是說，這幾乎是每一個服務業從業人員的責任。員工必須夠敏銳才能夠正確觀察出顧客的反應，並回報給自己的上司，而不擔心影響自己的工作評估；顧客的申訴亦是這些細節的

重要來源之一。這些資料都十分重要,而且有助於提供更好的訓練及更好的營運方針。

在公司生意好的時候,高層主管常常容易忽略員工訓練的重要性。並不是只有在公司「慘澹管理」的時候才需要訓練員工,人們在一切順遂時,往往會過於自滿,這是很嚴重的危機。顧客只會愈來愈精明、愈來愈有經驗,也愈來愈挑剔,業者不能將顧客的忠誠視為理所當然,否則就容易被新對手或舊對手推出的新服務迎頭趕上。就連世界著名的 IBM 電腦公司也是在 1992 年損失 50 億的代價之後才換來這個教訓。

以下舉例說明員工訓練及預做準備的重要性:

> 西班牙的 Banco Bilbao Vizcaya 公司於 1999 年花費相當於美金 7,000 萬的代價讓旗下 2 萬 3 千名員工接受為期 17 萬 5 千個小時的訓練,以應付自該年度一月一日開始實施的歐元體制;德國慕尼黑的 Allianz 公司也為了及早因應歐洲市場的改變而投資了約 1 千 2 百萬美元在員工身上。這是為了要在銷毀舊鈔之前檢驗其真偽性、確認將成為全球指標的歐洲股票指數、以及避免電腦系統出現問題等,一旦發生這些狀況,都是會引起大恐慌的。

員工訓練的成效一向難以衡量。對日本人而言,員工訓練就像是家常便飯般不可缺少的例行公事,他們相信這是保持身心健康不可或缺的重點。對他們來說,**員工訓練是投資,而不是花費**。也有人認為員工訓練的方向與必要性須視其成效如何。對某些機能來說,操作技巧視訓練的重點,由訓練前後的工作差異就可以判斷出訓練的成效如何,即使如業務員這般以個人為訴求對象的工作,也可以由員工接受訓練前後的表現看出成效。

獎勵制度

任何能讓人愉快或滿足的事情都是一種獎勵，反之，給人們不想要的東西，或不給人們想要的東西都算是一種懲罰。懲罰是令人痛苦或不愉快的。許多關於行為動機的理論相信人們會為了得到快樂或滿足，以及為了避免被罰或不滿足而做出某些行為。換言之，人們會追求獎勵而避免懲罰。

即使是強調克盡己任、為他人服務的傳統動機理論也抱持著相同的看法。「盡自己的職責而不求回報」是印度人耳熟能詳的一句格言，人們相信無論在社會上的評價如何，只要盡責就能得到最大的獎勵，也就是上天賜予的福氣與喜樂。

人的一切行為都有其目的，而這個目的則取決於能夠得到的獎賞或懲罰。因此，獎勵制度對員工的行為可以有極大的影響，公司制定的獎勵體制應該要鼓勵符合期望的行為，而懲罰不符合期望的行為。不適當的獎勵體制會誤導人們工作上的幹勁。有一個關於一位富商的小故事，信差每次送信來的時候，這位富商都會吩咐秘書給他小費，後來卻發現這個信差為了多賺取小費，每次都只送一封信來！按時計酬的方式可能會影響工作的進度，而鼓勵高生產量的單位往往容易忽略產品的品質。如果公司定期在會議中獎勵業務人員，卻對其它相關人員（如維修人員）的成績不聞不問，就會讓人覺得公司只在乎顧客有沒有消費。如果員工覺得自己的想法常常受到上級的質問（因而讓人覺得困窘或不安），他們就會盡量避免自己做決定，而將責任「往上推」。

什麼樣的獎勵能讓人滿意？每個人的定義不一定相同，對大多數的人而言，錢或許是最好的答案，但這也不全然是放諸四海皆準的。有些人寧可不賺加班費，也要撥出時間與家人相處，或去享受自己喜歡的生活；有些人為了崇高的理想而甘願受苦——

從事不合作運動的人就是最佳佐證；虐待狂特別偏愛殘酷的事物；有些人願意自討苦吃，因為他們相信那麼做足以證明自我的價值。有些人覺得代表公司出席重要會議是一種得來不易的獎勵，但是有些人卻避之唯恐不及。

公司往往會先鼓勵員工找出個人的工作目標，接著指引他們透過為他們量身定做的獎勵制度而達成目標。員工的個人目標與他們在工作上的任務應該是一致的。

獎勵的價值會隨著（a）代價、（b）獨特性及（c）明顯程度而提升。1000元的獎品比200元的好，拿金牌也好過被登在佈告欄公開稱讚；若僅是書面獎勵，大篇幅的讚美就強過輕描淡寫的寥寥數語；書面獎勵不如公開讚揚；跟經理吃飯也比不上跟董事長吃飯來得有派頭。

某些研究指出從業人員對工作經常感到不滿的地方通常在於薪資、績效評估及升遷機會（包括受訓）等地方，而滿意度較高的則是團隊合作、工作的士氣及多變性等。事實上，如果有公司根據這樣的結果而改進其制度，就會發現這樣的研究結果很容易產生誤導。大部分的人對公司薪資及績效制度都是不滿意的，因為在任何一種績效評估制度下，都會有半數人的表現低於平均水準。即使真的有人對公司的團隊合作、工作士氣或多變性不滿，絕大多數的人還是不會有所抱怨，因為人們認為這些地方呈現的都是員工的工作行為或態度，而不是公司的管理方針。這些都是經理人應該重視的部分，若能有所改進，就會影響員工對薪資及績效的看法。

培養使命感

一個強調顧客服務的公司最需要能夠關心顧客需求、能夠主

動運用判斷力為顧客服務的員工，員工必須把握各種為顧客服務的機會，唯有在感受到「使命感」的情況下，第一線的服務人員才能做好這樣的工作。

　　所謂的「使命感」並不是經由公司的正式委任才算數，如果員工認為自己沒有充分的使命感，就不會徹底執行公司委派給他的任務。公司發生火災的時候，工人主動引導消防隊員至起火的辦公室，並指出存放重要文件的地方，這麼做並不是出於職責所在，而是基於使命感，認為他該盡量將公司的損失減到最低，而且認為自己為消防人員指引方向是正確的行為。在這種情況下，這名工人就能感受到自己必須保護公司的使命感。

　　沒有使命感的人不會質疑或試圖改變他人的提議，就算他覺得有修正的必要也一樣。他們不會主動提出重要的資訊或能影響決定的想法，因為他們認為事不關己。這樣的人會放任機會溜走而不知把握。顧客在接受服務時所表達的意見，對有些員工而言可能只是耳邊風，但有些人則會認真傾聽，並且追問進一步的細節，其間的差異就是顧客滿意或不滿意、公司能否得到珍貴的意見回饋等等。錯過的機會及因此造成的損失並不會反映在會計資料或管理部門的資訊結果上。1985 年美國太空總署（NASA）太空梭在起飛後數秒鐘隨即發生爆炸，事後的調查發現有些技術人員在起飛前就已發現零件故障的問題，但是卻沒有報告上級。員工若缺乏使命感就有可能造成這樣的後果。

　　有使命感的員工特別重視工作的成果，他們不會受到職位、權威或職務範圍的牽制，也不認為自己受限於規定與程序問題，他們相信公司希望自己以最終結果為重，因此會不斷激勵自己有更好的表現。他們會「看見」束縛，但不會因此卻步，相反地，他們會設法克服前方的障礙。他們相信公司不會挑剔他們創新或不尋常的舉動，相對地，他們相信公司會全力支持他們想做的事

情、表現積極、並且確保能滿足顧客。他們認爲如果因爲自己的猶豫而令顧客不愉快，就會讓公司對他們失望。

有使命感的員工亦會對公司的管理方針有所要求。他們可能不喜歡屈就於公司的規定與程序，認爲那麼做會限制他們的工作表現。在和公司高層開會的時候，他們或許會對公司的政策提出質疑，如果上司在這個時候認爲他們傲慢、造反或愛唱反調，他們可能會屈服，但也會因此覺得自己不再對公司有使命感。如果公司採納了他們的意見，但是他們的努力並未得到預期的結果，公司應該表現出對他們的寬容，並讚賞他們的努力。反之，如果因此而受到斥責，他們對公司的使命感也會相對地減弱。

當其它人只顧著在雞蛋裡挑骨頭時，對工作有使命感的員工會想辦法找出問題的解決之道，他們會說：「是有點難，不過還是有可能做到」，並且努力嘗試，而其它的人只會說：「是有可能做到啦，不過實在太難了」，然後就打消試一試的念頭。

員工若對工作有使命感，他們的行爲就難以掌控，他們需要、**也必須擁有工作的自主權**，決策的權力必須落在他們的身上，他們不能在上司的光環底下做事情。「自制」是唯一能控制他們行爲的方法，公司必須對他們灌輸組織內部的價值觀及管理哲學。美國有一位任職於州政府總部、專門負責聯繫高級政府官員的軍官，某日收到一封來自總統的信，信中指責他在某件事情上辦事不力，這位軍官看了信之後隨即提出辭呈，直到議長出面慰留，他才打消了辭職的念頭。這名軍官之所以打算辭職，是因爲他認爲總統不該在尙未弄清事情的是非對錯之前就寫信責備他。

員工的自治權與管理體制及企業文化之間應該要有強烈的連結，除了互信之外，其它能構成員工使命感的因素還包括了與員工共同商量及制定決策、成立跨機能的小組團隊、採取明確的溝

通方式等。

　　以下幾個例子是關於一個對工作有使命感的員工，雖然他不在乎公司的規定，但是卻能創造出讓顧客感到「太棒了」的服務。

　　某家航空公司在五星級飯店中設置了一個訂位處，裡面只有一位助理負責處理所有的業務，某日由於「系統當機」，無法確認客人所訂的機位，於是他告訴客人大約半小時前他曾確認過該班機的訂位狀況，應該還有足夠的位置可接受訂位，同時他保證等系統修復之後會立刻將機票開給那位客人。將近 45 分鐘之後，系統還是維持「當機」的狀態，於是這位助理開了一張沒有PNR編號的確認機票給客人，並告訴客人等系統恢復正常之後，他會馬上將資料輸入電腦中。

　　一位持有確認機票的旅客原本將搭乘從阿美達貝飛往孟買的早班飛機，由於在前往阿美達貝的途中，這位旅客所搭的火車受洪水影響而停駛，因此他必須等到下午 3 點才能抵達阿美達貝。後來他搭上鐵路公司特別安排的公車到了阿美達貝。當這名旅客抵達市區的航空公司訂位組時，助理問他是否有鐵路公司的憑證可證明他所遇到的狀況，當然，他身上並沒有任何憑證。於是助理告訴他，他已經依照公司的規定被視為「缺席」，而且之前的機票也無法退費，他可以重新選購當晚另外兩班飛機的機票，不過兩班飛機都有誤點，而且訂位也都客滿了。否則的話，他也可以在機場等候補機位。這位旅客同意了第二個方法，於是助理為他在先前那張票上背書（沒有額外收費），讓他可以搭乘晚班飛機當中的任何一班，同時要他馬上到機場去登記等候候補機位。過了 30 分鐘，當這位旅客趕到

機場時，赫然發現自己的名字已經排在候補名單裡了，顯
然那位訂位組的助理已經先打電話幫他登記過了。

價值觀與管理哲學

根據一項針對77個公司行號、400位主管所做的調查顯
示，有58%的受訪者認爲員工、價值觀及企業文化的經營是十分
重要的工作，與自由自治之道息息相關。

員工與顧客進行互動時，他們就是公司的代表，因此，無
論接受哪一位員工的服務，顧客都希望、也有權利享有同樣的待
遇。員工的行爲必須穩定一致。傳統上經常用來確保員工行爲維
持一致與統一的方法，就是制定標準的工作程序與運作規章，員
工必須按照這些準則行事。行爲適當與否自然是因爲人們對規定
的認知與了解，如果人們知道並接受制定規則的原因，他們的行
爲就會自然而然地符合期望。公司行號制定規章的原因乃是源自
於該公司的價值觀及經營哲學，如果員工願意分享公司的價值觀
與經營哲學，他們的行爲就會傾向符合這些價值觀與哲學的結
果，而員工所做的判斷也會與公司的政策一致。

團體當中的一分子容易在不知不覺中做出符合該團體視爲常
規的行爲，這些常規經過消化吸收而形成個人的習慣與想法。奉
行一夫一妻或一夫多妻制度、遵守法律規定、不貪圖他人財物、
接受命運、意志消沉、尊重長者、孝順父母、排隊習慣……這些
行爲都是人們經由對個人、大衆及社會禮儀的觀察而養成的，並
不僅是因爲害怕違法受罰而特意遵守。由價值觀衍生出來的禮儀
不同於衍生自法律的守法行爲，與規則相較之下，透過價值觀控
制人們行爲的成效更大。

對國際性公司而言，價值觀與文化所牽涉的層面更加複雜。

每個國家的文化都有差異，舉例來說，日本人認為追根究底是不禮貌的，他們不喜歡追問「為什麼」；阿拉伯人則非常不喜歡用左手遞東西給別人。有些人比較許歡正式的問題，而且十分重視地位及階級象徵，他們討厭故作親密狀。在某些社會當中，人們特別重視守時的觀念，而且絕對逾時不候，但是對某些社會來說，遲到、讓別人等候才能象徵一個人的重要性。人們必須了解並尊重不同的社會行為與禁忌。公司的價值觀及運作方式也必須因人而稍作調整。

學者霍弗斯德（Hofstede）認為各國文化的不同點大致可分為五個構面，包括：

- 權力距離。認同各種社會階級擁有的權力不一樣，有些人並不接受這個事實。
- 規避不確定性或冒險的傾向，有些國家的人特別具有冒險犯難的精神，有些則是有凡事戒慎恐懼的習性。
- 個人主義與集體主義。對某些人來說，在團體中工作是再自然不過的事情。
- 陽剛與陰柔。
- 果斷程度。

價值觀是人們心中最基本的是非標準，也是人們思考與行事的準則。若將這個準則表現於商業行為中，則關乎商業環境、市場、組織、能在顧客心中留下印象的方法、建立共同經營模式的重要性、業者與供應商的關係、對公共事務的關心、安全性、品質等方面。

如果公司的經理人對某些價值觀或哲學深信不疑，並且希望員工們也能吸收這些觀念，那麼所有的行動與決策就必須符合這些價值觀與哲學。**高階經理人必須作為員工們的表率，如果主管**

的表現言行不一，員工們會受錯誤的行為所影響。雖然主管們是透過正式政策來傳達（無論是加強或否定）公司的價值觀與哲學，但是行為舉止的感染力才是最有效的。如果公司裡貪污、賄賂猖獗，我們就不可能說他們的價值觀是反賄賂。員工們會在（a）主張一個乾淨公正的體制（b）檢舉懲罰不法行為部門所採取的舉動，以及（c）腐敗的公司運作之間觀察、感覺並了解到公司的管理哲學。

行動是思考的結果，而思考則訴諸於文字。人們經常誤用「所有權」及「財產權」這兩個名詞。股票持有人並不擁有員工，公營事業是一個共同體，不為任何人所擁有，他們必須對擁有權利的全體人民負責。然而，增進股票持有人的權益未必代表增進顧客的福利，後者可以是、也應該是一個共同的目標，但是顧客往往是被犧牲的輸家。

自大傲慢的人往往不懂得體貼及尊重他人，無論是對顧客、同事或上司，保持謙遜的態度有助於建立彼此的信任及了解。人們不太可能傾聽別人的話，除非自己也能得到相對的傾聽。如果顧客用的洗手間十分乾淨，而工作人員用的洗手間卻非常骯髒，其中的訊息就十分明顯了。有人說人們是以他人對待自己的方式對待他人，而不是以自己希望得到的待遇對待他人，經理人用什麼樣的方式對待員工，員工往往也會以同樣的方式來對待顧客。

有些公司會出現以下情形：

■ 捏造工作成果的數據與資料。
■ 重視拍上司的馬屁更甚於取悅顧客。
■ 重視房間大小、椅子形狀、名片品質之類的地位象徵，勝過實質的工作特色。
■ 拘泥於形式上的繁文縟節，而不在乎實際的工作表現
■ 受限於經費預算而犧牲成果表現。

■ 不在乎提議的內容，只想得到贊同。

這些都是普遍價值觀的表現形式，正式報告中或許看不到這些說法，但是有時人們的確會發展出某些違反公司管理哲學的運作方式，如果這些問題得不到重視及改善，員工就會學習到錯誤的價值觀，而他們的行為也會產生不良的後果。

價值觀的審視

怎樣才能注意到上述這些過失？方法之一就是不時針對公司裡所有的運作及決策進行正式審查。而經理人撥空探視第一線的現場運作情況則是更簡單有效的方法。愛維仕租車公司（Avis）主席一向習慣親自開車；而 J.R.D. Tata 先生過去仍任印度航空公司總裁時，也經常喜歡親近旅客及執勤的機組人員；飯店的高級主管總是會花時間在大廳及餐廳裡監視一切狀況，並且與客人交談。這些都是基於 MBWA（四處走動的管理方式，Management by Walking Around）的基本原則延伸出來之管理方法，這一點在服務業相當的重要，因為服務的製造程序就發生在與顧客產生互動的階段，無論在之前或之後都無法確認服務的品質。公司的價值觀與經營哲學必須在員工與顧客產生互動的時候發揮效用。

員工所抱持的某些價值觀有時會在閒暇時的對話中表露出來，他們對公司的管理有什麼看法？員工（特別是不同單位的人）彼此之間是怎樣交談的？是互相了解還是彼此輕視？他們對輸贏的看法如何？他們認為犯錯比較安全還是比較冒險？他們認為自己對公司的改善能提出哪些建議？他們對上司的可信度有什麼想法？

CSI 顧客服務指數（Customer Service Index）也可以作為審視價值觀的方式。CSI 的構成因素可以反映出員工的價值觀，如

果公司主管們普遍都能了解 CSI，並且以它作爲獎勵員工的依
據，就能夠加強員工的價值觀。

員工的歸屬感

　　支持公司的員工特別能夠感受到自己與公司之間的連結，也
就是一種歸屬感，他們可以做出更多、更有用的貢獻，以達到公
司的目標。

　　員工的歸屬感不同於使命感。有使命感的員工對公司有歸屬
感，但是即使是沒有使命感的員工，也可能對公司有歸屬感，這
樣的員工必定對上司言聽計從，即使不同意公司的規定及命令，
他們還是會小心翼翼地服從，唯有在試圖取悅上司的情況下，他
們才會採取主動，顧客（第三者）滿意與否並不是他們關心的重
點。

　　有歸屬感的員工十分重視他們與公司之間的關係，就算他們
對公司的事物不熱中，還是會表現的十分勤奮 —— 就像小孩讀書
一樣，他們可以很用功，但未必對讀書有興趣。

　　員工的歸屬感來自於三個因素，包括：

- 對公司的情感，因為個人性格及工作經驗讓他們對公司產
  生情感，並且讓他們**想要繼續**在公司裡愉快地工作下去。
- 不得已，因為沒有轉職的機會，或有經濟上的壓力，**不得
  不繼續**痛苦地工作下去。
- 因為社會規範的影響，引起他們對工作產生義務感，讓他
  們**覺得應該繼續**待在公司裡。

　　在這三者中，第一個因素對歸屬感的影響力最大，其他兩項
則較爲薄弱。

　　當人們的工作成為一種責任，而不只是任務時，歸屬感也會提高許多。在某些公司裡，責任都是「固定的」，只要一出錯就對負責人施以懲罰。人們常將「責任」與「負責」搞錯，後者所代表的只不過是員工向上司說明個人行為及決定的義務，也就是下對上進行報告的關係。所謂的責任則必須要有判斷及決定的權力。**高壓統治、僵化的程序及嚴密的監督都可能降低人們對公司的歸屬感。**

　　對公司沒有歸屬感的員工會：

- 不專心工作。
- 找機會翹班。
- 只把工作當作例行公事。
- 工作出錯時不會感到意外或不安。
- 不主動設法解決顧客的不滿。
- 隨時為失敗找到藉口。
- 推諉責任。
- 對公司的政策、價值觀及管理哲學冷嘲熱諷。
- 和顧客一起抱怨公司的管理管理。

　　在下列情況下，員工的歸屬感就會提高：

- 得知公司的成功及未來計劃等。
- 受邀參加重要的場合，例如慶祝會或午餐會議等。
- 了解公司政策而不至於在顧客面前丟臉。
- 公司重視他們的想法、說法及期望。

　　如果員工只能透過小道消息、新聞輿論等管道來了解公司的動態，他們對公司的歸屬感就會降低。如果公司只顧對外發表內部的運作機能，卻未透露給員工們了解，員工就會覺得自己並沒有被視為公司的一部份。人們需要有整個團體作為後盾才能將工

作做好。舉例來說，當公司部門或員工個人的職務／辦公地點有
所調動時，總機人員也必須知道他們的新動向才行；當飛機航班
取消時，機場的值勤人員必須知道航空公司可以爲旅客提供哪些
選擇。如果因爲公司無法給予這樣的支援而使員工無法盡到他的
職責，那麼員工對公司的歸屬感就會減弱。

員工的建議

　　幾乎每一個員工都能注意到公司內部的營運問題及缺點，而
那些正在工作崗位上的從業人員對事情的了解程度可能比誰都
多，他們比高階經理人更早發現問題。舉例來說，自助式的商店
通常會將較重的商品放在貨架下層，這種設計對顧客而言十分不
方便，因爲要彎腰提起在下方的重物並不容易。對公司沒有歸屬
感的員工就會對這樣的問題置之不理。每個人都有嘗試解決問題
並提出建議的能力，不過並不是所有人都會這麼做。有些公司特
別制定許多建議方案，希望鼓勵員工提出引人注意的見解，有些
員工根本不理會這一套作風，這與員工的思考能力無關，而是與
公司處理員工建議的方式有關。

　　提出建議並不只是高層主管的職責，而是所有員工的共同責
任。如果每個人都抱持事不關己的態度，他們對公司的歸屬感勢
必也十分低落，而這就是經理人必須注意的地方。唯有在感受到
以下幾點時，員工才會願意提出對公司的建議：

- 主管們渴望得到建議。
- 公司能認真看待員工的建議，並且立即採取行動。
- 在建議被駁回之前，員工有說明的機會。

　　如果公司只是以一貫作業的方式，將員工所提的建議層層遞
交給所有經理人審視，絲毫不分輕重緩急，那麼員工就無從得知

自己的建議到底是不是受到採用，而且這會讓員工覺得高階經理人根本沒有檢討改進的誠意。某家公司每天平均收到100個員工建議，而這些資料在匯整完畢之後，會於第二天早上發給每一位員工，讓員工覺得自己的提議的確受到了重視。激發員工創意是有技巧的，在另一家公司裡，到處都可見到印著「我們做得如何？」的卡片，公司裡的每一位員工可以在上面寫下自己的（新）意見，或對先前意見的評論。某家企業公佈了一項過於詳盡的計劃，規定各分公司的主管們先詳細評估他們所收到的各種建議，並將其中最好的3項轉呈至區辦公室，在那裡，有人會再次檢閱這3項建議，最後再送至總公司……依此類推。雖然該公司會頒發為數不少的獎金給提出年度最佳建議的員工，不過他們所得到的回應實在是少之又少。

員工的建議不應該被拿來做比較，只要能幫助公司進步，即使再小的建議也是非常珍貴的。員工可以針對職務安排、工作流程、用餐時間等各種事情提出自己的建議，但上司的權威不代表他能擁有評估建議的能力。有些上司的心態並不適合擔任審閱建議的工作，尤其是一些針對其早先安排而提出質疑的建議。既有的利益往往是妨礙進步的一大主因，有人曾經對其公司提出一個簡單的建議，只要減少些許電力供應，每年就可以為公司省下330萬元盧比，不過這個建議隨即遭到製造部門及設備管理人員的否決，因為他們認為這麼做會對機器造成傷害，然而，後來證實電力減少並不會對公司的生產力及機器設備造成任何不良影響。

印度的南方鐵路公司（Southern Railways）採用員工的建議之後，擬定了一套提升服務禮貌的方案，並且為該公司帶來了許多好處，茲說明如下：

　　　　報載南方鐵路公司大規模採用了員工對於車廂便利性
所做的建議，其中包括增設「盥洗室使用中」標誌、廁所
通風孔、礦泉水瓶擺置架、更多鏡子……現在印度已有四
家鐵路公司群起效法，開始改善他們為旅客所提供的便利
設施。

　　改革創新也就是與傳統的想法對立，必須脫離過去的假設與
慣例。當大家想盡辦法刪減預算的時候，改革者卻開始思考重整
公司的營運狀況。當大部分的航空公司都在提供一流服務，以大
型後仰式座位及躺椅取悅顧客時，少數公司卻反其道而行，排除
一切不必要的設備與程序，甚至不須登記行李，結果反而擄獲了
大多數顧客的心；美國 CNN 新聞台改變新聞播報型態之後，開
始提供 24 小時來自世界各地的直播新聞。這些偏離傳統的作法
小則可以讓改革者有更好的表現，大則可以扭轉整個市場的本
質。二手買賣過去一向是汽機車市場常見的管理方式，現在已成
為電腦設備、家用電器及其他日常用品常用的促銷策略。

　　創造性思考的優點並不是那麼容易被發現的，將創意付諸實
行之前必須經歷過一段充斥著懷疑與滑稽、沿途佈滿荊棘的試煉
之路，有時候甚至到頭來還只是白費一場功夫，這些試煉部分是
出自於外在的競爭，部分則源自於自我的疑慮。將想法化為實際
也是要花費許多努力與時間的，任何一個想法都必須經過試驗與
調整，即使是像超音波人體掃描機、微波爐、隨意貼便條紙、光
碟片等這些現今十分普遍的物品，它們的發明者也得花上數年至
數十年不等的時間不斷進行除錯，才能順利研發成功。要創新就
必須堅持到底，而堅持並不是常見的員工特質，這需要培養。

　　日本企業一向以善用員工的創意提升品質而聞名，它們的制
度包括：

- 不因為成效不顯著而否決員工的建議。
- 允許基層人員作決定。
- 讓提出建議的人參與決策程序。
- 允許員工不斷嘗試以激發創意。

公司必須讓員工試驗自己的建議，而這得視高層主管們是否信任員工的責任感才行。如果有權進行試驗的是一群員工（最好擁有各種技術），公司所冒的風險就會小一點。經理人可將全體員工分成許多的小團隊。

內部溝通

唯有在充分而且正確地了解公司的運作情況之後，員工對公司才會產生使命感與歸屬感，他們面對客戶時所表現的行為（熱心、敏感等）或行動（傳達資訊）全有賴於公司內部的溝通。不良的內部溝通很可能導致失敗的服務，舉例來說，在印度相當知名的兩大護膚化妝品牌廠商萊雅（L'oreal）及旁氏（Pond's）公司都設有免費的諮詢中心，為顧客提供個人化的護膚服務，並為他們解決頭髮方面的問題，負責在這些諮詢中心工作的職員必須依照產品實驗室的說法，正確地回答顧客所提出的問題，否則的話，他們的知識（或無知）都將成為公司的正式意見。

在公司的公佈欄或類似媒體上常見到一些書面通知及公告，這些東西可以讓員工們了解公司裡的產品、計劃、程序等事項，但是若透過這種方式宣佈評估結果、獎勵名單或及其他的公司政策，就有可能使這些訊息遭到扭曲。如果員工對公司產生疑慮，主管就必須發揮其權威及能力來安撫這些不安的情緒，在服務性組織中，價值觀及管理哲學是需要溝通的，如此一來才能成為員工與公司共有的觀念，而溝通的方式最好是如下所列：

- 在會議中透過討論的方式。
- 舉出能夠反映這些價值觀的實例，如果可能的話，最好是透過影片來傳達。
- 由高階主管們說明他們的想法。
- 在慶祝某個員工、部門或單位成功的場合進行溝通。

印度的人壽保險公司發行了一份影像雜誌，分發給所有分公司裡為數超過 2,500 名的員工，雜誌的內容包括高級主管及各部門傑出員工的訪談、關於公司新計劃及成就的訊息、該公司所贊助的社會公益活動等。另一家公司則是配合有線電視網路，在其他節目的空檔播放他們的促銷錄影帶，結果許多家庭都因此而知道這家公司，也對他們的工作有所了解。

內部溝通的內容應該與對顧客意見的回應、工作表現資料、制定規則與條款的理由、公司的計劃與預算等方面有關。為了達到有效的溝通，無論要花多少時間，高階主管都必須傾聽下屬的意見。

以下舉例強調溝通的重要性：

標準渣打銀行（Standard Chattered Bank）總裁拉那‧塔瓦（Rana G.S. Talwar）先生在 1998 年 12 月 18 日接受經濟時報（The Economic Times）採訪時表示，該銀行在「營造一種企業文化，讓人們勇於站出來談論自己的錯誤，這樣我們才不會重蹈覆轍。之前大家對於自己所犯的過失都十分羞於啟齒，這並不表示我們會對平庸的績效寬容。」

內部溝通的內容應該要包含公司對員工行為的反應。古怪的行為需要有所改正，而值得讚賞的行為則需要加強，這兩者都要傳達給員工，才能讓他們知道哪些事情該做、那些事情不該做。**誇耀之詞要讓人們知道，獎勵之處要讓人們知道，評分的制度也**

要讓人們知道。高階經理人必須確保這些訊息經過傳達之後不會
受到扭曲，也不會誤導員工。如果某件事情引起員工們的懷疑，
公司就應該討論、說明並平息這些疑點，經常舉辦一些慶祝、意
見交流或通知會議都是十分有益的。**慶祝是以成功為榮的表現，
而成功則有助於建立員工的凝聚力。**

　　決策與例行程序是互相衝突的，處於實際運作中的員工們了
解事實，而且對自己的工作必定會有意見。舉例來說，當石油價
格上漲時，加油站員工的工作量就會在某一段特定時間內暴增，
如果石油公司以員工總數來計算淨收營利或邊際效益，可能就會
認為有裁減員工人數的必要，然而，由實際的工作量來看，公司
反而應該增加人手才行。

　　員工們喜歡專注在與工作相關的事情上，包括改善生產力、
準備計劃及預算、評估及吸收新技術、工作的成果、任務及流程
等，他們的立場是幫助公司作出決策，如果公司願意聽他們的意
見，他們也會樂意予以回應，甚至可能協助主管們制定嚴格的決
策，讓他們針對客戶反應、資訊管理及工作資料進行討論，他們
可以因此了解這些議題所代表的涵義，同時可以做出適當的建
議。總而言之，各公司行號應該特別加強內部的溝通。

彈性

　　服務性的組織是非常個人主義的，它在結構上可以是一個綜
合體，聯合許多小型行業而形成一個緊密的運作網路，也可以是
相當鬆散的聯繫關係，大量僱用兼職員工，甚至允許人們在家中
獨立作業，因此，必須兼顧家庭的婦女們可以在服務業找到更大
的發展空間，她們可以從事為電視節目寫腳本或配音的工作，也
可以推銷商品、當模特兒、作市場調查、親自或函授教學或擔任

導遊等，一個人也可以同時兼顧許多事情。這也是因應需求而調整供給的方法之一。

　　服務業從業人員必須對工作充滿熱誠。由於工作時間有彈性，兼差的人比較容易對自己的工作常保熱情，其他的人就不見得了，尤其是當他們發現工作無法滿足自己的渴望時，原本對工作的熱誠也會逐漸燃燒殆盡，在這種情況下，最好的方式就是放手讓員工離開。在服務業中，基層從業人員的流動率高是無所謂的，要找替換的人手並不難。如果員工的工作地點或內容可以輪替，或許就可以降低流動率。

第八章

追求成長的策略

決定策略

　　策略是為了確保未來目標之實現而採取的長程行動計畫，必須著重於：

- 使命與方向，包括企業的文化。
- 方法與實踐。
- 重要表現的衡量／指標，例如不良率、帳單出錯的次數等。
- 新產品與技術上的優點。
- 品質保證、補救措施及產品取得的方便性。
- 顧客關係與產品的個人化。

　　在一家全新的公司裡，人們必須先了解環境的狀況，並預估可利用的資源，然後才能為未來定下一個合理的目標；若是已經在營運階段的公司，則須再視公司的現況而以未來目標、現有成就及資源為額外的考量。對現階段所做的評估可以供未來的發展機會作為指標，然而人們往往不容易掌握稍縱即逝的「現在」，總是將希望寄託在遙不可及的未來。

　　現狀的分析可以踏著許多條件為基礎。人們可根據不同的產

品或不同的顧客層分別進行分析，也可以結合這兩者而以獨立的
交易型態進行研究。至於分析的模式，則可比較同一個部門或交
易於某一段時間內的狀況，或在不同的部門之間作比較。

　　進行分析的方式不一而足，我們可以根據每一個交易所消耗
的資源及其帶來的利潤、收入而研究其成長狀況。不同的交易可
能會顯示出不一樣的成長模式，這就代表著每個市場區隔的特
性，由於每一個行業所能得到的收入或利潤不盡相同，因此其成
長模式也會有所差異。我們還可以更深入地針對每一項交易的管
理成本進行分析研究，無論是哪一種研究，其結果都可作爲應否
繼續管理下去的參考依據。市場區隔分的愈精細，從研究中所能
得到的啓發也愈深。財務顧問在檢閱過公司生產線的研究結果之
後，通常可能做出幾種結論：

- 有些市場區隔仍具有很高的價值，因此更需要小心謹慎地
  管理開發（這裡的市場區隔指的是該行業的性質、管理的
  規模、地點或產業的性質）。
- 有些市場區隔不宜久留。
- 有些產品具有較高的市場潛力，因此在專業方面更需要加
  強。
- 有些產品過於昂貴與費時，對公司而言並不划算。

　　收入與支出的型態也必須列入考量範圍，我們可以製作一份
分佈圖，將每一個客層及產品標示在方格紙上，以成本爲其中一
個軸限、支出爲另一個軸限，每個軸限的兩端則分別代表最高與
最低，這麼一來，我們就可以清楚地看出每個客層及產品所帶來
的利潤，從而淘汰掉高支出、低收入的產品及客層。在某些情況
下，有些高支出低收入的產品 - 客層是某個行業整體服務的一部
份，這時候公司可能會決定繼續保留這個客層──產品，而不予

以淘汰；若是其他競爭對手較少涉足的領域，公司就可以考慮刪減預算或擴大營業。公司可能須對高收入低支出的市場區隔付出較多的關切，因為這樣的領域最容易面臨新對手的威脅。光憑圖表並不足以作出最後的決策，圖表的功能只是在幫助人們對現有的體制進行分析，而最後的分析結果才是影響決策的重要關鍵。

最後的決策可能與以下幾點有關：

- 繼續營運的部門與交易。
- 必須淘汰的部門與交易。
- 需要發展或加強的部門與交易。
- 鞏固事業所需的資源及方法。
- 對外或對內溝通的性質及程序。
- 加強合併或修正程序以降低成本的方式。

分類

服務業的範疇及變化很大，依照各行業的某些共同性加以分類並探討其不同的管理方式，對於營運策略的檢討可能是最有助益的方式。同時，人們可以透過各行各業的共通性觀察出別的方法看不出來的相似處。一個行業的運作模式可以作為另一個類似行業的借鏡。像這樣的分類方式可以以各式各樣的特徵作為基礎。

便利購物 VS.專營商品就可以成為一個分類的依據，這樣的例子包括：（a）綜合醫院 VS.專科醫院，或兒童醫院 VS.癌症醫院；（b）綜合百貨公司 VS.運動用品專賣店。專營商品的目標市場十分集中，這麼做對於銷售系統的組織十分有幫助，同時也有利於零售商安排銷售事宜。如果運動用品專賣店是由專業的體育界人士管理，這家店的公信力就會較強，運動性質的俱樂部、協

會等都可以成爲銷售系統的一部份，而這家專賣店也可以成爲爲
顧客提供專業意見的好地方。而癌症專科醫院則可與相關的活動
進行配合，例如防癌檢查或防癌運動等。

　　有些服務是長期的消費，有些則只是短期的。而人們消費的
頻率也不一。舉例來說，人壽保險就是一種次數少、時間長的消
費，而旅行平安險則是短期的，承保期間只有一陣子而已；耐用
品及消耗品的銷售狀況也有類似的差異。每一種行業的銷售、溝
通、定價及其他策略都有不同之處。

　　消費者購物的決定程序也可以作爲另一種分類的依據。我們
可以將個人購物及大型公司的採購作業拿來作比較，兩者在選擇
商品、評估及決定的程序均有所不同。大部分服務業的對象同時
包括了個人及公司團體，因此，業者必須依照不同的需求制定不
同的管理策略，例如銀行對公司行號及個人的服務方式也是有差
別的。個人購屋所需的服務與建設一整個社區的需求必定有所差
異，工、商業對服務的需求也有不同之處。

　　複雜性　服務的複雜性及差異性是簡單的分類方式。所謂複
雜性是指處理程序所需的步驟與順序，而差異性指的則是進行某
個步驟的自由程度。醫療服務本身即可分類如下：

差異性

		低	高
複雜性	低	X 光 門診	掃描及診斷中心
	高	剖腹生產	外科、加護病房

在上表中，左上方的欄位代表較規格化及自動化，右下方那

一欄的變數最大，也最有可能出現「太棒了」的服務。病理檢驗則可歸於上層部分的任一類中。

　　服務性質　運用兩個與服務性質有關的分類標準之後，我們可得到如下的結果：

對象

服務性質		人	物
	有形的	保健、航空、美容、餐飲、旅遊	運輸、修理、洗衣、景觀美化
	無形的	教育、戲院、博物館、廣告、時裝	法律服務、銀行及信用卡、股票經紀或諮詢顧問之類的服務

　　這個表格可以幫助我們釐清以下幾點：（a）身體或精神上的參與是否為服務的必要條件？（b）如果是的話，何時需要身體或精神的參與？是服務的開始或結束，還是全程參與？我們可以按照不同的情況決定服務的地點及時間。與顧客接觸面較少的服務就可以選擇在較遠的地點進行，例如郵購及送貨到府等服務；如果顧客必須親自參與服務的程序，那麼與客戶保持高度接觸就具有相當程度的重要性，同樣的，服務的設備及程序也更加重要了。

　　如果一項服務需要顧客的親自參與，業者就必須面對隨時可能有顧客上門的問題，例如餐廳、醫院門診、加油站或機場所提供的服務均屬此類。在這些地方，顧客通常是不定期造訪的，有時候門可羅雀，有時候又可能門庭若市。在這種情況下，最大的問題就是如何維持排隊的秩序。在某些服務業（例如餐飲業）中，每次服務持續的時間都非常短暫，排隊的人雖然得稍作等候，但終究還是可以得到服務。但有些服務的進行時間很長，設

備也有限，例如飯店房間或醫院的床位，有些顧客就算排隊也輪不到。在第二種情況下，業者可能就需要與其他同業協議，相互吸收過多的客戶。

藉著這樣的分類方式，我們可以了解到服務規格化的範疇。顧客親身參與的機會愈多，服務受到肯定的機率也愈大。

鄰近程度　就某些服務而言，使用者與提供者需要保持較高的鄰近度，有些則不然。有些服務可能需要顧客主動遷就提供者的位置，有些則反之，此外，也有互相遷就的情形。茲舉例如下：

提供者

		流動的	固定的
使用者	流動的	諮詢顧問、快遞、演講	洗衣店、醫院、汽車修理、電影院、餐廳、購物中心
	固定的	建築、油漆、巡迴醫療、救護車、網際網路	電信、電視、郵購、有線網路、廣播、信用卡、電子商務

快遞、諮詢顧問及汽車修理等方面的服務可以同時歸類在不同的範疇裡。服務的提供者可以是流動或固定的，由於電子技術的發達，遠距服務（如上表右下角所列）也已經成為常見的服務型態，有了網際網路之後，將有更多的服務可以被歸為上表右下角那一種類型，就連教育、諮詢、購物、圖書館資料檢索等服務，現在也可以透過網際網路取得，在這種情況下，服務提供者及使用者雙方都是呈現流動的狀態，而服務更可以輕鬆地跨越空間的限制。分店或連鎖商店的設立提高了服務業者的流動性，從

而改善了取得服務的便利性，不過，透過網際網路的輔助，即使固定的服務業者也可以大大提昇其流動性。

　　會員制度　服務分類的另一個依據就是服務組織與顧客之間的關係。在銀行、保險、圖書館等行業裡，使用者通常只要經過認可就可以獲得服務，而電視或廣播則是對任何人開放的，使用者並不需要獲得任何人的准許。就第一種情況而言，使用者必須加入該組織成為會員之後，才能享受到服務。若將這項特質與服務履行的性質結合起來，我們就可以得到下列的結果：

關係

	會員制	非會員制
連續的	信用卡、銀行業務、保險、圖書館、電信服務、電力、戲院季票、家庭醫生	電視、廣播、高速公路·警察局
不連續的	快遞、單次旅遊、票券、醫院、諮詢顧問、飯店	公用電話、電影院、餐廳、體育活動、計程車、展覽

履行方式

　　要收看鎖碼電視——也就是所謂的「付費頻道」——得先取得會員資格；報章雜誌常提供特別優待以爭取訂戶，這也是會員的一種；電影院組織俱樂部也是以購票折扣、優先訂位或特別影展等優惠來招攬會員；航空公司爭取常客累積飛行哩程成為會員，為他們提供該公司的最新動向、新推出的服務及未來的計劃等，同時會員在辦理登機手續、選擇座位、候機、領行李時均可享有優先權，而這些權益也同樣適用於與航空公司合作的飯店。一般而言，會員大多享有優惠價格的權益，舉例來說，當俱樂部或協

會舉辦某些表演或活動時，會員就可能以較低的價格拿到入場券；有些醫院的會員可以定期作免費健康檢查、獲得保健資訊，或使用醫院的健身器材。

會員資格可建立顧客與業者之間長期的關係及忠誠度，而業者亦可由會員資料當中了解其客層的規模及偏好。有許多服務是免費開放給會員的，例如網際網路上的 Hotmail 電子郵件網站，他們重視的是從會員那裡蒐集而來的資料，因為這些資料可作為市場行銷的資源，無論對促銷用的郵寄名單或直接行銷都是及珍貴的資源。

個人化　另外一種分類方法是根據該服務：

（a）個人化的程度。

（b）服務當中運用鑑定力／判斷力的程度。

個人化

		高	低
處理權／意見	高	諮詢、美容保養、廣告、秘書服務、家教	體育評論、旅遊規劃、教學、戲院
	低	零售、飯店、護理、精品店、裁縫、診斷服務、計程車、圖書館	速食業、洗衣店、保健計劃、汽車修理、電影院、公共運輸、出版業

個人化程度較低的服務是指無論顧客是什麼人，業者所提供的服務都維持不變，電視、廣播、電影院、汽車服務等行業都屬此類。如果業者提供的服務完全是依照顧客的要求而打造的，那麼這就是個高度個人化的服務，例如法律意見或治療服務等。無

論是上述哪一種情形，與顧客接觸的人均可能會、也可能不會在
工作上運用到自己的意見或處理權。老師在教書的時候就必須相
當有主見；飯店裡有許多服務供人選擇，無論是進行哪一項服
務，工作人員鮮少握有處理權；銀行的服務也十分多樣化，但是
銀行人員在工作上的絕處理權並不多，他們並不能改變既定的工
作程序；醫生可以視每一個病人的需要而決定治療的方式，但是
除此之外，在醫院工作的職員並不能有任何意見。

　　在處理權較高的行業中，員工的訓練與程序的控制是十分重
要的，而個人化程度及處理權均低的行業，或許比較適合規格化
的程序與機械化的系統，在這種情況中，顧客的角色是被動、沒
有太多選擇權的，而機器設備就代表了服務的重要性。倘若某項
服務的個人化程度及處理權均非常高──例如外科手術，那麼顧
客幾乎是完全操縱在服務提供者的手中，相對地，這項服務必定
具有較高的價值，而代價也可能更昂貴，這類服務的結果通常是
不確定的，因此顧客對實際結果的滿意度也有可能是非常高的。

　　如果服務的型態偏向上表右下角那一欄，那麼業者就可以嘗
試提供一貫的服務、採用規格化的程序、並運用適當的設備。如
果服務的型態轉移至左上方欄位，這就表示該服務的價值有所提
昇。服務電腦化之後，高度個人化的型態將成爲所有服務的基
準。「單一顧客的市場區隔」（ A Market Segment of One ）帶領了
這個潮流。舉例來說，學生們可以由各式各樣的科目中選擇自己
想修的科目來完成學業；美國有一套眼鏡設計系統被稱爲「眼睛
裁縫師」，它是先以用數位相機拍下顧客的臉部，然後再利用電
腦調整鏡片的大小、形狀及顏色，此外，它還可有鏡框鼻樑架、
絞鏈及鏡腳的各種設計可供選擇；現在市面上還有許多類似大頭
貼機器的設備，人們可在陳列這些機器的地方設計標籤及卡片，
並加上自己想要的訊息。

波動 由於服務業具有無法保存的特性,因此供給及需求這兩項要素是十分重要的,下列的圖表即可顯示出這樣的分類。

需求的波動幅度

		大	小
正常供給	過量	電話、警務、消防、展覽	保險、法律建議、洗衣店、快遞
	短缺	運輸、飯店、戲院、電力、門診	醫院床位、教育、時裝、活動經營

如果將市場區塊打散,就能夠更加了解市場需求的型態,市場需求的波動是否可預測?需求波動幅度較大的行業就有必要針對需求循環的型態加以研究,並適度調派臨時員工以因應顛峰時段,而在非顛峰時段裡,臨時員工則可以到其他公司或同一公司的部門工作。有些工作並不需要每天進行,像機器的維修、更新等,工作時程上的安排可以較彈性化。

這個原則也同樣可以應用在同一家公司的工作分配上。有些部門總會在固定的時段遇上所謂的「忙季」,例如會計、銷售等,在一家公司裡,發薪水和繳稅都必須嚴格遵守一定的時間表與作業方式,而資料處理部門的工作往往也有淡旺季之分。業者在管理這些部門的時候,都可以遵循管理需求波動的原則。

如果無法調整配合尖峰時段的需求而調整供給,業者就有必要暫時停銷或限銷。停銷(Demarketing)的方式包括將顧客轉移給互有聯盟關係的其他業者,或將供應延後一段時間。要管理市場需求,就必須了解引起波動的原因、顧客的喜好或習慣、第三

者的動向或任何預料之外的事情。

供給的管理之道包括：

- 有足夠的存貨（有多餘的生產力）。
- 按照需求制定時間表。
- 僱用臨時員工。
- 租借多餘的設備或器材。
- 將多餘的需求轉包給其他業者（以平等互惠為基礎）。
- 堅守顛峰時間的例行程序（只進行最基本的工作）。
- 提高顧客的參與度（採取自助的方式）。

應付過量需求的方法包括：

- 延長等候時段。
- 改變價格。
- 採行預約制。
- 利用替代品（例如自動櫃員機）。
- 分散需求（打入相對季節的市場）。

提高需求的方式包括：

- 提供特別的服務方案，包括價格折扣及／或額外服務。

視個別的技術、條件與人力資源而定，業者可以：

- 追隨需求（根據需求調整供給）；或
- 維持一定程度的生產力或服務，只提供在能力範圍之內的供給。

由下表可看出生產條件：

	追隨需求	固定產能
員工技術	低	高
工作性質	低	高
薪資水準	低	高
工作條件	差	令人滿意
必要的訓練	低	高
僱用／解僱成本	高	低
須監督的程度	高	低
範例	出納員	電子資料處理

　　員工需求量　進行服務時所需要的員工數量,以及員工與顧客互動的程度也可以做為另一項劃分服務種類的基礎。

互動程度

		低	高
員工數量	低	售票、電影院、快遞	醫院、汽車修理、個人金融業務
	高	人壽保險、零售、學校	一般保險、醫生、律師、針對公司行號的銀行業務

　　如果員工與顧客之間的互動程度較低,彼此的接觸往往就會演變成標準的例行公事,存在著非常僵化的官僚制度。業者必須留意週遭的環境以及市場的狀況,力求提供「人性化」的服務。

　　如果員工與顧客之間互動程度較高,回應顧客時的服務品質就格外重要,在這種情況下,官僚制度就沒有存在的必要,員工

與顧客之間沒有明顯的尊卑高低之分，這麼一來比較容易留住顧客的忠誠。如果員工需求量大，用人、訓練及安排工作時程的的方法就非常重要。

　　以上這些分類方法也可用來區別同一個大型服務性組織（例如銀行、運輸服務業、飯店或醫院）內部的不同部門。

組織再造

　　「商業程序再造」（BPR, Business Procedure Reengineering）是90年代早期業界熟知的行話，對於當時正承受來自競爭、改變及顧客等各方面的壓力，因而積極想要降低成本及提高顧客滿意度的商業世界而言，麥克‧漢蒙博士及詹姆斯‧強比所發表的BPR觀念可謂引起了無限的想像。就定義上來說，**BPR是試圖重新思考、規劃公司主要訴求部分的營運程序，以求大幅提昇服務的品質及速度，並能有效降低成本**。藉著達到迅速而準確的服務品質，BPR可確保公司長期受益於顧客的滿意度。

　　基本上，BPR的技巧與傳統上工作研究實務所用的概念是一樣的，考慮的重點在於：

- 是否有必要進行這一道程序？
- 這一道程序的目的是什麼？
- 有什麼附加價值？
- 可否用其他方式完成這一道程序？
- 可否省略這一道程序？

　　不過，BPR有別於傳統研究方式之處在於它還考慮到電腦及資訊技術的進展，因為這些進展不但能夠減少紙上作業，也可以降低人為操作程序中可能發生的疏失。BPR所強調的重點在於直接對顧客造成影響的關鍵程序，包括回覆諮詢、完成要求、開

立發票或收據、安排維修、資訊系統及產品開發等。此外,對供應商造成影響的工作程序也具有相同的重要性。經過BPR之後,努力的成效應該要反映在更高的市場佔有率、更多的收入、更短的週期時間、更高的生產力、更快的補貨速度、更低的成本等方面。

以下舉例說明一些因BPR而達到的成果:

1. 某家公司將他們準備投標的時間由6週縮短為一天,他們不再製作詳細的藍圖,反正這也只有在得標之後才派得上用場,此外,他們還依據規格條件(如真空管的長度、頭的直徑、使用的材料及油漆種類等)製作表格,有95%的估價單都可以按這個表格輕鬆完成。

2. 自從醫院將各種設備的資料輸入電腦,以供院內所有電腦使用之後,病人及醫生/職員就可以少花點時間在等候上,醫生用在照顧病人的時間也增加了80%。

3. 某家在不同地區發行不同版本的報社在許多地方都設有代登廣告的服務,過去他們的帳單都得等30天才會出來,但現在只需要一天就行了。

4. 取得原料及維修工具的時間由45分鐘減至5分鐘。

5. 自從某家醫院將病理檢驗分成簡單及複雜兩種,並將簡單的檢驗交由護士在病房進行之後,原本醫生們要花一整天才能決定治療方式,現在只需要5分鐘就可以了。

6. 營收560億的食品製造商皮爾斯伯瑞(Pillsbury)將存貨由64種食物減少為12種。

7. 互利人壽保險公司的申請程序原本涉及30個步驟、5個部門、19位職員、24小時及5至25天的週期,後來簡化為一位職員、一個步驟(電腦系統)、4小時及2至5天的週期。

8. 某項擁有近 50 萬名認購人的基金將顧客申訴數量由每天
   50 人次降低至 2~3 人次。

9. 某家借貸公司將受理申請及核准貸款的時間由 26 天縮短
   為 7 天。

　　與日本車廠相較之下，美國汽車裝配廠裡多了 2.5 倍的人負
責驗車、6 倍的負責安排時間、11 倍的人負責看管、4 倍的管理
職員及 4 倍的材料搬運工。福特汽車公司會計部門的規模是馬自
達公司的 5 倍，卻還是有許多處理不完的帳務問題，因為他們花
許多時間在核對銷售報告及發票上，後來該公司取消發票作業，
改由電腦接收訂單，然後再核對電腦上的名單是否正確無誤。

　　廠商在處理電視或冰箱之類的維修問題時，負責接聽電話並
接受申訴的人可以用電腦紀錄客人的申訴及已經完成的修理工
作；無法解決問題的服務人員可以求助於電腦系統裡面的處理程
序及方法。一般來說，到各地拜訪經銷商的業務員必須將這些店
家的銷售狀況及訂單等資料，以及他們對這些店家的評鑑結果送
回辦公室，再由辦公室與總公司研商擬定定價、促銷等策略，並
對業務員下達進一步的指示，這整個程序耗時良久，有了手提電
腦之後，業務員就可以將資料及訂單紀錄在電腦中，隔天就可以
立即傳送到中央處理系統裡了。

　　在上述這些情況中，業者摒棄了過去的做事方法，以電腦取
代人工，只要由一個地方將資料輸入電腦中央系統，所有相關單
位的人都可以透過網路得到同樣的資料，儲存了大量標準資料的
電腦系統也就成為工作人員最佳的查詢輔助了。

組織再造的必要性

BPR 代表一連串的改變，這些改變的背景因素包括：

- 由於激烈而令人費解的變化，任何事情都不再簡單。
- 由於變化之迅速，我們做任何事情都必須講求快速、激烈。
- 輕微的調整是不夠的。
- 組織結構的規劃必須根據結果，而非任務。

過去企業組織能夠預測到可能發生的任何情況，並且做好萬全的準備，而現在則必須如履薄冰，小心面對週遭環境中不可預知的變化，這就是未來主管們的處境。在未知的將來當中，現階段的許多例行公事可能都將變成不合時宜的程序，在這種情況下，工作不再是掌權者為大的局面，而是有能者的天下。而有能者必須具備的能力將包括新知識、創意、甚至是本能。面對問題時，領導者應該試著透過共謀合作的方式解決問題，而不是一昧要求屬下對自己言聽計從，也不是閉門造車地尋求可行的解決方法。自 90 年代以後，商場上的環境猶如暴風雨中的大海，市場是一片動盪，顧客捉摸不定，競爭更是無比激烈，業者的利潤紛紛縮水，商品的淘汰率提高，而其生命週期也相對縮短了。

組織再造的步驟

BPR 的目的必須非常明確，業者必須用 BPR 來改善工作的成效及降低營運的成本。就現實的角度而言，工作的成效是更高的顧客滿意度，這是放諸所有行業皆準的原則。

組織再造的重點在於生產的程序，為了達到這個目的，業者必須徹底了解產品的生產程序，而圖形化（Mapping）就是一個

很好的方法。其概念是在針對生產程序提出以下問題：「這項工作完成了什麼（任務）？為什麼要這樣做（結果）？消耗了哪些資源（設備、金錢、時間）？」

生產程序的每一個細節都必須釐清並記錄下來，再將所有資料文件化以顯示各步驟的前（資料取得的來源）後（採取的行動及結果）關係、耗費的時間、人力及設備等。此外，藉著將資料圖形化這個步驟，業者也可以釐清該程序所牽涉到的顧客或負責人，從而了解顧客可能關心的重點，這麼一來，生產出來的成果也能更貼近顧客的期望。

在研究生產程序的程序中，業者必須找出任何能夠提昇價值的地方及行動。生產程序的附加價值也就是該步驟能夠為產品加分、或為顧客提供好處的地方。此處所收集到的資料必須十分精確，不能憑直覺或假設，而且必須經過小心求證，任何沒有生產力或過於耗時的行動都必須加以排除，如果工作程序十分鬆散，那就表示大約40%的時間是沒有價值的，有時候，整個生產程序中真正用在工作上的時間甚至只有1%。

接下來的步驟就是要研究使用資訊技術（Information Technology）的可能性，以求加速工作程序、提高附加價值、避免重複與失誤、整合所有程序、並降低生產成本。為了了解在某個情況下使用IT的可能性，業者可以假設科技的應用並不會對工作成果造成妨礙，**換句話說，對品質造成影響的絕對不會是技術問題。**

將平行的活動連結起來，但不要加以整合。針對工作表現之處作出決策，並對工作程序進行控制。立刻掌握任何到手的資訊。

進行 BPR 時必須抱持的心態如下：

- 沒有什麼是不可侵犯的，任何事都可以改變。
- 可以對現階段的任何假設提出質疑。
- 產品的生命週期會縮短。
- 員工是負責而可靠的。
- 員工可以代表公司表現出令人滿意的行為。
- 員工是樂意學習、而且願意為公司貢獻一己之力的。
- 失誤必須減少到零。
- 顧客永遠是對的，他們可以隨時上門詢問任何事情。
- 顧客是不管營業時間的。
- 不可將顧客的忠誠度視為理所當然。
- 顧客只會對高品質有反應。
- 顧客服務代表產品品質的一部份。
- 顧客服務是全體員工的責任。

價值鏈

價值鏈的分析著重於5項主要的活動，也就是內部支援、外部支援、運作方式、市場行銷及銷售服務，另外還有4項可以輔助服務的活動，包括基礎建設、人力資源管理、技術的開發及取得等。由這些活動，又可以發展出一個由20個區塊組成的矩陣（5個主要活動乘上4個輔助活動），每一個區塊都代表了可以再改進的地方。

顧客的抱怨代表了服務出問題的地方，經常被指出來的問題點（因為失誤或延遲）就應該被視為必須最優先處理的地方。無論是用作修正（錯誤發生之後）或預防（避免錯誤），這些失誤的代價都可以算得出來，失誤代價最高的那一個問題就必須優先處理，這就是對公司盈虧影響最大的地方。

　　當所有的資料都經過適當地圖形化與文件化，並顯示出工作流程、所需時間、活動與附加價值之後，就可以考慮關於關聯性、替代性及選擇性等問題，腦力激盪（Brainstorming）與設定標竿（Benchmarking）即是用來找出這些答案的常見方法。藉著激發工作同仁的創意與想像力，腦力激盪這個方法可以引出許多具有原創性的點子；而設定標竿則是將兩家公司互相比較，以找出值得仿效的營運方式。

　　當人們進行設定標竿的時候，最好記住一個原則：「沒有任何一種營運方式是可以原封不動地直接套用在其它公司身上的」，從他處學習得來的知識與經驗必須經過調整，才能夠適用於自己的公司或行業。一家空運公司觀摩其它商店及自助餐廳的自助式服務之後，認為該公司可以提供電腦給大宗客戶使用，讓他們自行列印航空提單，然後將貨物放在箱子裡等空運公司派人來取，自從引用這個作業模式之後，他們就省去了許多到各公司送提單及取貨的時間。

　　營運方式的改變也須考量到公司本身的企業文化。舉例來說，據說在歐洲的廣告業中，每一百萬元的生意是由一人負責，在印度，同樣的生意量須由七個人負責，而整個遠東地區則是三個人。事實上，唯有在這些地方的媒體廣告費用相去不遠的情況下，這樣的比較才有意義，否則就猶如緣木求魚一般不切實際。

　　求新求變並不只是高級主管的特權，任何熟知作業程序的人都可以加以思考並提出建議，無論是創新或改良他人的想法都是很好的方法。每個員工都應該置身於公司的變革程序中，領導者必須設法創造出讓人們想要有所貢獻的風氣，而不是強迫每個人接受命令。

服務業的組織再造

　　BPR一向深受製造業的重視，想藉以降低成本、提高顧客服務品質及改善盈餘，然而，BPR的重點在於強調呈現品質的程序，而這些程序都可算是服務。組織再造的觀念同樣適用於服務業的管理。包括醫院、飯店、快遞、航空、鐵路、觀光、公共服務、信用卡、零售商、承包商等行業在內的服務業均有許多有待改進的空間。

　　就服務業而言，BPR主要的訴求在於服務的關鍵時刻，舉例來說，廚房並不是飯店的重點，然而對維持一定的食物品質而言，廚房非常重要，其關鍵在於接受及執行訂單的程序、食物的儲藏、以及上菜的方式，特別是當顧客不按照菜單點餐、以及當某份訂單必須經過好幾道不同程序才能完成時，這些關鍵時刻更形重要。

組織再造的風險

　　BPR計劃不見得是萬無一失的，可能導致失敗的原因包括：

- 整個改變計劃並沒有完全顧及所有可能造成的影響。
- 競爭對手的產品或服務受到更多的好評。
- 市場狀況因為技術、顧客喜好的改變而發生變化。
- 景氣循環。
- 政府的管理措施。

上述這些問題是因為市場上出現一些公司無法掌握的變數，而以下這些情形則是在公司的控制能力內，但卻受到了忽略：

- 公司後繼無力，無法貫徹改變。即使人們所提出來的改變計劃對公司非常有利，但還是需要有堅持不懈的能耐，否

則事情是不可能有所改善的。人們抗拒改變的原因不一而足，而且可能來自於各個不同的角落，即使表面上沒有明顯的抗爭，但是消極的拒絕合作也會使所有計劃功虧一簣，因此，業者必須小心注意並處理這些狀況，直到所有人都進入狀況為止。

■ 將技術問題列入改變的考量的確是有其重要性，不過業者也不能輕忽人為的因素及管理的方針。除非員工的心態、態度及行為亦有所調適，否則公司是不可能真正發生改變的，而員工的心態也不可能只因為主管們的一句話就能輕易轉變。

■ 公司的管理制度及結構必須要配合組織再造的進行，最好的營運方針就是不但重視顧客的滿意度，也同樣重視員工的歸屬感與原動力。人們或許需要改變其對於工作的思考、組織、期望、衡量及獎勵方式。總而言之，公司必須建立起良好的企業文化。

建立品牌

在第五章提到服務業的市場行銷時，我曾舉例說明了建立品牌的重要性。如果消費者一看見商品名稱便能聯想起它的優點、品質及特性，這就表示這項商品的品牌已經建立起來了。品牌的建立部分是因為經過一段時間的市場行銷之後，該品牌所傳達的訊息已深植人心，而主要的原因則多半是因為消費者的親身經驗。建立品牌是需要持續努力的。一旦品牌建立成功之後，消費者對產品／服務的接受度較高，要管理顧客關係與保持顧客忠誠度也比較容易，相對的，行銷成本也可以比較節省了。

品牌是獨一無二的，必須擁有其他品牌所沒有的獨特性，因

此，如果品牌的影響力夠大，在市場上就不會有競爭對手，**其行
銷策略則須轉而以維持品牌的獨特性為主**。當人們相約晚上到
「華納威秀電影院」看電影時，在他們的心中其實已假設了當晚
會在一個乾淨的電影院與一群人欣賞好看的電影。

　　同一個服務提供者可以分別為旗下的不同商品建立品牌，舉
例來說，同一家飯店或許可以在不同的樓層提供不同等級的服
務。航空公司的商務艙服務也是一個品牌，人們對商務艙的印象
就是可以受到許多特別待遇、比經濟艙更方便，而且還享有優先
接受服務的權利。

　　服務的獨特性也可能表現在與服務有關的具體事物上，例如
銀行與航空公司就會設計專屬的招牌及辦公室裝潢；加油站外觀
顏色也代表了不同商家的特性；不同出版社所採用的書籍封面設
計通常也有別於其他出版社；即使是從遠處觀看，我們也可以很
快辨認出麥當勞的招牌。

　　有品牌的商品不一定代表是最昂貴的商品。有些市場的銷售
對象專門設定為消費力中等或預算有限的消費者，這樣的顧客並
不在乎額外的噱頭，只重視主要的服務。一家供膳宿的旅店所提
供的可能是媲美大飯店的豪華設備，也可能是一間簡單的房間加
上基本的家具，不過後者可以以乾淨、安全、價格合理、服務親
切為訴求，對某些人來說，這些才是最重要的服務，而這就代表
了該旅店的品牌。假日飯店的形象雖然略遜於凱悅飯店，但是旅
客對該飯店的評價還是非常高，而且選擇住宿該飯店的人也較
多。

　　建立品牌需要時間。品牌必須切中目標（符合消費者的需
求）、有原創性（不是模仿自他人的），而且在各方面都要持續
地維持下去。品牌所傳達出來的訊息必須與目標客層的觀感與期
望一致，而且要有非常搶眼、獨特的視覺吸引力。任何象徵品牌

的畫面、符號、聲音及顏色都必須讓人易於辨認與區分，因爲他
們所營造的是一個認同感，也就代表著該品牌的品質保證。媚登
峰的「Trust me. You can make it!」口號、「要喝就喝可口可樂」、
麥當勞的「Ｍ」型招牌及伯朗咖啡廣告慣用的優美音樂……這些
都充分表現出該品牌的獨特性。

　　零售工廠（Outlet）也是品牌的一種，他們代表了高品質及
低價格。零售工廠所販售的商品如果沒有自己的品牌，就會被歸
類爲該工廠所代表的形象，如果工廠管理的品牌夠大，業者或許
就會考慮銷售自營的品牌。

　　對波士頓顧問團（Boston Consulting Group）的詹姆士・赫
梅林（James Hemerling）而言，思考「品牌的整體結構」是十分
重要的。花旗銀行（Citibank）旗下有廣大的商品種類，每一種
商品的名稱都是以「Citi」爲首，因此象徵這些商品都是花旗銀
行的一分子。同一個集團的不同飯店也可以各自建立品牌，　舉
例來說，美國的馬利歐飯店連鎖（Mariot）就發展出許多副品
牌，各自針對不同的目標市場，也代表了不同的價格或服務。印
度著名的太極集團所採取的也是同樣的運作模式。

注意現金流量

　　有些營運狀況良好、收入穩定的公司卻發生了資金短缺的問
題，這就是因爲業者忽略了對現金流量的控制，而現金流量是十
分容易受到公司信用及應收帳款的影響。雖然每一家公司各自有
其原則及做法，不過由零售業的營運狀況或許可以得到一些啓
示。大家都知道「薄利多銷」往往是能夠小兵立大功的銷售技
巧，當銷售量大時，零售商對供應商的影響力就大，爲了與零售
商保持良好關係，也爲了可觀的交易量，供應商通常都願意在價

格及付款條件上稍微退讓。由近年來如雨後春筍般出現的大型連鎖商場或超市，我們就可以看出零售業在整個商業活動所佔的比重有多大。規模大、市場佔有率高的商家就等於掌握了直接與供應商交涉談判的條件。當一般小型非連鎖商店只能賺進15％至20％的利潤時，大型超市不但有削價競爭的實力，還可以為顧客提供品質更好的服務，而為了達到這個目標，他們勢必得將成本壓低。交易量大、成本低、利潤少、現金週轉緊湊，這些都與顧客心目中的高品質成正比。

有些飯店自有一套降低成本的好方法：當顧客覺得床單不需要更換時，他們可以在房間留下一張卡片，飯店的清潔人員就不會回收房間裡的床單；餐廳或房間裡的奶油及果醬改以小包裝供應；有污漬的桌巾可以裁成抹布或廚師的圍裙：備有自行車，供不想搭計程車的客人租借；改以零錢與磁片作為停車及寄放行李的費用與憑證；用汽車的擋風玻璃作成花園裡的地板磁磚；用太陽能設備供應熱水。號稱致力於環境及社會保護的雪梨諾瓦特飯店（Novotel Hotel）為了杜絕浪費，特別設置了一套自動空調設備，當窗戶開啟的時候，冷氣機就會停止運轉，這麼一來不僅可降低空氣中二氧化碳的成分，也可避免浪費水資源。像這樣的創意及想法目前也引起許多飯店群起仿效。

合夥與結盟

有些企業積極尋求與國外知名廠商合作的機會以利於為自己的產品建立品牌，這樣的營運模式在電信、電視傳播、網路服務、教育、軟體開發等行業也都有不錯的成績。經過一段時間的合作，當彼此對雙方的生產概況有所了解之後，多半也就是關係宣告結束的時候。舉例來說，律師或醫生等專業人士通常也是需

要在資深前輩手下工作一段時間，待他們學習到更豐富的經驗之後，才有能力循著同樣的模式獨立創業。

　　企業合作的方式包括策略結盟及合夥投資，有時候這樣的合作方式也有突顯品牌的優勢。合夥與結盟這兩種方式在成本及彈性等方面各有許多長處，業者不需要大量資本也可以拓展事業。目前有一種分時渡假（Time-Sharing Holiday）的休閒活動，人們可以按照休假的時間分時段租用全球各城市的房子，享受出國渡假的樂趣，又不需要住昂貴的飯店，而專門為人們規劃這方面事宜的公司就是採取這種異業結盟的營運模式；航空公司與快遞公司也大量仰賴這種合作關係。

　　企業合作也有助於加強公司在海外取得資源，以克服需求波動的問題，有供給能力的企業可以藉著這種方式而與那些資源短缺的公司達成互惠關係。舉例來說，在印度的機場裡，印度航空公司提供地面搬運及引擎維修設備給其他的航空公司，而在其他國家的機場裡，他們同樣也可以獲得其它航空公司的支援。IT工業有許多進行海外採購的機會，康柏電腦（Compaqu）併購數位公司（Digital）時，也就等於大幅承接了該公司的服務資源，這可說是這筆交易中最大的好處；包括三星（Samsung）、Kenwood、LG及新力（Sony）在內的一些電子大廠一向都有共用的生產設備、服務及銷售據點；一些小型旅館的膳宿設備雖然有限，不過為了滿足客人使用健身房或商務服務的需求，他們也會與鄰近的店家達成合作協議，有時候甚至還可提供免費的交通設備。

　　雖然合夥或加盟具有品牌及資源取得上的優勢，不過目前業界還是出現了一股大型企業席捲整個市場的趨勢。印度福達方（Vodafone）公司買下空中接觸電信股份有限公司（Air Touch Communication Incorporated）的舉動就成為印度行動電話產業史

上規模最大的併購案,而兩家公司合併之後則創下了每年營收超
過100億的紀錄;擁有2千5百億資產、跨足28種不同產業的GE
投資公司(GE Capital Services)繼接管印度SRF財務公司之後,
又為了擴大其規模而與印度州立銀行(State Bank of India)合資
經營。許多企業就是運用相同的策略,仗著公司規模較大這個優
勢而壓低股東的人數,這麼一來,每一位股東的營收增加,而其
投資報酬率也相對提高。

　　許多企業在進行國際交易時經常面臨到的一個共同困擾就是
文化適應的問題,合作就有助於消弭這樣的麻煩,因為當地企業
的管理模式必定可以符合當地的文化,不過文化問題卻有可能對
這樣的合作模式造成妨礙,因而導致各公司在管理風格與運作模
式上的衝突,就某方面來說,這倒與婚後的婆媳問題有些異曲同
工之妙,如果無法努力克服雙方在文化上的差異,彼此的合作關
係就有崩潰的危機。

傾聽

　　服務業的每一個從業人員都必須學習當一個好的傾聽者,他
們不但要聽顧客的話,也要聽上司的。傾聽本身就是一種能讓說
話者感到滿意的行為,因為它表現出傾聽者對說話者的認同、尊
重及認真,從而讓說話者立刻對傾聽者產生好感,並且迫不及待
地想一吐而快。這麼做的好處是讓從業人員自顧客及上司身上得
到最可靠的意見,而這也是提昇服務品質的必要條件。傾聽十分
有益於改正缺點及提昇品質。

　　好的傾聽者能夠立即從顧客的話語中了解其需求及不滿,這
就是敏銳度,它有助於建立顧客關係並留住顧客的忠誠度。此
外,傾聽對於掌握市場的動態也是非常重要的,業者可以藉此觀

察到顧客的喜好、期望、競爭對手的服務及技術等。好的聆聽者可以搶先在其他人之前抓住變化中的趨勢，**這是個很有利的競爭條件。**

以文化管理

無論是在 BPR 或其他營運狀態下，企業對員工的管理之道絕對不是在於控制與約束，而是要透過有益的價值觀及文化來進行協助及鼓勵。

新的管理概念不在於鼓勵員工盲目的遵從上級規定，而是要讓他們發自內心地以服務顧客為己任，這需要無限的創意、協調的團隊合作及每位員工的自治精神。簡單地說，新的管理概念就是要大力地支持開放、信任、尊重及團隊合作。

員工（包括主管們）的價值不在於為股東爭取最高的利潤，而是在為整個公司創造財富及好處，而這也是激勵員工以滿足顧客為己任的原動力。

如果一個企業的價值觀確實為其精髓所在，那麼這些價值觀必定能夠歷久彌新，整個公司上下都能有所了解，而且會將其視為珍貴的資產，公司的一切決策及行動都會以其價值觀為中心原則，無論結果是否有利可圖。有些快速致富的手段可能會讓人一時忽略了原有的價值觀，但是如果人們能將價值觀潛移默化為自己行為思想，而不僅是表面上的認知，那麼自然不會為短期的利益所蒙蔽，當公司所有的人完全吸收了所有的價值觀以後，這些價值觀就會形成所謂的企業文化。企業必須視其價值觀與文化為一項資產，以確保其完整性，要達到這個目標，主管們無時無刻都要堅守嚴格的價值標準、審慎地監控、評估每一項決定與策略。

莫瑞・林區的中心原則就強調了該公司的文化。
這些原則包括：

- 以客為尊。
- 尊重個人。
- 團隊合作。
- 負責的表現。
- 誠實正直。

對於一個保險公司而言，這樣的原則顯然十分受用。

倫理

倫理指的是正當、公平及正義。「正當」與「正義」是不同
於「合法」的，公司排放會污染環境的廢水或許不見得違法，但
是如果業者明明知道該如何降低廢水的含毒成分，也有足夠的能
力付諸實行，卻始終置之不理，這就是不對的，因爲這是明知故
犯地對環境造成可以預防的傷害。世界能源協會（World Energy
Council）於1998年9月在美國休士頓所舉辦的會議當中，特別強
調運輸公司與電力公司必須擴大引用現有的科技以減少對環境的
污染，並紓解人們對日益嚴重的氣候變化所抱持的疑慮。

倫理取決於人們施予他人的行爲所造成的影響，**關懷他人就
是倫理學所關心的重點**。傷害任何人或任何事物都是不對的，每
個人都應該做好事，即使必須付出些許代價，自私自利的行爲是
不會受到讚賞的，有史以來，只有大公無私的人才會受人緬懷及
尊崇，那些重私利更甚大衆權益的人向來只能淪爲衆矢之的。熟
知泰瑞莎修女（Mother Teresa）一生事蹟的人，莫不折服於她的
虔誠及仁慈，這是因爲她對別人所表現出來的關懷，她並不汲汲
於爲自己爭取名利與地位，反而全心全意地爲貧苦無一的人奉獻

一己之力。

　　企業的一舉一動動輒對社會造成極大的影響，除了與安全及污染有關的問題之外，企業管理員工的方式也會對社會有所影響。從業人員有大半輩子的時間都是在工作，從他們在公司裡的所見所聞，他們應該學習到的是對他人的關心（合作與團結）及負責而不是指責、是自治寬容而不是階級歧視、是快樂、健康、忠誠及感恩等形而上的滿足，而不是形而下的物質享受。人們會將這些態度帶回到社會上，進而形成一股改造社會的力量。

　　除了企業行為對社會直接造成的影響，企業還必須關心整個社會的福祉，這就叫做「社會責任」。人們冀望企業能從善如流、以社會的發展為己任，因此，社會需要企業的人力、財力及技術，才能有效地從事保健、知識、教育、地方藝術工藝等活動。

　　企業內部的管理風格及運作模式可以培養出身心健全（或不健全）的員工，從而對企業以外的家庭及社會造成很大的影響。企業內部所重視的價值觀會成為員工在外面仍堅守不懈的價值觀，而貪污腐化、攀權附貴、貪求物質、惡意競爭等對他人有害的價值觀自然也可能是人們在公司裡耳濡目染之下得來的結果。

　　一個行事不端、作為不正、不遵常倫、為私利寧可犧牲大眾權益的企業是不可能受到市場的尊重，這樣的公司或許維持不久，但是最怕的是其員工已經感染了惡劣的風氣與習性，而無法成為一個好公民。企業一旦忽略了他們對社會的責任，就會對社會的未來造成不可磨滅的傷害。我們可以說，整個社會的倫理道德幾乎都是構築於企業的價值觀之上。

　　企業的營運策略必須合乎倫理規範。服務顧客最主要的目的就是要與人為善，只要企業不將這一個目標拋諸腦後，也就能夠表現出合於倫理的行為，一旦短視近利而不顧後果，就會釀成難

以預測的大禍。

世界級的服務

世界級的服務意味著：

- 極高的顧客滿意度。
- 極高的留客率。
- 極創新的產品及處理機制。
- 明確而且（通常是）無條件的保證。
- 極佳的服務形象（人們的觀感）。
- 能控制預算。
- 能吸引求職者。
- 能迅速適應變化。

每一項商業行為都必須包含顧客服務及支援，尤其是在供貨及銷售的部分，人們可以對價值鏈加以分析，並將其與顧客滿意指數的發展連結在一起。要讓人們注意到服務的特色，就必須衡量服務進行中每一部分的重要性，並思考自己對這些部分的貢獻。

有些簡單的系統也可以提供非常重要的資料，舉例來說，如果店家能完整地紀錄下所有顧客的詢問及抱怨，留下關於什麼人在何時、自何處來電等細節，這些紀錄就足以作為市場調查的資料。在人潮川流不息的百貨公司裡，大門警衛只要按下計數器上的一個按鈕，就可以顯示出當時或當天的顧客流量，而更先進的系統還可以按照家庭的人數來辨認顧客。另外還有一個類似的計數器是用來計算有多少顧客提著購物袋離開，這可以用來大略估算未購物的顧客比例。

脫穎而出

　　想要鶴立雞群，最適當的策略或許也正是那些諾貝爾獎得主
們的共通之處，包括：

- 獨撐大局的勇氣與意願。
- 挑戰傳統的自信。
- 不斷追求更好的熱情。
- 堅持實現自己的理想。
- 欲達目標不屈不撓的精神。
- 化危機為轉機的能耐。

第 九 章

管理資訊

引言

　　在所有的行業中，資訊都是決策與行動的基礎。在天時地利的情況下所得來的資料可以成就高品質的決策與行動。商業活動中大部分的資金都是投資在資訊的管理上，尤其是醫院、飯店、快遞、航空公司、諮詢……之類的服務業。價值鏈所利用的就是供應商、銷售者及消費者之間相互流通的資訊。舉例來說，位於中間位置的運輸機必須知道每一件貨物是如何通過或不通過一些處理站及轉運站的。生產線阻塞所引起的大排長龍，以及因為原料未準時送達而懸宕未用的生產資源，兩者都是嚴重的問題，唯有在資訊準時送達適當的控制點時，才能有效地排除這些問題。同樣的，辦公室的行政人員或工廠裡的主管也必須知道檔案或工作的處理狀況才行。

　　資料可以自組織的內外兩方面取得，它必須經過掌握、儲存、擷取等步驟，傳統上，這些動作都是在辦公室裡進行的，人們必須將資料記錄在紙上或檔案裡，再以實際行動將紙或檔案裡的內容複製或轉移到其他地方，以進行儲存或使用，這些由人工處理的程序都潛藏著出錯或延誤的風險。近五十年來，用 IBM 及 ICL 系統處理電腦資料的方式已蔚為風尚，自從電腦開始發展之

後，資訊處理也有極大的進展，光纖的改良及數位科技的進步使聲音、資料及視訊服務的速度突飛猛進，而費用卻越來越低廉。電腦與電腦之間可以相互連結，並透過網路進行各種互動。有些網路是區域連結，僅限企業內部使用，有些則可連接不同的企業，不過只能處理某些特定的資訊。其中最廣為人知及廣泛使用的網路就是遍布全球的「網際網路」（Internet），它不但在目前擁有無限的應用潛力，未來的發展前景更是一片光明。過去資訊必須被送到人們所在的地方，而現在網路卻可以讓人們不須移動就可以得到自己想要的資訊。

網際網路

美國軍方於60年代成立了「高等研究計劃署」（Advanced Research Project Agency）以防止前蘇聯侵入其重要網路，而他們所發展出來的「阿帕網路」（ARPANET）也就是現在網際網路的前身。當初發展阿帕網路所運用的概念就是將資料分解為數個小封包（Packet），然後再透過不同路徑傳送到網路上的各個位址，這麼一來，即使在某個路徑受損的時候，資料封包還是可以透過其他路徑傳送到正確的目的地。資料可在數個電腦中儲存或傳遞，而個人則可利用自己的電腦存取共用遠端電腦中儲存的資料，負責連接處理這些傳輸系統的是「傳輸控制／網路通訊協定」（TCP/IP），它可讓連結上網的人們透過電腦交換信息，這也就是電子郵件的起源。阿帕網路後來又與學術性質的「使用網路新聞」（UseNet News）進行合併。

到了80年代晚期，美國政府建立了5個超級電腦中心，成為網際網路的主要節點（Node），此後所有的研究及實驗網路都連接到這些節點上。1983年時，全球電腦的「主機」（Host）還不

到 500 台，大多數都隸屬於政府實驗室或學術性的電腦科學中心。到了 1987 年，主機數量增加至 3 萬台，而 1995 年時更高達 500 萬台，幾乎每一分鐘都會有新的使用者加入網際網路的行列。預計到西元 2007 年時，網際網路或許能將 5 億部電腦連接起來。許多大學及研究室發現，透過這種快速、彈性而且便利的連接方式，人們可以藉著參與網路上的各種討論而與全世界溝通，因此，他們開始研發可供所有網路使用者取用的應用軟體及資料庫。

　　個人電腦的發展始於 80 年代，個人運用網際網路的範疇也因而更加擴大。現在個人上網已經非常普遍化了，網路可以連接個人電腦，並且幫助企業內部分屬不同的區域或部門的人進行遠距溝通。在 80 年代早期，可連接區域內部的單一區域網路（LAN, Limited Areas Networks）開始成型，接著逐漸發展成為廣泛區域網路，後來又演進成為廣域網路（WAN, Wide Area Networks）。到了 90 年代，區域網路的進展突飛猛進，後來出現的虛擬區網（VLAN, Virtual LANs）及交換虛擬區網（switched VLANs）更讓使用者可以按照自己的計劃在不同的虛擬區網之間移動。電子郵件至此成為簡單、即時而且便宜的溝通工具。

　　都會網路（Metropolitan Area Networks）及超小型終端機（Very Small Aperture Terminals）是區域網路更進一步的延伸，除了線上服務外，具有供人們交換訊息、發出問題、提供服務等功能的 BBS 電子佈告欄服務（Bulletin Board Service）亦開始發展。1990 年時，位於日內瓦的高能物理實驗室「歐洲核子研究委員會」（CERN）為了幫助科學家分享資訊而發展出一套軟體，這就是 WWW 全球資訊網（World Wide Web）的雛形。目前 WWW 的進展包括了「可擴展標記語言」（XML, Extensible Markup Language）及「來源描寫格式」（Resource Description Format）的

運用，**讓機器可以不受人為的干擾而進行運作**、過濾掉父母及老師不希望孩子們看到的網路畫面、進行網路購物、自動開立海外發票、改善採購方式等。網路可促進人們（無論是買方或賣方）之間的合作，並解決許多問題。

透過WWW，資訊可以迅速傳遞至世界各地，人們需要做的只是將一份電子化的文件放到網路伺服器上就可以了。只要將網路上的資訊下載或列印出來，全球數百萬個網路使用著都可以使用這些資訊。1997年時，網路空間裡大概存放了3億個網頁，1992年時的網頁數量差不多只有50個，網頁增加的速度大約是每天1千5百萬頁，據估到2000年為止，網頁的數量應該已突破十億。平均每100天，網路的流量大約就會增加一倍。

網際網路已經成為多采多姿的全球象徵，其節點也不再由美國的那五台超級電腦獨撐大局，而是由許多不同的管理機構支持著。就某方面來說，網際網路是獨立自主，而且不受任何控制的，無論是區域網路或大規模的全球網路，全部都只遵循一個簡單的規則，TCP/CP協定規定所有的資料都必須分成數個小封包，並在第一個封包中標明目的地的位址，資料封包並不會經過一個中央控制電腦，而是在電腦網路的各點中進行傳輸。資料傳輸的原則就如同現代大型電腦的製作程序一般，必須將許多複雜的元件精準、仔細而迅速地結合在一起。這種組合的方式可將一個系統分解成各自獨立運作的小型系統，最後再整合回原先完整的結果。

所有的資料都必須儲存在公司行號的「伺服器」（Servers）中。當人們透過電腦網路存取這些資料的時候，伺服器會將資料變成一個附有終點位址的封包，然後再透過最近的網路連線傳送出去。當資料封包抵達網際網路的匯流點時，路由器（Routers）會讀取上面的位址，並將封包指引至正確的終點，接下來在封包

所至的所有匯流點，同樣的程序會重複進行，直到封包傳送到正確的目的地爲止，當封包到達正確的位址之後，電腦會再將所有的資料整合成原來的訊息。封包傳送的路徑沒有一定的規則，同一個訊息的各個封包也可能會經由不同的路徑傳送，這必須視網路節點當時的流量而定。

印度的網際網路

印度的網際網路崛起於 80 年代末期，最初的型態是印度政府及其他機構合力發展出來的「ERNET」，其中所有節點都是彼此相連的，而國際連線則是由孟買的國際軟體科技中心（ICST, International Center for Software Technology）提供。印度約有 7 萬 5 千餘名來自各校園及研究團體的科學家使用著 ERNET。

VSNL 於 1995 年 8 月 15 日正式啓用「蓋世搜尋引擎」（GIAS），並在印度各大城市建立節點，每一個節點均透過高速 MCI 迴路連接至網際網路。位在印度偏遠地區的使用者亦可透過由該國電訊部門（DOT, Department of Telecommunication）維護、一共連接 99 個城市的 INET 使用 GIAS 的搜尋服務。到 1997 年 6 月爲止，撥接上網的使用者人數共計 3 萬 5 千名，而租用固接專線亦擴充爲 9 條，每一條專線都擁有非常龐大的使用者人數。預計在 2002 年時，撥接上網人口將達八百萬人。

印度政府亦准許私人機構成爲網路提供者，MTNL 網路公司就是在 1999 年中開始營運。此外，該國的電訊部門也計劃在 25 個城市 106 個地點中提供網路連線服務。Satym Infoways 公司的服務目標是以提供快速連線、個人化的客戶服務、免費網路空間、國際漫遊設備、上網購物套件光碟等爲特殊訴求。印度爲了達到這個目標，也根據電信管理法案而成立了電信管理局

（TRAI）。

網域名稱系統

網域名稱系統（Domain Name System, DNS）的作用就是幫助一台主機電腦辨認另一台電腦。DNS是一個分散式資料庫，它讓人們可以由本地端控制整個資料庫，同時也能擷取整個網路上的資源。全球每一個國家都是以2個英文字母作為代號，例如「au」代表澳洲（Australia）、「uk」代表英國（United Kingdom），而「tw」代表台灣。網路上共有6個最高網域，包括：

- 代表商業組織的「com」
- 代表教育機構的「edu」
- 代表政府機構的「gov」
- 代表軍隊的「mil」
- 代表網路資源的「net」
- 代表其他組織的「org」

這些網域全部都是由InterNIC這個管理機構所維護的。印度的網域則是由NCST管理的，因為他們是印度的第一個網際網路節點。

網址的格式可以是像bala@boml.vsnl.net.in，或palhan@srisim.ernet.in，在第二個網址裡，VSNL就不是該網址的伺服器，而且只有一個節點；而從第一個網址的結構裡，我們可看出該網址的節點位於印度孟買，是由VSNL這個伺服器維護的。

網際網路的應用

連接上網後可做的事情包括：

- 收發電子郵件。
- 搜尋、檢索及閱讀資料、檔案、圖片。
- 加入討論群組，包括使用視訊會議。
- 進行即時討論。
- 瀏覽各種主題的訊息。
- 展示自己的專長，供有興趣的人瀏覽。
- 進行買賣（電子商務）。
- 下載各種資料、檔案至終端電腦中。
- 24 小時使用網路銀行、轉帳等功能。
- 供國際貿易專用的電子數據交換功能。

網際網路上可以找到一些具有上述這些功能的軟體：

- 雅虎網站（Yahoo），這是一個搜尋引擎，提供瀏覽全球資訊網的目錄服務。
- Gopher，一個異於全球資訊網的網際網路空間。
- 爪哇語言（JAVA），網路應用程式開發語言。
- DRAM，動態隨機存取記憶體——網際網路的基礎。
- Lynx，一種可以瀏覽全球資訊網，但提供文字模式的瀏覽器。
- Archie，檔案檢索系統（讓使用者在網際網路上找到想要的檔案）。
- FTP（File Transfer Protocol），檔案傳輸協定。
- Kermit Protocol，Kermit 協定（由美國 Columbia 大學發展的一種透過 Modem 上載或下載檔案的異步檔案傳輸協

定）。

- VERONICA （Very Easy Rodent Oriented Netwide Index to Computerized Archives），由 Nevada 大學開發的不斷更新的資料庫。
- WAIS （Wide Area Information Server），廣域資訊伺服器。
- URL （Uniform Resource Locator），統一資源定址器。
- IRC （Internet Relay Chat），網路交談系統──允許線上多人直接溝通的交談系統，又稱多人線上火腿系統。
- Pine 電子郵件系統。
- EDI （Electronic Data Interchange），電子數據交換。

像 SMART（文字處理及檢索系統，System of Manipulate and Retrieval of Tex）這樣的軟體可以從數百個資料來源裡搜尋特定主題的文章，並且可以透過傳真、電子郵件、網際網路或其他任何方式進行傳送。

其他與網路相關的技術包括：

- Net2Phone ── 利用網際網路傳輸電話（聲音）訊息，接收者不需要連接至網際網路，只需要一具電話就可以了。
- Net2Fax ── 與 Net2Phone 類似的工具，可利用網際網路傳至傳真機。
- Iphone ── 可供全球網友交換聲音訊息，免收國際電話費用。
- 網路聊天系統（Internet relay chat）── 可供多人同時對特定主題交換短訊。
- 網路電視（WebTV）技術 ── 藉由這項技術，電視機可外加鍵盤等裝備，而有線電視台則變成網路服務提供者，讓

使用者選擇觀賞許多網路及電視節目。

- 線上廣播裝置（Real audio facility）──可讓個人建立自己的電台。

與網際網路相關的新習慣及科技發展速度十分驚人。 1994年才創立的網景公司（Netscape）開發出 Netscape 瀏覽器之後，為使用者提供了一個輕鬆連接 WWW 的方法。由於 Navigator 瀏覽器的緣故，網際網路憑藉著本身的優異條件，從科學家及技術人員的溝通管道搖身一變成為數百萬一般使用者跨越時空互相聯繫的利器，並形成了所謂的「網路產業」。為了因應微軟及其他廠商的競爭，網景公司於 1996 年 1 月及 6 月相繼推出 Navigator 2.0 及 3.0 版，此後 Navigator 瀏覽器的版本亦不斷持續更新。網景公司的市場佔有率一度在一年內由 70% 降至 60%，他們計劃免費對其客戶開放原始程式碼，以促使各提供者改善他們的軟體。

電子商務

根據估計，全球約有 1 千 1 百萬戶利用電腦開立及列印支票、透過電子方式繳款、並且收集與整理他們的購物、支出、投資等資料，他們使用所謂的「虛擬信用卡」或「電子錢包」來進行電子商務。電子錢包相當於電子貨幣，人們可以用它來付賬，只要再藉助於一些個人化的財務軟體，人們還可以紀錄商店名稱、交易金額等資料，也可以將這些資料直接下載至個人電腦中。有了這些軟體之後，人們就可以直接在線上進行比價或跨行轉帳等事宜，如此一來，銀行可以掌握顧客的財務動向、服飾店可以了解顧客的品味及購物的頻率、醫療院所也能夠對病人的就醫紀錄一目了然。如果顧客對公司的專業、誠信、對高品質服務的承諾有所懷疑，那麼這一套運作模式就無法發揮作用了。

　　線上交易程序（OLTP）讓人們得以直接下訂單、從而得到立即回應，供應商也可以輕鬆掌握存貨狀況；旅客們也可以上網查詢飯店的價格與設備，並直接在線上訂房。以印度來說，像「全國證券交易」（NSE）這一類的線上畫面式交易系統就大大改變了資本市場的管理模式，1997年有將近45％的全國交易量都是透過NSE完成的，位於孟買及德里的一些證券交易所都開始構築自己的網路，以免損失更大的生意。NSE系統讓身處印度各地的買賣雙方得以齊聚一堂，利用同樣的平台進行股票交易，換句話說，交易的範圍可擴及整個印度境內。由於交易透明化及股價訊息處理程序的改善，交易活動的層次也得以提升許多。

　　網路交易的要素是安全保障、控制數位簽名的法律及協定、以及電子貨幣等，為此，萬事達（Master Card）及威士（Visa Card）兩大信用卡發卡組織都發展了所謂的「SET安全電子交易」條款。電子貨幣尚未成為法定的貨幣之一，網路銀行沒有實體的辦公室、櫃員機，使用者也不需要排隊就可以使用ATM簽帳卡，當人們搬家的時候也不需要急著把帳戶結清。

　　網際網路已經成為商務的媒介，就像一個市集一樣，人們可以向網站租用或購買網路空間，並且在上面展示自己的產品及相關資訊。http://www.(人名).com5 之類的網址就是網路空間的「地址」，人們也可以「邀請」其他的網友連結到自己的網址參觀網頁。據估計，在網際網路上從商的比例已由1997年的12%增至1998年的39%，預計到2003年時，網路交易金額將可高達到1,008億。

　　人們可以將商品的買賣資訊張貼在網路上，有興趣的人看到了之後就可以做進一步的聯繫。隨著處理器的功能日漸增強，個人電腦也多了2D或3D繪圖、數位影像、視聽設備及通訊等多重功能。連接上網的電腦將成為每個家庭裡的虛擬通路，帶領人們

發現新生地、探索舊遺跡，並在全球各地購買任何東西。

　　有些網站的訪客人數多得驚人，例如雅虎（Yahoo）、哇塞（Excite）及 Infoseek 之類的入口搜尋引擎就是最佳範例。大多數的人經常造訪像「Tripod.com」或「Geocities.com」這樣的**網路社群**（communities），以及像「新力公司」（Sony）、「迪士尼」（Disney）或「CNN 新聞網」、「ESPN 體育網」這樣專門提供各種類型資訊的**內容網站**（Content Site）。此外，也有一些網站是特定為少數族群提供內容及服務的，例如專門討論新聞、運動、天氣、財經等議題的網站。網路上也常見一些結婚服務公司及職業介紹所的資訊。總之，現代的商業行為已經不再侷限於實體的銷售模式了。

　　有了網際網路之後，公司行號也能夠與銀行共享同樣的財經市場，他們不再需要以銀行為媒介來進行各種交易了；報業也與銀行面臨了相同的處境，現在世界各地的人幾乎都可以在報章雜誌出刊之前先上網一睹為快，據說每天大約有 15 萬人是在網路上閱讀華爾街日報的。

　　網站是最適合傳播溝通的地方，網站訊息傳播的速度遠比報紙或電視這些傳統媒體快得多，大部分的人都可以看到這些訊息，並且充分閱讀訊息的內容，資料消失的可能性也降低許多。而客群來源較少的這項缺點則有賴第三者來扮演催化劑的角色。介於網站及網友之間，為網站吸引顧客的第三者必須具備了為顧客提供及解讀資料的能力。擁有 3 千 5 百萬使用者的 Hotmail 公司就提供了能為有共同興趣的目標客層及廣告商撮合的服務，Hotmail 公司廣大的市場資料庫是不容小覷的。此外，他們還可以替客戶阻擋垃圾郵件。相信不久之後，網路將成為人們生活當中不可或缺的一項功能。

　　網際網路出現之後，價值鏈就嚴重受創，甚至開始分崩離

析。舉例來說，號稱全球最大的網路書店「亞馬遜」（Amazon. com）專門在網路上從事書籍等商品的買賣，該網站沒有實體的店面，也沒有存貨，只有網路上的圖書目錄，卻可以販賣 2 千 5 百萬本以上的書籍，比大型連鎖書店藏書量的10倍還大。該網站在 1997 年的銷售額高達 1 千 5 百萬美金。顧客可以用任何標準來搜尋網站上的圖書目錄，亞馬遜公司接到顧客所下的訂單之後，就會向出版社或批發商進書，然後重新包裝，再透過一個中央處理中心將顧客訂購的書寄出去；顧客並不能在網站上瀏覽書的內容，不過他們可以看看其他人對某本書的評論。繼亞馬遜之後，另一家大型連鎖書店「邦諾」（Barnes and Noble）也開始採用網路書店的管理模式。紳寶汽車製造廠（Saab）計劃以網際網路作為主要的銷售及服務管道，讓顧客不需透過經銷商就可以從買車到維修一切搞定。透過 Access 全球資訊網上所提供的五百家飯店資料，任何人都可以從全球任何地方上網訂房，還可以在網上看到飯店的照片、各種設施、餐廳及價格表等資訊。同時，Access 網站還提供預訂郵輪船位、歐洲鐵路券等服務，儼然成為旅遊相關服務的一次購足超級市場。

過去為了享有大量購買折扣以及確保工廠生產線運作正常，GE 公司經銷商訂貨的單位一向是以卡車計算，這種做法卻因為一些多品牌連鎖商的低價競爭而大受威脅。有了「GE 直接連線系統」之後，經銷商不須再囤積大量主要商品，他們可以以這套系統為後備，就像擁有範圍更大、種類更多的商品可供選擇。他們可以 24 小時即時連上 GE 公司的線上訂貨處理系統，查看是否有想訂購的型號，然後下訂單，等公司在24小時內送貨到家。如果經銷商賣出 9 項主要商品，並且透過電子轉帳的方式付款，無論訂購哪一種型號的商品，他們都可以得到最好的優惠，以及 3 個月的信用期。

對許多公司（特別是「新興」行業）的前景而言，邁向成功
之路的最大關鍵就是要縮短商品的供給鏈，也就是產品從取得原
料、完成製造、運送乃至到市場銷售的流程。導致 Digital 公司發
生管理危機，最後遭康柏（Compaq）電腦公司以 960 億美金併
購，以及讓戴爾電腦（Dell）於 1993 年大量虧損的原因，據說就
是因為這兩家公司的供應鏈過長，因而耽誤了他們因應市場需求
的能力。供應鏈可以影響到市場上的流動資本，而網際網路的運
用則為縮短供應鏈提供了一個好方法。

在早期進入網路市場的公司中，有些目前正面臨了被迫閉站
的命運，有些則必須進行縮編及裁員的行動。雖然網路行銷的銷
售成本較低，但是宣傳及（網站）維修費用卻不少，維修一個高
流量的網站每年花費大約可高達三百萬美金。躋身網路市場的門
檻相當低，但是要讓瀏覽者找到一個網站並不容易，如果業者能
同時利用其他的媒體為網站進行宣傳，就等於成功了一半。

印度有許多專門提供網站服務的代理商，例如 Rediff、 On-
the-net PVT 公司、 Ravi 資料庫諮詢公司及 DBS 網路服務公司
等，在短短的一年內，網際網路使用者增加的數量約有 5 萬人
次，網站的廣告收入也由 1 千 5 百萬盧比提高至 11 億 1 千萬盧比，
而網站的商業交易金額大約由 1 億 2 千萬盧比增加至 4 億盧比。
然而，專家也提出了一些建置網站時應該注意的事項。網站並不
是保證賺錢的萬靈丹，建立一個網站必須像創立一家新公司般小
心謹慎，不能將位置放在杳無人跡的地方，這是最大的行銷考
量。新成立的網站並不會立刻引起市場反應，即使收入不豐，但
至少可以先省下一筆宣傳花費。根據柯達公司（Kodak）的估
計，該公司所售器材的軟體驅動程式下載次數大約有 17 萬 6 千
次，這替他們省下了至少 4 百萬美金之多，因為他們不須再花大
把的銀子在繳納維修電話帳單、接受訂單、緊急運送軟體等花費

上面。此外，如果網站上的內容沒有定期更新，就會像不斷重複的廣告一樣讓人心煩。網站的內容應該盡量保持簡潔有力、結構簡單，而且要讓使用者易於操作。

科技方面的任何發展均是有利有弊的，有些人認為網路交易的可靠性及風險是同時存在的。電子轉帳的安全性全靠密碼的保護，但是密碼是十分容易遭到駭客破解，一旦帳戶的密碼遭到破解，裡面的錢不但會不翼而飛，甚至可能連線索也沒有。全球每年因電子轉帳而損失的金錢估計有上億之譜。網路犯罪的成長率幾乎是與電子商務發展的速度並行，即使有十分嚴密的保護措施，許多公司還是遭到了駭客肆虐的厄運。也有些駭客只是因為一時好玩就犯下了大錯，美國佛羅里達的電話系統就曾因一位流連忘返於虛擬空間的 19 歲少年而癱瘓達 7 小時之久。

企業網路

若將網路的概念侷限於企業內部資訊的應用，就可稱為「企業網路」（Intranet）。透過企業網路的連接，只要輸入提單號碼之後，同一家快遞公司的所有辦公室都可以追蹤包裹的動向，這麼一來就可以省下打電話聯絡其他辦公室的費用和時間。某家飯店裡的餐廳過去一向會將訂單做成一式三份（分別給廚房、櫃檯及服務生），這之間必須牽涉到許多動作。現在所有的餐廳──包括客房服務在內──均可連接上網，員工將訂單輸入電腦之後，系統就會將資料傳送到相關的地方（只點飲料的就送到吧台），而帳單也可在同時間內完成，因為所有的價格資料都已經儲存在電腦裡了；透過網路的協助，銀行現在也可以在很短的時間內處理信用卡、支票、證券、儲金及更新信用額度等業務；德州儀器有限公司（Texas Instruments Ltd.）利用企業網路訓練員

工，同時也用它來分配各地的存貨；自從利用企業網路直接連上總公司的資料庫後，某家房屋公司回覆客戶查詢的時間便由4週縮短爲2週；而某個政府以「SMART（分別代表簡單 simple、風紀 moral、可靠 accountable、回應 responsive、透明 transparent）體制取代過去的官僚體制之後，開始大量運用科技，因而創造了空前優異的工作表現。舉例來說，過去得花數週才能解決的房地產查詢及發照手續，現在只要在幾個鐘頭之內就可以完成了。

乙太網路（Ethernet）及ATM非同步傳輸模式（Asynchronous Transfer Mode）使資料及聲音得以靠每秒150~600MB的速度在網路上傳送，這些都是資訊科技（IT）工業的重大發展，對於公司行號未來的營運方式可能也會產生非常大的影響。

一般公司行號可以有自己的網路，也可以租用政府核准的網路服務，就前者的情況而言，業者可以自己控制公司內部的網路，其安全性較高，而就後者來說，業者不需要擔心頻寬不當使用、系統維護或僱用專業人員的問題，就可以享有最先進的技術。

有些公司是完全利用電腦及電子郵件來進行內部的聯繫，他們不需要使用紙張，也不必一天到晚向會議室報到，甚至不一定非到辦公室才能上班，在家裡利用電腦辦公也可以有同樣的成效。透過企業網路，員工們可以用不同的方式、在不同的地方取得相同的資料，因此，上級所做的指示及管理重點經常在改變，小範圍控制的觀念也消失了。企業網路可以造就相當均等的結構，也可以改善各方面的溝通。這些發展的缺點之一就是人們碰面的機會減少了，當然彼此認識的機會也降低許多，網路並沒有改善人類的社交體制，人際之間的溝通也少了許多人情味。

澳洲布里斯本附近的春田市（Springfield City）可能是第一個全民上網的城市。在當地，上網設備就像水電設備一樣是房屋

的基本配備，所有包括轉帳、查詢、申請、要求、許可、付款、展示、促銷……在內的活動都可以上網進行，而且大部分都是自動化的。他們的做法是在房屋內的燈柱加裝數據機，當人們開燈之後，數據機就會傳送訊息到控制室，接著人們就可以在家享受上網的便利性了。

資源規劃

主從式（Clients/Server）電腦系統的發展爲資源管理的相關軟體創造了居高不下的成長率，創新的商業整合處理方案使公司行號能夠更靈活地處理客戶問題及因應市場的變化，同時也能避免無謂、浪費資源的活動。SAP公司的 R/3 系統是軟體業第一個主從式軟體，它是專爲整合一個企業的所有商業機能而設計的軟體，其優點在於相關的資料庫及圖形式的使用者介面。在 1992 年至 1997 年之間，這套軟體一共發行了 7 個版本，每一次都會克服前一版的某些技術問題而加以改良升級。早先的資源規劃著重於存貨管理（原料需求規劃），也就是人們所熟知的 MRP-I，接下來的 MRP-II 則屬於製造資源規劃，強調的範圍延伸至店面及銷售活動的管理；ERP 更涵蓋了整個商業活動的全面資源規劃，包括工程、財務、人力資源、專案管理等。這是一個整體性的方法，提供一個宏觀的角度，將財務控制與多重產品的製造協調結合在一起，它可以由企業的角度來處理所有與組織相關的要素，包括效率、存貨控制、提昇顧客服務等，此外，它也可以兼顧到具有因果關係的要素，例如降價與競爭、缺乏原料等。

ERP是多功能的，而其代價也十分昂貴，所用軟體的功能必須符合公司的商業程序、專業技術、客服能力等。有些公司自行研發適用的軟體以連結整個供應鏈，例如 ITC 就是這樣的軟體，

它可以連結 9 個製造廠、 18 個分公司、 800 個批發商及 50 萬個
銷貨通路以管理 35 個品牌。

軟體業

　　軟體業是世界各國成長率最高的行業之一，軟體人才短缺是
目前全球資訊業共通的問題，其中像資料庫處理、建構客服系
統、以及如爪哇（JAVA）程式設計、網路等專業領域更是求才
若渴。

　　印度於 1997-98 年度光是這個領域的外銷所得就有 20 億元，
該國 5 年內的成長率更高達 50%~75%，據估計 2000 年的收入應
可達 5 百億元左右。不過，跟全球市場比起來，這個數字只不過
是小巫見大巫，印度軟體業在全球市場的佔有率不過只有 5% 而
已。根據 1998 年初所做的一項調查，以微軟及 EDS 等美國企業
與印度最大的軟體公司TCS相比，前者所僱用的員工人數分別是
後者的 3 倍及 17 倍，年收入達到 57 及 79 倍，而前者的市場價值
則是後者的 40 及 60 倍，這顯示印度軟體業必須設法仿效美國業
界，以倍數成長取代直線成長的模式。

　　科學園區或網路城市是衛星行業發展的象徵，印度地區至
1998 年為止共有 70 個科學園區，裡面均設有不斷電及衛星連接
設備。其中 Chennai 園區佔地超過兩百英畝，投資成本達 7 億盧
比；Trivandrum 園區則是 7 萬平方公尺的室內建築，據估計 2000
年的收入應有 200 億盧比， 2005 年更預估收入 1 千 6 百億盧比。
印度境內每一個州都競相成立這樣的科學園區，不僅是著眼於對
經濟的貢獻，更希望能為人民帶來就業機會。

未來展望

　　1998年12月6日的「今日商業」指出，根據他們所做的一項調查，92%的高級主管、高級財務人員及策略規劃人員認為印度的電信工業遠低於全球標準，這表示現階段的發展仍與預期有一段差距，全世界網路交易的成長已漸趨白熱化，人們可以在網路上購買各式各樣的商品。世界貿易組織（WTO, World Trade Organization）期望到西元2000年時，網路交易金額可達3千億美金，而福斯特學術研究中心也估計電子商務所得將佔全球商業活動收入的5%，也就是大約5千億左右。有些研究顯示幾乎有40%的國際貿易會透過網路進行，有鑑於此，我們需要重新制定有關安全、隱私、課稅、資料存取、網路內容、財產權……的法律及規章。據說信用卡使用安全可透過128位元的SSL協定（Secure Socket Layer）的加密程序及防火牆而受到保障。

　　預測未來是危險的舉動，科技的發展日新月異，進展的速度驚人，在幾年之內，人們對頻寬的需求就將超越電話網路，目前已發展出新一代的IPV-6通訊協定。印度的絲路公司已可利用一條長達62公里的光纖電纜進行每秒93GB的傳輸，不需利用振盪器更新訊號，也不需藉助於WDM（波長分割多路傳輸）技術。有了這項發展之後，該公司就可以用一條玻璃光纖傳送830個衛星電視頻道。他們希望能利用更少的設備，達到更高的傳輸技術，不過目前尚未有更新的突破。

　　旅居美國的印度人尼爾‧泰加爾先生（Neil Tagare）建造了一條長達2萬8千公里的「全球連線光纖」（FLAG, Fibre Optic Link Around the Globe），它將是最大的光纖網路，最低頻寬有每秒640GB，可以大幅提昇電話、網際網路及視訊會議等服務的範圍。當這條光纖完工之際，由海底及跨國電纜組成的網路將比目

前便宜 100 倍，而且可以同時傳送 2 千 5 百萬通電話。

數位影像光碟（DVD）被視為能夠「使資訊焦慮症患者擺脫頻寬不足困擾的最佳良方」，它的儲存容量及存取速度遠比過去的儲存設備更優良。DVD 是光碟技術最新的產品，它可以儲存各種型態的資料，將來更可望全面取代 CD、錄影帶、LD、光碟，甚或處處可見的電動遊戲卡匣。

世界上有太多人是倚賴各式各樣的設備而工作，人們愈來愈需要行動通訊設備及能夠通用於各式電腦的軟硬體，用無線裝置來進行工作，因此，一個以 Sieraa Alliance 為首，包括康柏、HP、卡西歐及聲寶等公司在內的聯盟正在努力開發可應用於手提電腦、掌上型電腦及個人數位助理（PDA）的內嵌式無線技術。而另外一個由易利信（Ericsson）、IBM、英特爾、諾基亞（Nokia）及東芝（Toshiba）所組成的聯盟則致力於推廣無線通訊產品。

以下由相關人士所做的觀察十分發人深省：

電動遊戲市場正迅速的朝多人遊戲及網際網路等方向發展……線上遊戲市場也是另一個重要的領域……使用者不須花錢需要購買遊戲軟體，但是進行遊戲的時候就必須開始計費，這就有點類似以前那種大型的投幣式遊樂器。

隨著網路的使用率愈來愈高，消費者總有一天會需要某種程度的頻寬保證，現在已有這樣的技術了。網路研究專家已經發展出一套稱為「預約協定」（Reservation Protocol）的新標準，允許部分設備透過網路「預訂」頻寬，未來網際網路也將分不同的時段、依照不同的標準收費。

以倍數成長的網路使用者對路由器造成非常嚴重的負擔，路由器已經無法適當地分配所有的資料。為此，網路最大的路由器供應者 CISCO 公司已宣佈了一套更好的 IP 編

碼系統，而 ATM 非同步傳輸模式也有助於減低網路傳輸對路由器的依賴。

　　網際網路最早的使用者──也就是學術界的學者們──如今開始抱怨網路的壅塞使他們再也無法用它來進行研究……他們需要一個獨立的網路。

第 十 章

服務業舉隅

一般保險

特色

　　當保險公司售出一份保單時，他們所賣的只是一個承諾，承諾一旦投保人發生了符合保險範圍內的問題時，保險公司會按照約定做出賠償，保險公司的服務就發生在必須履行承諾之時，也就是顧客申請理賠時，而不是賣出保單之後。

　　承保範圍內的事件通常是不好的事情，可能對投保人造成傷害或損失，在悲劇發生的情況下，保險公司的服務可以紓解悲劇所造成的一部分衝擊，但無法為人們減輕所有的痛苦。因此，就本質上來說，它的服務是令人滿意的。保險公司的服務原本可以為人們帶來希望，但卻常常因為僵化的理賠程序而為人詬病。

　　一般保險的市場是無限的，任何一個擁有資產或從事經濟活動的人都需要保險。一般保險的範疇可由擁有資產的個人到

身價上億的法人團體、乃至一般的製造商、貿易商或出口商等，無論就地理條件或其他方面來看，這都是一個很大的市場。而保險公司所承擔的風險亦包括許多種類，無論是農業器具、高科技衛星或油井……均在承保範圍內，因此業者必須小心地規劃市場定位以兼顧每一個市場區隔。

一般保險與國際貿易息息相關。有許多保險都是經過全球再保險的，當發生像空難、油井爆炸或瓦斯外洩引起大量死亡等重大意外時，全球幾家保險公司就可以共同分攤損失。

行銷策略

保險業的市場行銷必須著重於：

- 讓人們了解「天有不測風雲、人有旦夕禍福」的觀念，以創造人們對保險的需求。
- 即使在不利的情勢下仍須提供部分的「滿足」。

不保險的人大多希望根本不會發生需要讓保險公司實現承諾的事情，他們並不想要得到理賠。在這種情況下，保險金額對他們而言可能不是最重要的，這個時候就要看保險公司如何讓他們了解到跟可能出現的風險比較起來，保險金額是多麼的微不足道。

一般保險的產品種類琳瑯滿目，每一種產品都有獨特的條件、條款、保證及例外情形等。保險的範圍因各國法律而異，舉例來說，搶案不一定都是破門搶劫，在法律上來說，搶劫也分各種不同的形式，但是對受害者而言，搶劫就是搶劫，沒什麼分別。雖然保險有一定的規格條款，但是幾乎每一張保單都會有例外條款，舉例來說，當你購買綜合車險時，如果你有私人司機，保費就會比自己開車高一點；如果你是某個汽車協會的會員，那

麼你的保費可能還可以打折。就像這樣，每一份保單幾乎都有特別之處。保險業的銷售系統必須對所有方案了解得夠詳細，才能訂出適當的保單及保費。**投保人並沒有辦法了解所有的細節，他們十分倚賴保險業務員的信用與公正性。**

並不是保了險便能夠高枕無憂，人們還是得小心地避開任何可能造成危險或損失的事情，雖然商人可以為貨物投保，但不表示他可以因此忽略包裝的步驟。預防損失可以增加全民的財產，當意外真的發生時，保險制度可為個人分擔風險，因而降低個人的損失，但是整體上的損失並沒有減少，風險還是發生了，全民的財產也因此而有所損失。

制定保險制度的人並不希望風險發生，但是一旦真的發生，保險就開始發揮作用，投保人都期望保險公司能夠盡快實現承諾，給予他應得的賠償，也唯有在申請理賠的程序中，人們才會體驗到「保險」這項產品。理賠程序的繁文縟節愈少、表格愈簡單、回應的速度愈快，也就代表產品品質愈高。

需要向保險公司申請理賠的都是些遭逢不幸的人，他們也會擔心索賠的程序順不順利。為了確定申請人確實具有索賠的資格，保險公司通常必須請申請人出示一些像表格、單據或聲明書之類的證據，這都是必經的手續，畢竟社會上詐領保險金的案例也是時有所聞，一般而言，審理理賠的手續都得花上一段時間。當保險公司向索賠者索取上述這些證明時，在態度上很容易就會讓人覺得受到騷擾，或者以為保險公司是在想辦法「能不賠就不賠」；換一個角度來說，他們也可以表現出禮貌的態度，詳細說明出示這些證明的必要性，甚或主動協助索賠者取得證明。在保險理賠事件中，受理人所表現出來的態度及行為可以大大地降低索賠者的不安，進而提高他們對服務的滿意度，這一點與處理理賠時所需的技巧具有同等的重要性。

銷售與服務

　　人們在購買保險時，相當仰賴業務員的專業解說，才能爲
自己選擇符合保險目的的保險種類，顧客並不了解各保險所承
擔的範圍，也不知道哪些狀況不包括在保險內，就算閱讀過保
險文件上所記載的內容，他們多半也如丈二金剛摸不著腦袋。
如果保單的承保範圍並不符合顧客的需求，這就表示（１）投保
金額不對，以及（２）顧客並不需要該保單。對買了保險的人而
言，這份保單就等於是一文不值，像這樣的錯誤只有當發生理
賠需求時才會被買方發現，否則的話，人們會一直以爲自己向
保險公司買來的這份保障完全符合自己所需。如果等到索賠時
才發現自己的想法錯了，也就沒有沒有轉圜的餘地了，付出的
保險費也只能當作是肉包子打狗──有去無回。在這種情況下，
投保人免不了會有受騙上當的感覺，就像是火災發生時才發現
消防栓早已不能用一樣讓人備感無力。消防栓之所以無法使
用，多半是因爲人們沒有好好地加以維護，既沒有及時將老舊
的零件更新，也沒有檢查水管是否正常，通常相關單位對每一
個設備必定有一套維修程序，如此才能確保它們在必要時能派
上用場。

　　保險業的情形也是一樣，光把保單賣出去並不夠，服務才是
最重要的。每一份保單上會詳列投保人必須遵守的服務條款，有
時候，投保人必須要根據保單的條件做到某些事情，如果投保人
忽略了這一點，就形同違反保險條約，而保單也會失去效用。在
某些「不定額保險」（Open Policy）中，投保人必須將投保金額
的更動告知保險公司，這是爲了因應保險所承保的存貨經常有所
變動，或爲了投保人必須時常運送不同數量的各種貨物到各地
去，如果投保人沒有主動在規定的期限內將更改後的投保金額

告知保險公司，到時在申請理賠的程序上就會遇到很多麻煩。

　　申請理賠時必須遵守某些程序，否則的話就會造成索賠上的問題。保險公司必須在投保人申請理賠之前就將這些必要條件告知投保人，而不是等到對方索賠未果時才告知。舉例來說，當保單範圍內的風險發生時，保險公司可能會要求投保人提供報警紀錄作為檔案，同時要找到事件的目擊者、將一些資料詳列出來供做驗證、向港口或貨運公司索取貨物狀況的證明等，這些資料若是無法及早取得，晚一點之後或許就不容易再拿到了，這麼一來很可能就不利於賠償金的核發。

　　保險的售後「服務」是為了確保上述問題不會發生，並維護保單的有效性，一旦風險真的發生時方可派上用場。有時候，保單上的承保範圍可以針對保險人的個別情況特別制定。當大企業因新技術、新的生產程序、自動化系統或不同的產品等種種原因而需要多方面的保障，一般的保險契約並不符合需求時，也可以善加利用這種量身訂做的保單，只要風險真的存在，無論多麼新奇、獨特，都必須包括在保險範圍以內。然而，有許多保險公司會以沒承擔過某種特定的風險而拒絕客戶投保，舉例來說，過去曾有一段時期，印度生產的輪胎必須要保產品安全險才能出口到美國，但是印度卻沒有一家保險公司承接這樣的業務；在高度使用電腦網路的國家中常見的電腦詐欺也尚未被納入保險範圍內。換句話說，目前關於產品及專業責任的險種還是十分有限。

　　就保險業而言，服務非常的重要，相形之下，保險業務員的重要性也可見一斑。事實上，許多投保人在加保時都只是憑著保險業務員的推薦，而沒有仔細思考對方的建議到底正不正確，換句話說，**保險業務員是投保人所購買的主要商品**，一旦投保人選定了保險業務員，就表示他認同了對方的專業知識及可信

度，當然他也就會購買保險業務員所建議的保險種類了。

定價策略

　　保費就是保險的價格。保險的費用是按照費率計算的，如果保險費率是以每投保 1000 元須繳 4 毛錢計，那麼投保 1000 萬必須付出的保費就是 4 千元。

　　費率高低則是與保險的範圍有關，如果風險較小，費率也就會比較低。為倉庫投保火險時，如果裡面存放的是一倉庫的蛋，風險就比一倉庫的油低。算出承擔的風險（Underwriting）之後，就可以算出投保人應繳的保險費率。承擔風險的精算需要經驗與知識，在一個像印度那麼大的銷售網路中，保險公司不可能有充裕的人力可以一一檢驗每一份保險，並做出適當的承保決定，因此，專家會根據某些因素而將保險金額分為數個類別，然後保險公司便可以按照分類來向投保人收費，像這樣的核對工作就比較不要求經驗及專業知識。一般而言，保險分類、並決定保險費用的工作都是委由特定的協會來進行，例如在印度就是由「費率諮詢委員會」（TAC, Tariff Advisory Committee）負責的。

　　有些保險並沒有費率可循，這是因為委員會尚未歸類完全，因而這些保險的費率是由保險公司的風險精算師來決定。由於每位風險精算師對安全性的認知定義不同，因此這類保險的費率並沒有明確的標準。如果保險金額較高，例如船運公司或石油公司所投的保險，費率上只要有一點差別，應繳的保險費用就有可能會相差十萬八千里，因此，投保企業通常都會與保險公司協議減低費率。

　　在明訂費率的保險種類裡，每一個投保公司應繳的費用都差不多，協議降價的彈性並不大。不過在費率未定的情況下，

保險公司經常要考慮到投保人公司的特殊情況、該公司的管理標準等，而且也會顧及競爭情勢而有某種程度的讓步。

如果能準備以下紀錄，對於協商就比較有利：

- 過去承保同樣保險的經驗。
- 投保公司的營運狀況。

降價對保險業而言相當不利，如果保險金額高到需要再保險的程度，保險費率也必須經過再保公司的同意。

保險價格是不會波動的，也就是說，保險金額不會因為保費的不同而改變。如果真的有保險的必要，人們必定願意花任何代價，要是人們嫌保費太高，那就表示他們認為出事的風險很低，這個時候保險就不是必要的了，人們會覺得「就算危險發生了，我們還承受的起！」舉例來說，當你得了個小感冒時，你可能不會去看醫生，頂多喝喝熱茶、多休息就可以了，如果有人向你推薦一瓶 400 元的藥，你可能還會說：「何必為了這點小事花那些冤枉錢？」然而，如果你得的是一場大病，你必定會去找專科醫生診治，就算醫生開的藥方再貴也都在所不惜。有時候，重要的並不是付出去的金錢，而是到底值不值得。就保險而言，其價值並不是用金錢來衡量的，而是在於安全感。

顧客聯繫

大多數人對於保險這一行所知有限，舉例來說，他們並不了解保險的意義是在於補償，而不是從不幸中獲取利益。按理說，如果車子受損了，保險公司就會負擔更新零件的費用，但是如果車主無法獲得全額保險，他必定會感到十分惱怒，而且斷然不會接受因為少投保而不能獲得全額退費的理由，他或許會質問：「如果我多保了，你們會多賠給我嗎？如果不會的話，為什麼我

少保了你們就要扣我的賠償金？」如果老闆因為收銀員偷竊而
損失財物，自然會希望所有的損失都可以由竊盜險（Fidelity
Insurance）來承擔，而當保險公司問及損失發生的經過及時間、
支票及管理的狀況、警方的紀錄內容等問題時，投保人必定也
會覺得不耐煩，因為他認為自己投保以來從未索賠，當然應該
受到特別的待遇。

像這樣的誤解常常會影響人們對保險價值的感覺及想法，保
險公司與顧客之間若能維繫一套定期拜訪的模式將有助於：

- 說明雙方的立場。
- 釐清對彼此的期望。
- 加強更有利於雙方的關係。

這樣的聯繫工作對於保險公司及顧客雙方都是有利的，自從
制定了消費者保護法案（Consumer Protection Act）之後，這件工
作變得更為重要。有時候保險公司會遭受提供不實陳述的指控，
然而，誠如我之前所說的，定期聯繫最重要的目的是要建立與顧
客的良好關係、對顧客的近況有所了解，並且表達保險公司對顧
客需求的關切之意。

保險公司可以採用下列的方法來教育他們的顧客：

a）準備一份簡介，裡面包括每一種保險的詳細內容、列出
每一項權利義務及投保程序，及下列這些細節：
   i） 保險承擔的範圍。
   ii） 投保人或公司該做的事。
   iii）投保人或公司不該做的事。
   iv）申請理賠的手續。
   v） 客戶有疑問時的聯絡人。
b）每一個辦公室要有專人或服務台以負責有耐心的方式

　　　正確地回答所有疑問。

c）隨時準備意見表或小冊子供人索取（人們喜歡書面的
　　說明）。

d）準備附有保險公司電話的小東西，讓人們放在隨手可得
　　的地方。如果是用來放在車上，就做成可以貼在窗戶或
　　儀表板旁的小貼紙；如果是供人放在辦公室裡，就可以
　　做成紙鎮、筆插等；另外，也可以做成鑰匙圈供人隨身
　　攜帶。

保險鑑定人、仲裁者、Lok Adalat

　　當保險人或公司按照保單向保險公司申請理賠時，通常需要
經過以下的檢驗程序：

- 事故確實發生了。
- 事故的發生並非經過安排。
- 該事故在保險涵蓋的範圍之內。
- 索賠的金額合理，而且保險公司可核發這筆費用。

　　在所有索賠事件中，偶有幾椿是爲了詐領保險金而自行設計
讓事故發生的。當人們缺錢週轉時，這個念頭往往最容易乘虛而
入。此外，浮報損失也是常見的，在這種情況下，保險公司與投
保人之間就會發生不少爭議。爭議對保險公司與投保人之間的關
係並沒有任何助益，因此，保險鑑定人制度就應運而生了。保險
鑑定人會調查投保人的損失以及事故發生時的情況，然後向投保
人建議合理的理賠金額。

　　保險鑑定人是獨立的專業人員，他可以是由保險公司委派
去調查並估算損失的工程師、冶金專家、專業會計師或精算師
等。無論是個人或公司行號都可以從事保險鑑定這個職業，爲

保險公司提供服務。

　　保險鑑定人的職責就是要忠實地記錄所有與損失有關的事實，不可偏袒保險公司或投保人任何一方，這個工作通常也具有十分濃厚的調查性質，他們應該要保持非常高的靈敏度，隨時能嗅出任何反常的細節，有許多詐領保險金案件當中的疑點就是由鑑定人發掘出來的。幾年前一宗國際性的非法勾當之所以被揭發，正是因為保險鑑定人對於幾椿保險索賠案件的發生模式起疑所致。這幾件索賠案件都與在海上失蹤的貨輪有關，這些船隻都是在裝滿貨物出航之後便宣告失蹤，數天後仍毫無痕跡可循。當投保人申請理賠之後，保險鑑定人便認為事有蹊蹺，特別是在事發當時附近船隻並沒有收到任何警訊，而且海上也沒有發生狂風暴雨。後來真相終於大白，原來這些船並沒有翻覆，而是被指引到其他地方，後再被賣掉，經過重新拆裝、噴漆、整修，並重新命名之後再回到貨運業。

　　仲裁者則是負責在理賠發生爭議時出面調停的人，印度的「汽車事故索賠仲裁」（MACT, Motor Accident Claims Tribunals）就是由政府指派，負責在汽機車保險理賠糾紛中擔任第三者的人。這樣的仲裁工作確實有其存在的必要性，因為投保人所報損失的可靠性及合理性很難評斷，要檢視其合理性，其中一個方法就是評估死亡者的經濟價值。然而，即使是一個沒有收入的人，就其對家人的支持及貢獻而言，他的生命還是無價的。家庭主婦的生命是無價的。而學生受完教育之後有無限的前途，他們的生命也同樣是無價的，這些都是無法以金錢來衡量的價值。有鑑於此，一個獨立公正的裁判人就必須在這種情況下做出皆大歡喜的決定。

　　自從 80 年代中期以來，印度開始引用一種稱為「Lok Adalat」的新制度（類似調停委員會），它有助於迅速解決那些

懸宕多時的爭議，也不必牽涉到法律訴訟。這個制度是由資深法官審理那些留待 MACT 裁決的案子，然後再做出讓兩造都能同意的裁決。法官幫助保險公司及索賠者達成協議，而雙方一旦同意最後的仲裁結果，這項決議就具有法律效力，兩造都必須遵守這個決定。這個制度十分有助於迅速解決索賠糾紛。

未來的趨勢

以下幾點是一般保險業必須更注意的重要事項：

1. 汽機車保險一定是虧損連連的領域，提高保險費用是解決不了問題的，最好的方法是尋求更好的風險管理，保險業者必須與政府當局保持良好的關係，促使政府在行、駕照的核發制度、路面養護、道路巡邏、標示牌等方面有所改善。保險公司本身或許也需要制定一些更簡單的機制，以確保能全面涵蓋第三責任險，減少個案處理的開支。

2. 印度的再保險市場更大，不論是對內或對外而言。

3. 個人保險常常是受到忽略的部分，保險公司應該更注重這部分的保險，原因是：第一，人們需要個人保險、第二，這可能會是個利潤極佳的投資。

4. 保險公司的承辦人員應該被賦予更多權限，包括更新保單、開立收據、核發小額理賠等，這麼一來不僅可以加快處理速度，同時也符合經濟效益。

5. 以上所舉的第 3、4 點可說明近來小型保險代理商大幅成長的原因，這些小代理商擁有合格的專業人才，他們可以在提出保險計劃的階段就從事調查及「評比」的工作，就如同鑑定人在理賠階段所做的評估一般。

6.保險公司需要在更多地方設立辦事處，並且要設法加快
　決策程序的進行速度，包括利用電腦軟體來輔助等等。

人壽保險

特色

- 人壽保險與一般保險不同之處在於，前者的保障遲早會有
  履行的一天。舉例來說，如果在火險的保障期間內並未發
  生火災，那麼保險公司就不需要支付任何理賠金，但是無
  論保了人壽保險的客戶是否在保障期間內身故，保險公司
  都必須付出一筆錢，只不過是時間早晚的問題罷了。
- 人壽保險的理賠金額是無庸置疑的，在保單內都會有明文
  記載。一般保險的理賠金額多寡必須視損失情形而定，而
  且還必須經過鑑定及評估之後才能下定論。
- 壽險的投保人大多不是因為損失而索賠，他們是大難不死
  的存活者，向保險公司要求承諾的履行。
- 人壽保險的死亡受益人不同於投保人，而且可能對該保險
  的事情一無所知。
- 幾乎所有的人壽保險都是長期的契約，大部分的保障期限
  都在十五年以上，有些甚至超過四十年。

保險計劃

人壽保險的概念非常簡單，一般而言，人壽保險只有兩種基本的計劃。其一是「定期」保險，即如果保險人在特定的保險期間（亦可指定為無限期）內身故，受益人就可以領取所謂的「投保金額」。其二則是「儲蓄」保險，如果保險人於期限內並未身故，就可以領回投保金額。結合以上兩種保險的保單則是一般的人壽保險，可在保險人死亡（在特定期限內）或存活（在特定期限內）的情況下領取投保金額。

所有的壽險保單都是這兩種基本計劃的不同組合，保單內容可供選擇的項目包括：

- 保單期限。
- 繳付保費的方式——月繳、季繳或年繳。
- 繳費期，可等於或少於保單期限。
- 投保金額一次領回或分期領回。

年金

如果保險人是以分期方式領回期滿保險金（保險人在特定期限後仍存活），而不是一次領回，這筆錢就稱為「年金」。雇主將一筆退休金分期付給退休的員工，這也是年金的一種，通常年金都是自特定的日期或某些事故發生之後開始發放，一直持續到：

- 特定的年限。
- 當事人身故。
- 超出特定的期限以上，至當事人身故為止。

團體保險

　　人壽保險的對象通常是個人，不過保險公司也可以為團體規劃一整組的壽險，稱為「主要保單」，例如（a）公司替員工保險，或（b）協會或俱樂部替會員保險等。主要保單上必須附上所有保險人及受益人的資料，保險費是由投保人負擔，以上述這兩個例子來說，投保人分別是公司及協會本身，而他們亦有可能向員工或會員收取這筆保費。團體保險可以是定期險，也可以是儲蓄險，前者在被保險人死亡時給付，後者則通常是在被保險人有生之年以年金方式給付。

相對利益

　　人壽保險通常是在保險人死亡及／或存活的情況下給付，這可算是一種財務規劃，既然如此，人們就常以人壽保險與其他理財方式做比較，不過這樣的比較是有限度的。

　　人壽保險最基本、最主要的產品就是「保險期限」，加上了儲蓄的功能之後，它的效用就相對增加了，人們所比較的就是這個附加的功能。人們之所以將保險的儲蓄功能拿來與其他理財方式比較，主要就是因為大部分的保險人都可以活過保險期，不過在做這些比較時，通常不會考慮到如增值、通貨膨脹、繳稅等問題，就這些因素來看，很少有理財方式會是類似的，就連人們對同一個共同基金的投資計畫都不會一模一樣。

　　自 70 年代以來，有些保險公司提供以保險的儲蓄部分轉作基金投資的服務，保險人只要付出一點點手續費，還可以選擇轉換不同的投資組合，這樣的投資至少可以有最低回本保障。管理這些基金需要專業的技巧，不但要掌握住資金市場的趨勢，還要評估基金每日的表現狀況。不過由於資金市場變化多端、難以預

測，到了 90 年代早期，這些保險公司就很難保證他們能為顧客
保住最基本的資金了。

　　人壽保險的產品形象十分模糊，風險的概念也非常不明確。
人們常會問：「如果人不死，哪來的風險？」事實上，這是個難
以回答的問題，真正有建設性的問題應該是：「誰能保證你不
會在下一秒鐘就死去？」不過這個問題通常不會有人問，也很
少人有答案，只有稱職的保險業務員才能讓人們了解到風險不
僅存在，而且也可能隨時發生。

　　許多人在保險之前並不知道或不了解每一個保險計劃所代
表的意義，他們只是一昧地聽從保險業務員告訴他們的話，事
實上，在購買保險之前，人們是先「買」保險業務員，因此，
經紀人就是人壽保險公司的主要產品，其服務愈能夠符合顧客
的需求，顧客的滿意度就會愈高。

　　保險業務員是顧客與保險公司之間的中間人，顧客 ── 經紀
人的關係比經紀人 ── 公司的關係更堅固，而後者的關係也比顧
客 ── 保險公司的關係更牢靠。顧客對保險公司的忠誠度多高，
端視保險業務員與顧客之間的關係有多穩固。保險業務員必須隨
時掌握顧客生活中的變化，包括結婚、親人過世、放棄抵押等，
並將這些事件適當地記錄下來，因為這些變化也可能會對投保金
額造成變動，否則的話，經紀人之前對顧客所做的承諾有可能無
法兌現，而顧客自然會認為經紀人不夠誠實。

　　印度保險局（Insurance Institute of India ）於 1987 年在各城
市針對 2,510 位投保人做了一項調查，並發現以下問題：

- 雖然保險業務員讓顧客覺得可以隨傳隨到，但是他們並沒
  有定期與投保人保持聯絡。
- 50% 的受訪人表示，如果保險方面有問題還沒解決，他們
  會直接去保險公司，而不會找保險業務員。

■ 大部分的人都認為保險業務員十分專業，但是也都覺得
他們重視自己的利益更甚於投保人的權益。

誠信原則

無論是人壽保險或一般保險，保險業都必須以誠信為原
則，也就是說保險公司與投保人簽訂保險契約時是秉著誠信的
態度，因此，日後如證明契約內容有偽造或蓄意隱瞞之處，這
份契約就失去了效力，這與一般商業行為當中，買方必須小心
受騙的道理正好相反，因為在保險這件事情上，買方必須負起
提供事實的責任。有許多原因造成保險與一般商業立足點不同
的事實，其中之一，也是保險合約的主要基礎，就是當事人的
身體狀況，如果對方蓄意隱瞞，那麼即使曾請醫生檢查，第三
者也無從得知。然而，最重要的原因在於人壽保險公司為一群
保單持有人的託管者，若因任何人試圖藉著隱瞞事實而誤導保
險公司的判斷，都會對這一群人的利益造成損害。

保險公司如果抱持著故意推託、不願理賠的態度，就是違反
了誠信原則。在誠信原則之下，只要顧客提出合理的理賠要求，
保險公司不能因任何理由而拒絕。如果因為銀行的錯誤導致顧客
繳納保費的支票跳票，有些嚴格一點的保險公司可能就會終止保
單的效力，這樣對保戶而言是不公平的。保險公司有義務償付合
法的到期契約，同時也有義務拒賠可能遭人詐領的契約。

即使在法院或其他單位所施加的壓力下，保險公司仍須堅守
對客戶的誠信原則。在保險業裡，社會救濟是不存在的，重要的
社會救濟可以單獨成立基金，但是不可以從保險基金撥付。

如同一般的詐欺手法一樣，詐領保險金的企圖總是隱藏在完
美的證據之下，唯有經驗豐富、心思細密的保險經理人才會感覺

到可疑之處，並進一步調查、蒐證並證實自己的懷疑。可供司法審判的證據並不容易取得，因爲這個緣故，有些保險公司輸了理賠官司，而且必須依照命令償付理賠金，有些嚴苛的法官甚至指責保險公司不該「從嚴」審理理賠申請，並認爲保險公司缺乏管理保險資金的觀念。

就誠信原則及託管制度的義務來說，保險公司可以對蓄意藏匿事實的保險契約拒付理賠金，即使投保金額再小也是一樣。對保險業而言，所有顧客的整體權益比個別顧客更重要。

保障

託管制度的原則應該按照管理保險資金的方式實行，安全與保障是最重要的考量，因此，短期來看，保險公司必須有所犧牲。小心謹愼的保險經理人似乎對冒險敬謝不敏，他們也經常是那些「聰明」管理者的嘲弄對象，特別是在經濟景氣好時。80 年代在美國趁著股票市場蓬勃發展時購入大量股票的一些保險公司，到了 90 年代卻開始叫苦連天，有許多公司甚至因此倒閉，而他們的顧客都平白損失了一筆錢。當時被批評爲保守、不願多做嘗試的保險公司反而得以繼續維持，並一直成長下去。要笑別人不懂得把握機會買入垃圾債券大賺一筆是很容易的，但是這些被嘲笑的「呆子」往往才是在垃圾債券都變成垃圾之後還能繼續存活的贏家。

由於受到 1993 年一樁詐騙陰謀的牽連，印度許多知名的大銀行都上了報紙的頭條，不過保險公司均不在嫌疑名單之列，這或許是因爲保險公司通常不願意將資金交給新公司操作，直到他們能確定這些新公司沒有危險性爲止。印度法律對於投資新公司有一定的限制，而這些限制都是經由保險經理人的引介才列

入法規中的。總而言之，一切必須「**誠信至上**」。

制定價格

　　投保人付給保險公司的費用就稱爲「保險費」，對保險公司來說，保險費是成本加上利潤。如果總共有 1000 個人，每人投保金額爲 5 萬元，保險期限是 25 年（也就是說保險人可在 25年期滿或之前領回投保金額）那麼保險公司可收取的保險費就是這 1000 人在第一年所繳的費用，及其後每一年仍存活者所繳的費用，因此，影響保險費收入多寡的因素就包括在這 25 年以內每年可能死亡的人數（也就是死亡率）、這筆保險費可能滋生的利息（也就是利率），以及用來管理這筆資金（薪資、租金……）的花費等。一旦決定保險費之後，25 年內均不能有所更動，因此，保險公司必須預設未來可能的死亡率、利率及花費，通常保險公司會採取較有彈性的估算方式，以作爲預料之外時的緩衝。 1992 年 12 月及 1993 年 1 月於印度所發生的暴動、1993 年 3 月在孟買發生的炸彈事件，這些事故都會使死亡率突然大增，保險公司的緩衝估算就有助於因應這種突如其來的狀況。

　　由於保險費只能用預估的，保險公司必須逐年或每隔兩年檢查一次實際與預估情況之間的差距，因爲在預估時已經連可能的誤差都算進去了，所以通常與實際情形並不會相距太遠，也就是說，保險公司所收到的保險費通常會超過預期數目，這筆額外收入所累積起來的資金就稱爲淨資產，一般而言，保險公司會將這筆錢以紅利的方式回饋給保戶。

　　計算保險金時必須考量的死亡率、利息及花費等因素可反應出保險公司的經驗。保險公司客層的死亡率可能有別於總人口數

的死亡率，一些大型保險業者所訴求的客層也只侷限於某些特
定的族群，以印度的 LIC 人壽保險公司來說，老弱婦孺就不會
是他們鎖定的主要對象，過去該公司一向對鄉下地區興趣缺
缺，不過近來他們也開始極力拉攏該區的保戶，不過，LIC 最
大的顧客來源還是都會區的專業人士及上班族。如果其他族群
取代上班族而成為 LIC 的主力客層，那麼死亡率就必須重新估
計了。保單投資的利率比一般的市場利率更重要，就如之前所
提過的，一個步步為營的保險資金經理人投資的方式可能完全
迥異於一般投資人，他不會短視近利，也不會盡做投機的生
意。

宣傳

人們很少只因為廣告而購買人壽保險，廣告的效用在於：

- 提醒顧客更改地址（如有更動）、繳納保費等。
- 宣告紅利或特別的新保險計劃等。
- 建立保險公司財務健全、對社會負責等良好形象。

收到理賠金的保險受益人就是人壽保險公司的最佳背書者，
他們能夠實際地感受到人壽保險的意義、保險與其他理財計劃有
何不同，同時也只有他們才最能了解在家中頓失依靠、經濟困難
之際，理賠金能發揮多大的效用。滿意的顧客就是最好的活廣
告，他們的親身經歷對其他人最有說服力。

處理死亡理賠的速度必須愈快愈好，申請理賠的人可能管
不了保險條款到底寫了些什麼，他們也可能找不到必要的文件，
如果一個優秀的保險業務員能夠隨時與保險受益人保持聯繫，就
可以提出適當的建議，以減少申請程序中可能遇到的困難，否則
的話，保險公司就必須擔負這樣的責任，並讓人們覺得保險公司

是患難中見眞情的好朋友。協助顧客的好意不可以變質爲對理賠申請的懷疑，這種情況不常發生，但是的確出現過。

公共服務

　　所謂公共服務就是指政府或地方政府爲社會大衆所做的各種服務，包括維護治安、道路維修、水力供應、公共衛生、市鎮計劃、大衆分配、（車輛或駕駛人）核照與登記等。有時候，公共組織亦可與私人機構一樣負責學校、診所、市區交通或電信等服務，在這種情況下，公立與私立的差別就在於爲特定族群服務的私人機構可能有較多的經濟資源，爲全體民衆服務的公家機關卻經常受限於財務上的困難或其他的競爭壓力而連一些基本的服務都做不好。偏遠地區的診所及郵政服務就不太可能只爲私人謀利；而即使不敷成本，公營的汽車還是得經過各個城鎮。雖然短期來說成效可能不彰，但促進社會福利就是公共服務的主要重點。

特色

　　公共服務的特色如下：

- 公共服務由公共政策所規範，其經濟來源在於人們繳稅累積而來的公共資金。
- 公共資金的運用受限於法規及避免濫用的程序。
- 公共服務的決策通常是中央集權的，任何一個行動都必

須經過許多官方的批准，有許多管理機構負責監督公共服務，做成決策並不是那麼容易。

■ 公共服務必須有益於大眾福利，因此任何舉動都可能引起輿論、民意代表、政治人物、團體領袖等人的批評與討論。

■ 進行公共服務的公務員容易受到來自各方的壓力，因為社會上每一個不同階層的人們都希望能為自己的族群爭取更多福利。

■ 公務員容易被指責為幫助某些人而迫害另一些人的幫兇，這些指責不見得公平，不過人們常常藉著這種方式對公務人員施加壓力，以達到自己的訴求。

■ 許多公共服務在本質上有所限制，必須犧牲少數人的自由及權利以謀求大多數人的利益。

■ 公共服務的溝通方式以書面為主，或得循「特殊管道」方能上達天聽，因此消息傳播的速度往往又慢又不正確。

形象

公共服務有保持官僚作風的必要。在管理的概念中，官僚組織是個很好的制度，它以理性、合理及合法等原則為基礎，確保組織的績效一致、公正、不講情面。即使在私人機構中亦存在著某些程度的官僚作風，工作上的程序及職權均有明確的規定可循。不過，長久以來，「官僚制度」這個字眼總會帶給人不好的聯想，似乎總是脫不了辦事僵硬、遲鈍、對實際情形視若無睹等不好的印象。

事實上，我們不能給負責處理公共資產的公務員太多權限，大眾必須對如何運用這些資產達成某些共識，而政府官員們得

聽從人民的決定。公權力不能受到漠視。

　　對公共服務的官僚作風有所批評的人總是將任何不符合程序的事情視爲眼中釘，彷彿任何不照程序來的行爲都是不誠實、不正確的表現，而公務員們也一向以「我們按規定行事」作爲擋箭牌，因此，**即使自己的行爲沒有達到原定的目標，公務人員們還是會盡可能地照章行事，對他們來說，辦事效率（用正確的方式做事）比成效（做正確的事情）如何更重要。**

　　時事評論家及社會輿論多半喜歡將矛頭指向公共服務中表現不好的部分，人們之所以對公共服務存有「官僚主義」的印象及辦事不力的不良聯想，有一部份的原因就是因此而起。公共服務當中確實有很多表現不佳的情況，但是好的表現還是佔了大部分，然而卻很少有人注意到這個事實。舉例來說，在1992年12月及1993年1月發生於印度的暴動中，大部分的正常活動都被迫暫停，辦公室及商店都關起門來，人們也都不敢離開家一步，但是當時印度公家機關的服務幾乎是一切照常，水源供應正常、電力沒有短缺、街頭不見垃圾成堆的情形、醫院還能應付比平常更重的工作量、公車也幾乎都是正常行駛。同樣的，在1993年3月12日孟買發生炸彈爆炸事件時，所有的公共服務也都正常運作，政府及警方也都發表聲明，以消除人們對公共安全的疑慮。當印度當局正著手調查及緝捕涉案人員時，有些報章雜誌卻拼命扯政府的後腿，向大家暗示政府辦事不力。**重點在於公務人員是冒著將缺點及失誤暴露在大眾面前的風險在爲全民做事，而大家都將他們的成功視爲理所當然，**這麼一來，公共服務無可必免地會在人民心目中留下不良的印象。

　　公共服務帶給大家的另一個印象就是，公務員都是貪污腐敗的，除非有好處或走後門，否則他們不會盡責，有許多例子讓人

產生這樣的感覺，而媒體的渲染也大大地加強了這種印象。這裡又再一次印證了「帕雷脫原理」：80%以上的媒體焦點是受到20%的不正常人口所引導，而80%以上守本份的公務人員只受到20%以下的媒體關注。

制定價格

　　為公共服務所定的價格必須經過相關單位之外的政府當局核准，計價基礎必須考量的並不是提供該服務的花費，而是大眾是否能夠負擔，或其他社會因素。公共服務通常包含了補助金，但不見得是民眾看得到的，因為所有的花費都操縱在中央機關手中，雇員的薪資、各團體的補助金、偏遠地區的銀行、糧食的收購及儲存等，這些花費都沒有明確的界定。此外，公共服務的價格也常因政治因素而受到限制，例如政府想留住某些選民時，就得提出一些優惠的服務。

大眾的支持

　　公共服務（供給）的特性是：

a）無法充分滿足顧客的需求。

b）沒有選擇性。

　　舉例來說，人們對公立醫院服務的需求總是大於供給，原因在於：

- 低收入戶負擔不起私立醫院的花費。
- 有些服務只有公立醫院能提供，例如接種疫苗。
- 投資在醫療服務的公共資金有限。

　　在許多情況下，即使人們負擔得起，也沒有辦法選擇提供服務的對象，例如警察服務、司法制度、市鎮計劃及水力供應等。

　　在這個時候，提供這些服務的人就得付出特別多的時間與精力，當顧客有疑問時，他們得提出解答；當顧客受誤導而怒氣沖沖時，他們往往也得遭受池魚之殃，因此，他們對待顧客的方式總是顯得有些漠不關心，或者該說是傲慢自負。在沒有選擇的情況下，顧客們若不是忍氣吞聲，就是以較激烈的手段爭取權益，希望能受到較有禮、較熱心的服務。這是一種惡性循環，對於改善兩方面的關係並沒有任何幫助。

　　如果廣大的消費大眾對公共服務不滿意，就會透過民意代表及媒體對公務員施加更多壓力，相反地當民眾對服務感到滿意時，他們對公務員的壓力會形成一種助力，可以幫助他們抵禦外界種種的利害關係。社會上就曾經發生過公務員遭到誣陷及誤導，社會大眾挺身相助的例子。

　　雖然稅務官不能改變法律，但是他可以藉著提供諮詢、製作表格、幫助人們填寫表格、加快審核進度等對納稅人更體貼的方式來改善稅捐處的服務。遭到稅捐處的傳喚的確會讓人精神緊張，在許多關於稅務的訴訟官司中，納稅人的申訴都說他們已經盡可能避免逃漏稅，但是稅務人員對法律條文及事實的誤解卻讓他們平白蒙受損失。

　　維護治安的工作需要社會大眾的支持與配合，才能夠達到令人滿意的績效，但是警察不能夠以脅迫的方式向民眾尋求協助。警察在許多人的印象中都是讓人害怕的，這一點由母親管教孩子的方法就可見一斑，許多母親為了要孩子守規矩，甚或只是要他們乖乖喝牛奶，都會搬出「不然叫警察把你抓走喔！」這一套。警察應該要讓民眾感受到親和力與助人的意願，讓他們願

意主動配合，而不是讓他們害怕。警務工作應該要善用一些能讓民眾感到友善的運作方式。以客爲尊的行爲模式絕對必要，警務人員應該要具備有問必答的態度。

與媒體的接觸

公共服務可能不會有太多打廣告的機會，市政府偶爾會宣傳一下目前的施政成果，然而有時候這些宣傳不但沒有強大的說服力，反而加深民眾對政府濫用公帑的不良印象。不過，公共服務還是可以透過公共關係及公開宣傳的方式完成許多事情。與地方媒體及民眾打好關係是必要的，公家機關可以不時讓他們了解到政府現在的工作近況。和媒體保持良好的互動關係，對公共服務而言會是一種助力。

政府官員必須學著如何與媒體打交道，並且提供他們正確的資訊。錯誤的訊息很容易被揭發，隨之而來的尷尬只會造成更多困擾。官員們必須熟知與媒體互動的方式，要讓他們有公家機關願意配合、一切透明化的感覺。負責任的媒體會十分歡迎這樣的接觸，而且會懂得適度的保守秘密。政府官員的一舉一動無可避免地受到大眾的矚目，有備而來總是比較好。在現在這個時代中，多的是企圖心強的記者帶著錄影機強迫政府官員回答問題，如果官員們一面對鏡頭就尷尬得不知如何自處，會給人一種若非無能就是不夠誠懇的感覺。

讓政府官員與媒體互動的一個好處在於他們可能會因此而變得更專業、更有責任感。政府官員的專業必須表現在守法上，他的行事準則必須出於自我的判斷，而非受制於更高層的長官。有些公務人員——包括公營事業的負責人——往往受制於政治人物的建議與壓力而必須給予好處或保護他們免受輿論抨擊，這樣

的事情通常都會失敗。任何違背自己意願行事的人面對質詢時都難以為自己辯解。透過媒體大眾對政府官員們的一舉一動瞭若指掌，官員們對於自己的行為才會有所警惕。

公務人員

對公務人員而言，加薪或快速晉身的獎勵方式似乎遙不可及，不過，若向他們灌輸責任感的觀念、並為他們提供工作上的成長機會，自然可以提高他們的工作士氣。公務人員所接觸的資訊及觀點比一般組織完整，這使他們出席研討會或研習會將是一項優勢，然而，如果他們的視野未能超越日常的例行工作，就很容易與這樣的機會擦身而過。這樣的機會可說是刺激工作動機的利器，但是大多受到忽視，人力資源也因而浪費。能在一群專業人士的研習會中受到認定是非常難得的，很少人會放棄像這種成長及發展機會，是比加薪還重要的激勵。這樣的機會不應該只侷限於少數人，否則會引發公平性的爭議。

品質

社會大眾普遍認為公共服務的品質低落，主要的原因在於：

- 整個社會有許多不同的族群，每個族群期望都不同。
- 服務基層與決策單位之間有太多隔閡。
- 公共服務的細節受制於無法輕易改變的法律規定。
- 管理當局所擁有的客觀資料不足以掌握異質性的公共服務。
- 溝通管道不夠自由、開放。
- 人際接觸的頻率不足。

- 公家機關對外的溝通尚須通過高層單位的核准，不
  見得能貼近基層需求。

不過，即使在法律、規定及政府決策的範圍之內，各個公
共服務機構還是能夠有所建樹，提昇顧客的滿意度，只要他們
能夠做到：

- 提供更令人滿意的外在環境。
- 公務員們可以更迎合顧客的需求，不見得要有求必應，但
  可以耐心地解釋服務的方式。
- 公務員團結合作，共同承擔所有的功過。
- 鼓勵人們找出能讓顧客滿意的條件，並設法將這些條件納
  入服務中。
- 公務員能夠時時檢討自己的工作，以改進辦事的績效。
- 公務員能夠共同抵抗來自既得利益團體及政治方面的壓
  力。

要做到這些事情需要靠所有公務人員團結合作，最高層的政
府官員必須負擔更多責任，他們應該將重心放在該做的事情上，
而不是想盡辦法推動不可能實行的任務，又對各界的批評充耳不
聞。那些始終畫地自限、不肯面對現實的高層官員才是公共服務
真正的障礙。公共制度需要創新以提昇服務品質，事實上，為民
眾提供更好的公共服務品質才是免於受到輿論抨擊的不二法門。

英國經驗 英國曾經實施了一連串精心設計的創舉，將市
政服務的重點集中在主要任務上，包括將各項支出透明化、提昇
主要作業的辦事效率、並制定各級代表對每一個階層的社會大眾
負責、重視每一位民眾對公共服務的需求、提昇公務員的工作能
力、並鼓勵各機構彼此配合，共同為社會大眾服務。這項計劃取
材自歐洲品質管理基金會（European Foundation of Quality

Managment）的「傑出商業模範」（BEM, Business Excellence Model），步驟包括鎖定特定目標的服務表現，將取得的評分做成資料庫，找出表現最優異的單位之後，再協助其他單位見賢思齊。這項計劃所評估的內容包括各單位的服務方針與政策、顧客的滿意度、員工的滿意度及服務的成效，這個做法可以使公家機關效法私人機構的營運模式。

醫院

　　人們需要醫療服務時就會到醫院去，在那裡，可以受到必要的照顧，使身體回復到健康的狀態。

　　醫院常見的必要條件包括：

1. 供病人休息的房間，備有床鋪、小櫥櫃（可放藥品、水果、衣服等物品）、椅子（供訪客使用）等。
2. 負責醫療各種疾病的專科醫師。
3. 護理及清潔人員。
4. 行政人員。
5. 設備齊全的手術房。
6. 體檢設備，例如 X 光機、掃描機、病理檢驗儀器等。
7. 急診用的基本藥品。
8. 為病人或員工準備伙食的廚房。

　　在上述這幾項條件中，1~3項都是必備的，其他則可視醫療服務的性質而有所增減。在小型的療養院中，醫生及護士也得兼做掛號、收費等行政工作。

就第 1 及第 8 項而言，醫院就像是個飯店，可以提供：

■ 不同等級的病房——單人房、團體房、或設有裝潢、地毯、空調、音響、電視、冰箱等設備的特別病房等。

■ 不同的食物選擇，可以提供自助餐或由營養師調配的標準餐。

雖然有些醫院可提供膳食，但是顧客並不能像在餐廳用餐一般隨心所欲，醫院的供應物質不容浪費。

當然，人們到醫院去為的也不是他們所提供的房間或食物，這些並不是醫院的主要產品，而是附屬於醫療服務的周邊服務。醫院所提供的其他週邊服務包括住院手續、停車場、探病時間、電話諮詢等。

醫院可分為診療各科疾病的綜合醫院，以及專治糖尿病、眼睛、耳鼻喉、婦產、神經、心臟或癌症等方面的專科醫院。

人們遇到自己在家裡無法解決的疾病問題時就得去住院，這個時候他們需要：

■ 動手術或其他需要動用精密技術、設備的治療程序，這些都是因為過於昂貴或罕有而不能只由一位病人獨享的。

■ 因為嚴重的生理或心理創傷而需要嚴密的照護。

■ 持續檢查或診斷相關病徵（如發燒、血糖濃度、脈搏等）。

顧客

病人是主要的醫療服務使用者，他們是遭遇不幸的人，需要醫院的：

■ 安撫。

- 照顧。
- 治療。

如果出現以下情況，病人會遭受更大的打擊：

- 受到忽視。
- 醫護人員未詢問他的問題。
- 當他說明自己的問題時，醫護人員卻充耳不聞。
- 醫護人員沒有將他的問題當一回事。（有時甚至說病人只是窮緊張）。
- 沒有立即得到紓解。
- 沒有被告知醫護人員對他做了什麼。
- 週遭瀰漫著一股痛苦、沮喪的氣氛，尤其在一般病房更是嚴重。
- 醫院環境髒亂不堪（四周凌亂、床單污穢、食物裡或牆上有髒東西等）。
- 蒼蠅、噪音等因素加重了病痛引起的不適感。

　　既然病患是醫院設施主要的使用者，我們也可以說病患是醫院的顧客，只不過他們與光臨飯店的顧客不同。當病人離開醫院時，裡面的員工不會跟他說「歡迎再度光臨」！

　　對醫院來說，醫生才是定期光臨的顧客，他們需要利用醫療設備來治療病人，而這些設備都是醫院提供給醫生們使用的。如果醫生對醫院提供的設備感到滿意，就會鼓勵有需要的病患住院。因為是由醫生為病患決定「購買」醫院的服務，所以我說醫生也是醫院的顧客之一，不過醫院並不是直接由醫生身上獲得收入，直接帶給醫院收入的是病患。

　　每一個病患都被視為僅此一次的買主，而醫生則是重複提供服務的人，如果他對醫院的服務感到滿意，就會不斷向病患推介

該醫院。因此，醫院的宣傳重點應該放在醫生身上。

醫院的其他顧客還包括了大型公司行號或保險公司，這些機構必須為會員或客戶提供保健服務，因此也會推薦他們使用某些特定醫院的服務。這些機構可能會向醫院要求：

- 較低的收費。
- 優先治療。

同時，他們也可能會為員工或客戶向醫院爭取身體檢查作為後續服務。有些機構甚至會贊助醫院的房間或設備等。

醫生

醫院主要服務的品質取決於醫生的素質。醫生是「暫駐」在醫院的，他們可以在任何時候為病患或醫院裡的其他醫生提供服務，醫生們受惠於此，因為他們可以讓病人住院，並且可以使用自己無法擁有的醫療設備。

醫生的名望與醫院的水準息息相關，而醫院的聲望也維繫於醫師的職業道德與醫術，兩者相輔相成，醫生既是醫院的供應者，也是醫院的顧客。

如果具有以下特點，醫院就可以吸引優秀的資深醫師到醫院服務：

- 醫生認為醫院的設備及水準能夠符合他工作上及病患的需求。
- 醫生能夠影響醫院的管理當局維持適當的醫療水準與設備。
- 醫生推薦的病人能適時住進醫院。

每一家醫院都會有領薪制的住院醫師，他們通常是資歷較淺

的醫生,如果醫院具有以下特點,資淺醫生就會願意加入該醫院:

- 能有機會與卓越的資深醫師共事。
- 該醫院的許多病例正好是醫生想要專攻的科別。

換句話說,資歷較淺的醫師需要的是經驗、學習及成長。醫院對年輕醫師最感興趣,因為他們可以持續地提供基本的醫療照護,就長遠的角度來看,他們還可以在資深醫師到醫院之前先進行檢查(控制病情)、急救等工作。

技術

醫院裡需要各式各樣的技術,包括:

- 不須特別訓練的——打掃、清洗、掃地、跑腿等。
- 需要訓練的——基礎護理人員、實驗技術人員、行政辦公職員等。
- 需要高度技巧的——專精於各領域的醫學專家。

這些都促成病患滿意度及醫院服務品質的因素。

這些人員的需求是不同的,他們的工作動機也各不相同,因此必須以不同的方式加以管理。

醫院裡的門診部門(OPD)就有點像醫生的私人診所,不過還是不同於真正的診所,因為診所裡的醫生所能提供的診療服務有限,有時他們也得推薦病患到其他醫院尋求其它的服務,而醫院的門診部門就像聯合診所一樣可以提供許多醫療服務。負責門診部門的人通常是:

- 資淺的醫師,他們會將較複雜的案例再轉給隨傳隨到的資深醫師。

■ 資深醫師所提供的巡迴門診。

住院病人若不是由門診送進來，就是直接經過醫院的醫生指示而住進來。

有些醫院會因爲床位不足而盡可能避免接受住院病人，當病人康復希望渺茫時，醫院也可能拒絕入院。有些醫院爲了避免病人在院內病故，會拒絕接受重症病人的入院申請，就像一些警察會避免接受轄區內的報案一樣。

住院服務

在病人住院期間，醫院就是他的家，除了醫療服務之外，病人也需要個人照護。醫院裡的每一個病房都可以受到同等的醫療服務，但是不同等級的病房則有不同的個人待遇，有時候明明知道某家醫院的醫療服務不夠好，病人還是免不了因爲極佳的個人照護而受誘惑。在印度就曾經有一些醫院突然湧入大批的阿拉伯籍病患，要求住進最高級的病房，他們的目的顯然並不是爲了治病，而是爲了病房的住宿設施，他們以做身體檢查爲藉口住進醫院的頭等病房，但是這並不是真正的目的，他們這麼做的理由是因爲發現住飯店還比較昂貴！

即使是私人的醫院也是一項社會投資，大多數醫生所受的教育是由國家所補助，護士的養成也是一樣，因此，醫院有義務確保其設施（包括病房）有適當的用途，即使用作其他用途更有利可圖，醫院也不可輕舉妄動，同樣的，讓不需住院的人佔用病床也是不正確的作法。

顧客概況

　　一所好的醫院應該要了解病患的概況，如此一來才能掌握大多數病患所屬的客層，然後針對該客層提供更符合需求的服務。同時，醫院也要知道哪一位醫師會推薦最多病患，然後調查出：

- 這些醫生是否偏好哪幾家醫院。
- 地點是否為重要因素。
- 是否有哪些設備較受好評。
- 哪些設備需要加強。

　　持續進行這種掌控的另一項成果是能對疾病的型態有所了解，這些資料有助於：

- 找出使用中及未經使用的設備。
- 加強有用的設備。
- 刪減不必要的設備，或提高這些設備的效能。
- 聯絡政府當局阻絕新型傳染病或疫情的發生。

衝突點

　　醫院的工作都是以單位來進行。一位護士及病房中的幫手可以組成一個單位，一個部門的醫生們也可以組成一個單位；物理治療部門是一個獨立的單位，而放射治療部門也是另一個獨立的單位。就像在飯店裡，廚房是一個單位，而房務部是另一個獨立單位一般。

　　工作團隊來自各個單位。各單位之間必須有所互動，而這些互動都可能是潛在的衝突點。各單位之間的衝突可能會讓顧客

知道,醫院必須盡量避免。這些衝突之所以發生多半是因為大部分的醫療程序都牽涉到許多專業知識的緣故,醫院的主管們必須負責協調這些接觸點。

品質

可能對醫院的服務品質產生影響的事情包括:

- 有訪客或家屬詢問病人房號或病情時,護士或職員以病人的號碼或患病名稱稱呼他。如果能稱呼病人的姓名,就會讓人有不一樣的感覺。
- 讓病患知道自己得了什麼病、醫生做了什麼樣的處置、需要做些什麼樣的檢查、不舒服的狀況多久可以消失⋯⋯。總之,開誠佈公最能讓人滿意。
- 讓病患對醫生的診治及後續的治療提出自己的意見,畢竟他們得花一筆錢來看病。許多醫院似乎常將病患視為無法逃跑的囚犯或人質,不管病人同不同意醫生的診治,都得全盤接受。
- 讓陪同病患就診的家屬也知道醫生所做的處置及病人的選擇權。
- 當病患需要到他處照X光或進行掃描等檢驗時,須有資深的人員陪同前往,不要讓他們獨自拄著柺杖或坐在輪椅上等待。
- 將重症病人與一般住院病人隔開。病患若是看到其它重症病人病入膏肓、焦急的家屬在病房徘徊、或醫生、護士忙進忙出的,心情必定會受到不良的影響。
- 每一位病患都須分配一位護士,在住院期間負責照顧病患的需求。

■ 有些病患會自遠地來求診，陪同他們前來的家屬迫切需要暫時住宿之處，如果醫院能夠提供協助，而不是置之不理，對醫院而言是一個極有附加價值的服務，同時，這項服務也可以擴展成獨立的事業。

有些醫院規劃出一套「醫療流程」作爲提升病患照護的方法。所謂的「醫療流程」也就是一套管理方法，上面可以顯示每位護士、醫生及其他部門的服務時間。這是專爲一些患有心臟病等特殊病症的病患所設計的，這些診療步驟可以應用在大部分的疾病上。如果有異於「醫療流程」之處，醫院可以再做觀察及必要的修正。醫療不當引起的傷害十分值得進一步研究，這麼才能夠避免重蹈覆轍。藥物的使用也必須經過適當的管制，以避免誤用而產生副作用。病人的尊嚴及安全都應該是醫院必須關心的重點。

醫院的安全性

用來評估醫院品質的另一個條件是其安全性——無論是病患本身或其所屬財物的安全。病人死亡、因醫療不當引發併發症、缺乏關心、病歷記錄錯誤……這些問題在某些醫院當中是司空見慣的，一間好的醫院絕對不容這樣的事情發生。不同的採購機制、儲藏、記錄等方式及不同的僱用制度都會造成不同的結果。

醫院是讓人們恢復健康的地方，但也是接觸疾病的高危險場所，許多對健康有害的病菌都集中在醫院裡，健康的人一旦到醫院上班或探病，就等於是暴露在在各式各樣的感染源中。

醫院的營運必須特別注意廢棄衣服、床單、毛巾及用具的處理，擔任這方工作的職員不僅要知道該如何處理、也要知道爲什麼得這樣做。許多醫院忽略了這一點，他們以爲一天消毒個幾遍

就足以做好預防的措施，然而，沾了血漬的床單和地板、病房裡的動物、小鳥及蚊蟲、病人的痰或排泄物……這些都無法讓病人及家屬們感到信服。如果廢棄物裝在開啓的容器中，散發著令人作嘔的惡臭，還被拿著穿過在醫院中等待的人群，那麼這家醫院就會讓人有不安全的感覺。

醫院大多會訂出「病患服務指數」（PSI, Patient Service Index），並詳列醫院所提供的設施。一項由美國華盛頓保健部、教育部及社會福利部（Departments of Health, Education and Welfare）於1974年所做的調查中，列出了900條關於醫療服務品質的項目，各醫院的病患服務指數可以依此作爲進步與否的基準。

未來趨勢

外科手術的性質已有相當程度的改變，拜新科技所賜，自從運用雷射及顯微儀器等設備之後，許多過去非得採用傳統開刀方法不可的疾病，現在已有替代的治療方法了。因此，現在手術後照護的需求已經大幅減少了，病人可以在手術之後立即返家休養，不但可以減少不適感，也可以降低引起併發症的機率。

與昂貴的住院醫療相比之下，現在爲病人安排在家看護及醫療設備所需的開銷愈來愈便宜。醫療設備可以用租的，而在家看護所提供的服務也舒適多了。

基於這些因素，醫療的佔床率已經逐漸降低，這是全球普遍的情況。由於病人所提供的資料當中，我們可以了解到醫院確實有必要重新規劃，以符合新的需求型態。

透過衛星連線網路，現在專科醫院也得以與世界各地的同性質醫院結合，透過資料交換及視訊會議的模式，身處各地的醫生們可以互相交流及溝通醫術，同時，醫生們也可以到各城市、甚

至各國的醫院進行短期工作、展現他們的醫療技術或去教書、
上課。

　　一家好的醫院是可供醫生學習的地方,他們可以將在各病
例中得到的經驗記錄下來並整理成資料檔,醫生們可以透過這
些資料增加他們的知識及技術,這麼一來,醫生及醫院雙方的
品質都能夠向上提昇。

觀光業

規模

　　觀光業與所有能夠讓旅客感到舒適及滿意的活動有關。根
據 1995 年的統計,全球進行海外旅遊的觀光客超過 5 億人次,
花費大約是 3 兆美金,這個數字遠比美國之外所有國家的國民
生產毛額總計還要高。觀光業可謂是目前規模最大的國際貿
易。 1998 年至印度旅遊的觀光客超過 200 萬人次,而至中國旅
遊的則逾 2 千 6 百萬人次。相較於印度軟體出口業所得的 45 億
盧比,觀光所得的外匯收入高達 120 億。

概況

　　所謂觀光客也就是出門旅行的人,他們離開平常居住的地方
而:

　　　■ 在其他一個或多個地方停留,這些地方也就是他們的

「目的地」。

■ 從事工作以外的事情,例如休閒、渡假、娛樂、觀光、
朝聖等。

所謂的「目的地」則是:

■ 能夠提供各種符合觀光意義之活動的地方。
■ 擁有超乎旅客期望的吸引力——使旅客有許多選擇。
■ 本身就是一項產品,也是出產許多產品的地方。
■ 由許多不同的人基於不同的理由來消費,例如為了開
會、購物、參觀文化等。

觀光客們希望在以下各方面得到舒適及樂趣:

■ 旅行。
■ 在某些地方住宿。
■ 吃遍各式各樣的食物。
■ 有計劃地參觀自己有興趣的地方。

觀光客們通常不是基於一時的刺激而出門旅行,旅行的次
數也不會太頻繁,他們會先做好旅遊規劃,並且對旅遊充滿期
待。觀光客將他們的夢想、時間及金錢投入在旅行上,而且希望
能夠:

■ 受到妥善的安排及照顧。
■ 可以參觀到所有想去的地方,在這些地方多做停留,並能
從事自己感到興趣的活動。
■ 旅途中不會因為交通、不好玩的景點、氣候不佳等因素而
浪費時間。
■ 不用走馬看花。
■ 有美味、合胃口的食物。

- 其他的旅伴很好相處。
- 可以按照自己的選擇，體驗每一個新地方的生活型態、文化、食物等。
- 不需要冒著生命財產的風險。

規劃旅遊活動時必須注意的要點包括：

- 護照、簽證、健康證明等文件的取得。
- 海關的規定。
- 出境時可攜帶的金額。
- 需要準備的旅費。
- 往返目的地的交通。
- 適合當地氣候及習慣的服裝。
- 目的地是否有可靠的服務（住宿、飲食、交通、嚮導、醫藥、購物、匯兌等）。
- 這些服務的費用。
- 語言障礙。
- 觀光客在當地應遵守的行為。
- 健康方面的預防措施。
- 預防受騙上當，例如超收費用、帶錯路、品質不良等。

觀光客需要了解上述每一項可能影響旅遊品質的資訊，也需要有人能協助規劃適當的旅遊行程，以避免發生問題。自己安排旅遊行程比較麻煩，必須聯絡許多地方及許多人，而旅行社可以為旅客包辦所有瑣碎的事情，也能夠提供更令人滿意的服務。

旅行社的顧客十分仰賴他們所提供的正確資訊及住宿／旅程安排。人們花錢消費，自然就預設旅行社會處理所有的細節，而且不會出錯，這就是顧客對旅行社的期望。如果顧客的經驗與期望相符，就代表旅行社所提供的服務很好。旅行社通常都會與觀

光目的地的旅行社合作，以確保他們的服務不會讓顧客失望。

　　產品　目的地的吸引力也是觀光業的產品之一，其中可能包括：

- 自然與地理景觀──為了休閒、運動、健康或娛樂等目的。
- 歷史遺跡──具有重要意義的景點。
- 傳統與傳說。
- 重大事件──慶典、遊覽等。
- 運動、消遣、購物等。
- 人──導遊及其他團員。

與觀光業有關的各種服務提供者包括：

- 運輸──航空、鐵路、船、巴士、出租汽車等。
- 住宿──各種等級的飯店、私人旅館等。
- 活動籌畫人。
- 開發者──管理目的地休閒設施的人。
- 嚮導──無論是導遊或手冊、文獻等。
- 商店──提供精品、珠寶、土產等。
- 通訊及外幣兌換等。

這些都各有其價值，而且能增加觀光客的旅遊經驗。

　　市場　觀光客的市場可以根據以下幾個構面來區隔：

- 觀光客來自何處（需求）。
- 目的地（供給）。
- 旅遊目的──渡假、朝聖、觀光、購物等。
- 經濟地位──花錢的習慣。
- 人口統計方面的特徵──年齡、性別、職業等。

- 偏好的住宿方式——露營、海灘、高級飯店等。
- 偏好的交通方式——航空、海路、陸路、火車等。

觀光業產品與其他產品最大的不同之處在於，觀光業的需求與供給是各自獨立的，必須透過其他的需求因素加以撮合，例如顧客、簽證及旅行等。

觀光業的市場研究必須包括：

- 供給、需求、流量及影響（誰要旅行？從哪裡旅行到哪裡？旅行的目的？時間？方式？）的空間型態。
- 季節因素（淡旺季的時段）。
- 產品的生命週期——探索、開發、繁榮、不景氣、復甦、衰退。
- 吸引力——地形（健行、海灘活動、山中避暑勝地）、植物景觀、動物生態（自然、野生、動物保護區）、人造建築（寺廟、教堂）、文化及歷史淵源、美食、音樂、戲劇等。
- 住宿設備——商業性的、私人的（朋友家）、露營、旅行托車。
- 公共建設——道路、機場、公車、汽車、出租車、火車、電力、水力、通訊、醫療設施等。

藉由觀光業的市場調查，我們可以看出：

- 實際需求（目前的市場）。
- 延遲的需求（可以現在加入市場，但卻沒有）。
- 潛在的需求（現在無法加入，但未來或許可以）。

舉例來說，觀光業的市場調查不只能顯示目前有多少旅客從何處出發到哪些地方觀光，同時還要顯示：

- 造成這些差別的原因。
- 各地對觀光客的吸引力。
- 觀光客感到有興趣的地方是什麼（是洞窟、雕刻、繪畫還是裝潢）？
- 人們是因為知道目的地有些什麼或對該地感興趣才去旅行，還是純粹因為那是個重要的景點。
- 再到另一個幾乎一模一樣的地方去能否有同樣的滿足感？
- 住宿條件較好的地方是否能吸引較多觀光客？
- 如果遊樂設施或旅行條件改善是否能吸引更多觀光客？

有些調查顯示大部分景點最吸引人的地方就是觀光及購物。附設賭場、餐廳、時裝店的商場及購物中心有吸引愈來愈多人潮的趨勢。

員工

在觀光業中，員工是最重要的影響因素。英國航空公司（British Airways）相信人際關係的重要性遠大於航空作業的程序，因此，他們研擬了許多計劃來協助他們的員工對顧客表現得更體貼、更自動自發。藉著表現出特別的關懷之意，以及用實際行動來減低旅客的焦慮，他們幾乎可以將任何阻力化為助力。

負責全程或在目的地陪伴一個旅行團的工作人員就稱為「領隊」或「導遊」，他的職責就是負責一切與旅客有關的事情。領隊或導遊必須：

- 知道每一位團員的名字。
- 保持愉悅及熱心助人的態度。
- 有能力應付特別難纏的客人。
- 通曉當地語言。

- 對於目的地的歷史、地理、文化、傳統等瞭若指掌。
- 滿足旅客對於資訊、購物等方面的需求。
- 規劃每日行程，事先與團員溝通好，並徹底實行。
- 協調當地其他服務者，例如活動策劃、交通運輸、博物館或參觀景點的負責人等。
- 指導團員們的服裝、行為、注意事項、當地禁忌、（財物的）安全措施等。
- 能夠承受同時來自於整團旅客的壓力。
- 能夠應付緊急的突發狀況，例如行程中斷、令人不愉快的行為（無論是否屬於正當防衛）等。
- 保護旅客免於受到當地的騷擾、欺騙、搶劫等危險。
- 指導並警告團員可能引起當地人不悅的活動。

若是不照行程表觀光，可能會讓旅客覺得浪費時間。觀光行程的延誤可能是因為：

- 團員當中有人遲到。
- 交通工具不準時。
- 飯店未準時提供物品。
- 導遊不守時。

負責促銷觀光商品的人不同於實際操作觀光行程的人，前者的工作範圍是在旅程的起點，也就是需求所在之處，而後者則是發生於目的地，也就是供給所在之處。兩者之間可能會發生歧見或衝突，而觀光客必定能感受到這一點。

觀光客通常喜歡從事平常不會做的事情，而不做平常經常做的事情，這種「改變一下」的機會也就是觀光客出門旅行的重要動機。出門在外時，偶爾試試放蕩不羈的生活、不像平常一樣中規中矩；好好大吃一頓，不像平常得節食；可以多花點錢，不用

像平常一樣省吃儉用；過過和平常不一樣的日子、沉浸在輕佻
詼諧的氣氛中，而不用像平常一樣一板一眼。

團體

　　跟團旅行時，團友可能會增加旅行的樂趣，也可能破壞旅遊
的興致。帶領旅行團時，領隊必須盡可能找出團員們的共同點，
否則一旦失去旅行的樂趣，團員可能會遷怒於領隊。

　　團體旅行中，大部分的時間都是團體行動，不過，有些和
其他人興趣不同的團員可能希望有時間能做自己的事情，或許
是購物、參觀、探險或者只是閒逛、感受一下當地的氣氛。除
了需要有自己的時間之外，這些團員也需要指引，如果領隊無
法給他們單獨行動的時間或適當的指引，他們就可能對這次的
旅行不滿。某次有一個旅行團包機前往印度某個渡假聖地，他
們住進了一家高級飯店，不到半個小時以後，有半數的團員離
開飯店，直到 3 天以後這些人才再度出現，原來他們去了一個
遙遠的海灘，並且在那裡玩了 3 天，而其他的團員則留在飯店
裡享受各式各樣的水上活動。這樣的團員就十分清楚自己想去
哪裡，也知道如何靠自己的力量到達想去的地方。

食 物

　　食物是滿意度的重要來源之一。有些人願意品嚐各式各樣
的菜餚，而且可能特別鍾愛新奇的料理。有些人或許有健康及
安全上的顧慮而對吃的東西非常挑剔，必要的話，旅行社可以
為這些人特別安排飲食。舉例來說，有一位專門帶領朝聖團的
領隊就為團員們安排住宿在高級飯店，而伙食全由一位隨團旅

行的廚師負責，專門為這些旅客烹調特別料理。如果領隊是在旅途中才臨時被告知需要安排特別食物，即使只有一位旅客做出這樣的要求，對整個旅行團的氣氛也會有不好的影響。

行程表

行程表的方便性是觀光服務另一個重要的考量因素，行程表的安排會因旅客的人口統計特性之不同而不同。老年人可能比較喜歡休閒性的觀光步調、有充分的休息時間、避免溫差過大、而且要準時進餐；年輕一點的旅行團則喜歡從早玩到晚，認為休息是在浪費時間，在他們的旅遊行程中，旅行（行動）佔了絕大多數的時間，如果遊覽車在中途故障了，目的地所有值得回憶的快樂時光也會被他們拋到腦後。如果行程表無法滿足旅客的需求，　他們對於旅遊的滿意度就不可能太高。

進入觀光景點

觀光客是由遠地而來的旅行者，進入他們想去的地方不應太困難。在一些熱門的觀光景點，由於排隊買票的人太多，或交通不夠方便，要進去著實不容易。此外，門禁限制及時間規定 —— 特別是在假日及休息時間 —— 也是妨礙人們參觀的原因之一，尤其是當觀光客不知道這些限制時。稱職的領隊就可以讓團員們暢行無阻地參觀博物館、歷史古蹟及動物園等地方，不至於讓他們敗興而歸。乞丐、小販、蠻橫的工作人員及不守規矩的團員也是行成受阻的原因之一，以下舉例說明可能使參觀行程順利或受阻的因素：

1. 在一群日本觀光客由印度孟買去非洲奈洛比的路上，飛機上的空服員發給他們一人一張入境申請表，表格上印的都是英文字，這是在奈洛比機場通關用的。當那些團員拿到這張表格之後，每一個人都開始翻閱一本書，上面印有一張一模一樣的表格，不過裡面全都是日文，每位團員比對這兩張表格之後，就連對英文一竅不通的人也也可以輕鬆的填好那張英文表格，而他們手上的每一本參考書都印有領隊的英文名字。

2. 一位到肯亞旅遊的日本觀光客對他想去的地方了解的十分透徹，無論是沿路的路況、距離、設施等，他都知道的一清二楚，因為他從日本帶了一本旅遊書。那些取陸路到印度旅遊的人都知道沿路上偶爾會出現標示錯誤的情況，政府單位及汽車協會印製的地圖多半是過期的，完全不值得信賴，有時候就連路標上也都因為貼滿了廣告標語而看不清楚。

3. 德國人到印度旅行時，往往可以靠自己的力量到各景點遊玩，他們有各景點的住宿資料，就算是再小的地方，他們都可以找到歇腳處。

4. 有許多法國女孩利用有限的預算到印度南方旅行，因為她們手上有豐富詳盡的旅遊資料，包括巴士路線圖、住宿地點及基本的語言要求。

5. 一群日本觀光客在印度旅遊時抱怨他們不知道該到哪裡購物，而且還被不誠實的人欺騙，政府的購物中心不該是旅客購物唯一的選擇。

6. 一群觀光客計劃參觀一個禁獵區，當他們抵達目的地時卻被告知在下午6:30以後不能入內，但是他們所訂的飯店就位於禁獵區裡面，後來他們只能被迫以較高的價錢在附近

一個設備沒那麼好的飯店住下，當這群旅客決定這項旅遊計劃時，旅行社的人並沒有告訴他們這一點。

旅費

錢是第三個影響觀光服務的重要因素，觀光客並不是取之不盡、用之不竭的金山銀山，他們知道哪些花費應該包含在團費裡、哪些需要自付，他們會依此攜帶適量的旅費，這筆錢或許是他們為了旅行而存了好久的積蓄，因此，他們不希望自己因為缺錢而受到冷落，不能做自己想做的事或購買想要的東西。他們也不希望把錢浪費掉或弄丟，不過這些情況還是可能發生，原因可能是：

- 遭小偷。
- 把錢花在他們以為包括在團費裡的事情。
- 被商店裡、陸上或觀光區的當地人騙走。

有一個旅行團因為航空公司的問題而無法按時出發到其他國家，領隊要求團員們自行負擔多出來的花費，雙方為了誰該為這筆費用負責而爭吵不休，後來還是沒能達成協議，而這趟旅程也因此泡湯了。

旅行社必須對可能出現的意外花費預先做好規劃，多收團費就是一個可行的方法，如果超收的部分在旅途中並沒有用到，旅行社可以將餘額退還給旅客。此外，也可以在出發前投保意外險，如果團員臨時在旅途中生病，那將會是一筆龐大的額外開銷，這時候意外險就可以派上用場了。

領隊必須要告知旅客如何小心保管自己的財物，適度的警告是可以被接受的，飯店通常也提供保管貴重物品的服務，因為有

時候飯店員工、甚至是同行的旅客也會偷竊現金或值錢的物品。

市場行銷

觀光業的市場行銷包括：

- 促銷整個國家。
- 促銷某個城市或地區。
- 促銷特殊的活動。
- 促銷套裝旅遊行程。
- 促銷住宿／食物。

以休閒為目的的觀光客可能會在飯店或其他住宿設施裡消磨許多時間。許多雜誌及評論家大力推薦的 Costa 豪華郵輪就號稱能為遊客提供「世界第一等的遊輪」，上面附有各種即興娛樂、純正的義式披薩、最後還有一場盛大的羅馬式酒宴。

對於想開發觀光景點的國家而言，真正的顧客是提供觀光服務的中間人，例如：

- 旅行社。
- 運輸業。
- 飯店業。
- 商店。
- 旅遊手冊出版商。

這些業者都可以將觀光景點推薦給旅客們。

觀光服務的提供者有許多商機，他們可以讓旅客買下許多不在計劃之內的附加服務，因為觀光客可能不清楚這些服務，或不了解真正的行情。如果某項附加服務非常特別，而且是僅限於某

地才有,那麼跟難得的機會比較起來,額外的費用似乎就顯得不那麼重要了——因為旅客舊地重遊的機會可能不是非常大。如果這筆交易是在旅程開始前完成,旅客自然有充裕的經費,否則的話,如果旅客的旅費及時間不足,他可能就得失望了。

未來趨勢

印度預計 2001 年到當地旅遊的旅客將達 5 百萬人次,到時將需要 3 萬個飯店房間,以及 1000 億盧比的營收,這些飯店的等級大都在二星~三星左右,因為五星級飯店太昂貴,而且不切實際。

印度或許是能在一個國家中提供最多旅遊點的地方——雪景、高山、森林、野生動物保護區、河流、海灘、歷史遺跡、宮殿、陵墓、寺廟……各式各樣可讓人放鬆心情或尋求刺激的地點,同時兼容了古老及現代兩種強烈的對比。湯瑪斯‧庫克公司所做的全球生活消費指數顯示,印度是最物超所值的地方,中央及地方政府都必須負起支持觀光業的責任,而他們所做的努力包括成立觀光業開發公司、中價位的住宿設施及優惠的稅率。

私人企業在觀光設施的興建上盡了許多力,無論是建造飯店、餐廳、交通工具、電話線、運動設備等,都需要一筆龐大的費用,唯有在確定觀光地區可以讓人感到舒適、而不是麻煩的情況下,旅客才會願意花錢來觀光。

當入關手續繁複時,旅客就會覺得很麻煩,如果機場及海關也要找碴,事情就更嚴重了;旅客的行程可能也會因為罷工、暴動、混亂而耽誤,而旅客的人身及財產安全如果有所疑慮,他們更會對這個觀光地點避而遠之。

(印度)國內觀光的發展將會超越海外觀光的速度,由於當

地假期增加及人民的宗教信仰，印度國內旅遊的風氣愈來愈盛。就國內旅遊的情況而言，遊客對住宿及飲食的要求較低，雖然旅遊預算較少，但是國內旅遊對於國民生產毛額也有很大的貢獻。

蜂擁而至的旅客會對當地的生活習性造成不小的干擾，當許多額外的經濟活動興起於觀光地區時，也同樣爲當地帶來許多問題——破壞環境、不守規矩、傳統生活方式及職業流失等。觀光業所造成的負面影響也是不容忽視的。

許多關於太空旅遊的計劃正在進行中，Lunar Hill 渡假村裡將設有 5 千個房間、 2 個大型的太陽板及他們的專屬海灘、網球場、高爾夫球場，還有可供旅客耕種的田地。 Nishamahu 建築公司也在規劃興建一個由 3 座 10 層樓高塔組成的「蝸牛城市」（Escargot City）渡假村。預計這一趟旅遊的交通及住宿費用可能高達 5 萬美金。

服務管理

Customer-Driven Services Management

原　　著／ S.Balachandran
譯　　者／ 蔡佩眞＆李茂興
執行編輯／ 陳宜秀
出 版 者／ 弘智文化事業有限公司
登 記 證／ 局版台業字第6263號
地　　址／ 台北市丹陽街39號1樓
 E-Mail ／ hurngchi@ms39.hinet.net
郵政劃撥／ 19467647　　戶名：馮玉蘭
電　　話／ (02)23959178．23671757
傳　　眞／ (02)23959913．23629917
發 行 人／ 邱一文
總 經 銷／ 旭昇圖書有限公司
地　　址／ 台北縣中和市中山路2段352號2樓
電　　話／ (02)22451480
傳　　眞／ (02)22451479
製　　版／ 信利印製有限公司
版　　次／ 2001年8月初版一刷
定　　價／ 400元（平裝）
ISBN　957-0453-29-X

國家圖書館出版品欲行編目資料

服務管理 / S. Balachandran 作 ; 蔡佩真，李茂
興譯. -- 初版. -- 臺北市 ： 弘智文化，
2001〔民 90〕
　　面；　　公分
譯自：Customer-driven services
　　　management
ISBN 957-0453-29-X（平裝）

1. 服務業 – 管理　2. 顧客關係管理

489.1　　　　　　　　　　　　　90006204